广州亚运城
建筑节能与绿色建筑实践

陈加猛　罗广寨　陈荣毅　杨仕超　主编

中国建筑工业出版社

图书在版编目（CIP）数据

广州亚运城建筑节能与绿色建筑实践 / 陈加猛等主编.—北京：中国建筑工业出版社，2012.12

ISBN 978-7-112-14942-1

Ⅰ．①广… Ⅱ．①陈… Ⅲ．①亚洲运动会—体育建筑—建筑设计—节能设计—广州市 ②亚洲运动会—体育建筑—生态建筑—建筑设计—广州市 Ⅳ．①TU245

中国版本图书馆CIP数据核字(2012)第284801号

广州亚运城作为建筑节能的典范，意义非凡。笔者用现代的规划和建筑语言表达了对绿色低碳与可持续发展的理解，全面系统地向读者展现了亚运城的节能与绿色设计的新理念和最新科技的应用，在深情重温广州亚运城的绿色建筑全周期创建过程的同时，也在体会着我国工程设计和建设者的勇于技术创新的精神。本书的出版将对我国的建筑设计特别是体育建筑设计起到示范和推动作用。

* * *

责任编辑：袁瑞云

版式设计：叶　飚

广州亚运城建筑节能与绿色建筑实践

陈加猛　罗广寨　陈荣毅　杨仕超　主编

*

中国建筑工业出版社出版、发行（北京西郊百万庄）

各地新华书店、建筑书店经销

广州市弘志广告设计有限公司制版

广州佳达彩印有限公司印刷

*

开本：889×1194毫米　1/16　印张：16　字数：389千字

2014年5月第一版　2014年5月第一次印刷

定价：**198.00**元

ISBN 978-7-112-14942-1

（23004）

编委会名单

主编单位：

广州市重点公共建设项目管理办公室

广东省建筑科学研究院

主编：

陈加猛　罗广寨　陈荣毅　杨仕超

编委：

邓新勇　吴培浩　朱　涛　张守纪　谢穗贞　肖时辉

周　荃　陈嘉乐　张艳芳　周吉林　丁　可　宋风云

谢建军　陶兴友　杜文淳　李穗生　吕智艳　周文辉

程瑞希　颜美琴　李阳晖　汪海涵　周振海　李　鹏

张昌佳

序

近年来，国内外绿色建筑发展由建筑个体、单纯技术上升到体系层面，由建筑设计扩展到环境评估、区域规划等领域，形成了整体性、综合性和多学科交叉的特点。在各国相继建立绿色建筑评价标准的体系后，经过近二十年的探索和实践，逐步从单体绿色建筑向城区，乃至城市的规模发展。

通过多年的探索和实践，广州逐步建立了建筑节能和绿色建筑技术标准体系，强化了新建建筑执行绿色建筑标准的监督管理，在建筑节能和绿色建筑示范项目建设、可再生能源建筑应用、政府机关办公建筑和大型公共建筑的节能监管体系建设等方面取得了较好的成效。

广州亚运城正是由一代建设者精心打造，凝聚了岭南文化特色和绿色低碳、智慧、幸福三位一体城市灵魂的精品建筑，是广州市城市建设生机勃勃和充满创新精神的一个缩影。广州亚运城建设过程中对岭南特色规划建筑设计进行了专项研究，挖掘和展现了岭南文化的城市记忆，建筑风格和景观园林设计体现了鲜明的岭南特色。特别是通过在设计、施工、运行中对建筑环境综合控制技术研究与应用，形成了可喜的绿色建筑技术成果。

亚运城对岭南文化和绿色建筑的探索、研究和实践，为广州市弘扬岭南文化、建设生态城市提供了一个可借鉴的发展方向。相信在规划、设计、建设相关的设计师、建筑师、技术管理人员的共同努力之下，具有岭南特色的绿色建筑技术必将更好地支持和推动经济持续稳定发展、资源能源高效利用、生态环境良性循环、社会文明进步，为全面建成"低碳广州、智慧广州和幸福广州"将做出更大的贡献。

2013 年 10 月

目录

广州亚运城

建筑节能与绿色建筑实践

陈加猛　罗广寨　陈荣毅　杨仕超　主编

第一章　背景概况　借鉴学习

1.1　背景资料

　　2004年7月1日广州申亚成功，第16届亚洲运动会将于2010年11月12日至27日在中国广州举办。这不仅是"动感亚洲、感动世界"的具体体现，也对促进亚洲各国和地区体育运动交流和进步、推动世界和平与发展作出重要贡献，而且为世界了解中国、中国进一步走向世界开辟新的窗口，为我国进一步改革开放和加快现代化建设增添了新的动力。亚运会在广州举办，对促进广州国际性区域中心城市整体形象的形成和提升提供了重要契机，对把广州建设成为带动全省、辐射华南、影响东南亚的现代化国际大都市具有重要的现实意义和深远的历史意义。

　　广州拥有2200多年的历史，既是我国古代海上"丝绸之路"的发祥地、岭南文化的中心，又是中国近代革命的策源地，更是中国当代改革开放的前沿阵地。广州作为华南地区的政治、经济、文化中心，改革开放30年来，国民经济持续快速发展，工业体系门类齐全，城市面貌日新月异，生态环境不断改善，文化、体育、商业、旅游设施配套日益完善，人民的生活水平和生活质量不断提高，经济基础日趋雄厚，综合经济实力跃居国内十大中心城市第三，仅次于北京和上海。

　　为筹办2010年在广州举行的第16届亚运会，也为把广州亚运会办成具有"中国特色、广东风格、广州风采"的祥和、精彩的体育文化盛会，广州市政府借鉴国内外规划设计先进经验，在广州南拓发展的未来卫星城——广州新城中"高水平、高质量、高效率"地建设亚运城。广州亚运城作为在举办亚运会和亚残会期间供各参赛国运动员和官员居住、生活、训练、休闲和娱乐的场所，是亚运会重要的配套设施，也是广州形象的代言窗口。亚运会赛后，亚运城进行了必要的改建和扩建，作为中高档的居住社区物业投放市场，成为广州新城的启动区域，带动广州新城及周边城市区域的整体建设。

　　广州亚运城规划用地面积2737230.2㎡，其中可建设用地面积1986086.5㎡。亚运会期间亚运城需要容纳14000名运动员和随队官员（运动员村），10000名媒体人员（媒体村）、2800名技术官员和其他工作人员18000人进驻，赛后还需要满足亚残会4000名参赛人员使用。广州亚运城建设项目于2009年12月完成土建，2010年6月底工程竣工，8月底完成家具、器材、设备安装调试并交付使用。而此次规划设计有三大总体原则：一是体现"激情盛会，和谐亚洲"、绿色亚运、文明亚运的理念；二是充分考虑运动员和参加人员的居住、生活、训练、休闲娱乐，参赛国家和地区的文化、生活和信仰差异等细节；三是塑造山水相逢、生态宜居的居住区典范，通过广州亚运城建设带动广州新城的发展。

　　广州亚运城作为极具表现力的大型城市公共建筑群，不仅重视自身环境的创造，更遵循环境的特点展开设计。通过合理的场地设计、绿化园林设计、室内热工设计，实现对周边环境和室内环境的保护和改善。对场地及周边环境的动植物原有生态状况进行调整，以尽量减少建设活动对原有生态环境的破坏。通过对绿化率的控制并采取具体的绿化园林设计技术手段来维护乃至改善原有的生态环境，同时也可以有效提高室外环境的舒适性。通过在室外停车场设计绿化遮阳，铺设透水性地面等措施，提高舒适性的同时改善区域生态环境。建立清晰易识的道路指引标识系统，提高道路的使用性能与效率。场馆在其建设、运营以及拆卸过程中，不破坏当地文物、自然水系、湿地、基本农田、森林和其他保护区。施工过程中制定并实施保护环境的具体措施，控制由于施工引起各种污染以及对场地周边区域的影响。广州亚运城充分体现了岭南水乡特色，尽量保留原有河涌和绿化系统，维持生态可持续发展；而沿快速路、主干道两旁，也都设置绿化隔离带减少交通对广州亚运城的污染。在广州亚运城大规模建设前，还提前栽种或移植植物，使亚运会举行期间形成浓密树荫和植被。对区域内的原自然生态环境、现状水网和人文资源注意加以保护和利用，改造成以莲花湾为中心的岭南特色景观。

广州亚运城工程中采用风洞实验和 CFD 相结合的方法进行自然通风专项研究，从理论体系研究到通风理论在本工程中的应用，形成本项目的自然通风专项技术成果。有利于保证良好的风环境，保证舒适的室外活动空间的自然通风条件，减少气流对区域微环境和建筑本身的不利影响。通过在设计、施工、运行中对本工程建筑物理环境综合控制技术研究与应用，形成广州亚运建筑物理环境综合控制技术成果。

项目所采取的人居环境改善与绿色建筑技术措施都经过反复的论证和研究，经过详细的技术可行性、经济可行性以及适用性分析，具有较强的示范推广意义。随着工程技术示范的深入实施和推广，本项目将成为绿色建筑与人居环境改善技术措施在区域性建筑的典范。

1.2 国外绿色建筑的发展及现状

1.2.1 国外绿色建筑发展的历程

国际上对绿色建筑的探索和研究始于 20 世纪 60 年代。60 年代美籍意大利建筑师保罗·索勒瑞把生态学和建筑学两词合并，提出"生态建筑学"的新理念。1963 年 V·奥戈亚在《设计结合气候建筑地方主义的生物气候研究》中，提出建筑设计与地域、气候相协调的设计理论。1969 年美国风景建筑师麦克哈格在其著作《设计结合自然》一书中提出人、建筑、自然和社会应协调发展并探索了建造生态建筑的有效途径与设计方法，它标志着生态建筑理论的正式确立。70 年代石油危机后，工业发达国家开始注重建筑节能的研究。太阳能、地热、风能、节能围护结构等新技术应运而生，低能耗建筑先后在世界各国出现。80 年代，节能建筑体系日趋完善并开始应用。90 年代之后，绿色建筑理论研究开始走入正规。1991 年布兰达·威尔和罗伯特·威尔合著的《绿色建筑为可持续发展而设计》问世，提出了综合考虑能源、气候、材料、住户、区域环境的整体的设计观。阿莫里·日·洛温斯在文章《东西方的融合：为可持续发展建筑而进行的整体设计》中指出"绿色建筑不仅仅关注的是物质上的创造，而且还包括经济、文化交流和精神等方面"。1992 年巴西里约热内卢"联合国环境与发展大会"的召开，标志着"可持续发展"这一重要思想在世界范围达成共识。从此，一套相对完整的绿色建筑理论初步形成，并在不少国家实践推广，成为世界建筑发展的方向。40 多年来，绿色建筑研究由建筑个体、单纯技术上升到体系层面，由建筑设计扩展到环境评估、区域规划等多个领域，形成了整体性、综合性和多学科交叉的特点。

伴随着可持续发展思想在国际社会的推广，绿色建筑理念也逐渐得到了行业人员的重视和积极支持。1993年国际建筑师协会第19次大会发表了《芝加哥宣言》，号召全世界建筑师把环境和社会的可持续性列入建筑师职业及其责任的核心。1999年国际建筑师协会第20届世界建筑师大会发布的《北京宪章》，明确要求将可持续发展作为建筑师和工程师在新世纪中的工作准则。

1.2.2　国外绿色建筑发展特征

40多年以来，绿色建筑研究由建筑个体、单纯技术上升到体系层面，由建筑设计扩展到环境评估、区域规划等领域，形成了整体性、综合性和多学科交叉的特点，绿色建筑发展过程具有以下特征：

（1）理念→理论→理论结合实践

自20世纪六七十年代开始，绿色建筑由理念到实践，在世界各国逐步发展完善。例如，加拿大兴起的"绿色建筑挑战"行动，日本在颁布的《住宅建设计划法》中提出"重新组织大城市居住空间（环境）"的要求，以及瑞典实施的"百万套住宅计划"等，在住区建设与生态环境协调方面都取得了令人瞩目的成就。

（2）参与者逐渐增多

绿色建筑的发展经历了由少数学者到技术从业人员，再到各相关社会组织和企业、大众广泛参与的过程，如美国绿色建筑协会（USGBC），每年与会人数都不断增加，2006年11月在美国丹佛举行的会议与会人数为13000多人，2007年11月在美国芝加哥的会议人数增加到20000多人，而2008年10月在美国波士顿的会议人数达到25000人。

（3）发展范围逐渐扩大

绿色建筑的发展从最初的英国和美国，逐渐扩大到许多发达国家和地区，并向深层次应用发展。如绿色建筑评价体系方面，继英国开发绿色建筑评价体系"建筑研究中心环境评估法"（BREEAM）后，美国、加拿大、澳大利亚以及意大利、丹麦、法国、芬兰、德国等国家及地区也相继推出了各自的绿色建筑评价体系（表1-1）。

世界各个国家和地区绿色建筑评估体系　　　　　　　　表1-1

国家和地区	评估标准	国家和地区	评估标准
英国	BREEAM	加拿大	BEPAC
美国	LEED	澳大利亚	NABERS
国际组织	GBTool	意大利	Protocollo
丹麦	BEAT	荷兰	Eco-Quantum
法国	Escale	新加坡	BCA Green Mark
芬兰	Promis E	日本	CASBEE
德国	LNB	中国台湾地区	EMGB
挪威	Ecoprofile	中国香港地区	HK-BEAM

此外，逐渐有国家和地区将绿色建筑标准作为强制性规定。2007年10月1日在美国洛杉矶市好莱坞卫星城出台了美国第一个强制性的绿色建筑法令，给出了该城的

绿色建筑标准，规定新建建筑、改建建筑都应该达到最低绿色标准。美国波特兰市要求城区内所有新建建筑都要达到 LEED 评价标准中的认证级要求，纽约市政府要求建筑面积大于 7500 平方英尺（约 700m²）的新建建筑都应符合 LEED 标准。美国 5 个州有绿色建筑法，20 个市政府设定了关于强制开发商建造更多节能和环保项目的法令，另外，有 17 个城市有关于绿色建筑的决议案，还有 14 个市有相关的行政命令。

美国绿色建筑协会（USGBC）自 1993 年成立之后，其成员迅速认识到绿色建筑行业需要一个体系来定义和评价"绿色建筑"，并开始研究现有的绿色建筑标准和评价体系。以此激励完善的新社区，减少土地消耗，促进交流活动，改善空气质量，降低污染雨水径流，为人们提供更适宜生活、可持续的、长寿的生活社区。除了欧美国家外，亚洲在绿色建筑方面前沿国家比如新加坡，在单体绿色建筑评价的基础上，提出了 BCA green mark for Non-Residential New Buildings 用于指导非居住类绿色建筑建设。

1.2.3　国外体育类绿色建筑介绍

世界各国在举办大型体育盛会时，都采取了一系列措施来体现绿色建筑的主题，以达到循环利用自然资源、节约能源消耗等目的。

为了减轻环境污染对比赛的影响，1984 年美国洛杉矶举办奥运会时，洛杉矶市政府采取了一系列的措施，如将马拉松比赛安排在清晨污染较轻的时候；使用一些电动汽车作为比赛服务用车；为了防止运动员缺氧，专门安排了载有制氧设备的车辆向路上吹氧。

1988 年韩国汉城（今首尔）奥运会在改变能源结构、控制燃煤污染、改善汉江水质等方面得到了突破，比赛期间部分工业企业临时停产。汉城原是一个以燃煤为主的城市，通过筹备、举办奥运会，汉城的直接燃煤量减少了 2/3。

1996 年美国亚特兰大奥运会时，组委会提出了有关垃圾处理、能源消耗和大气污染防治的计划。占地 21 英亩的奥运百年公园建成了节能并使用清洁燃料的交通系统，还建立了空气环境质量预测、预报系统，减少私人机动车出行，鼓励乘坐公共交通。奥运会期间，亚特兰大一天最多停驶车辆为 200 万辆。一个非营利组织筹集了 450 万美元在该城市种植了 33 万棵树，改善了空气质量。

2000 年澳大利亚悉尼奥运会是第一届绿色的夏季奥运会，在场地选址、保护野生动物、使用清洁能源、使用环保材料建造奥运设施、固体废弃物分类回收等方面都取得了很好的效果。风景如画的霍姆布什湾奥林匹克公园是在废弃的垃圾场上修建而成。体育场馆的设计充分考虑人工能源，大多采用自然光的照明方式。场馆的所有雨水由屋顶汇集到 4 个大水箱，供场地浇水用，回收的水被用于洗手间冲洗，运动场各处都提供各种节水装置。

2004 年希腊雅典奥运会筹备期间，本着尊重原有地形地貌和合理使用自然资源的原则，雅典奥组委在比赛和非比赛场地以及大雅典地区等区域实施了美化环境建设计划，保证了良好的自然通风、公园与城市绿地间的相互渗透以及自然气流的循环等。雅典奥组委还重视绿化植物的栽种，仅 2003 年在雅典地区和奥运设施周围就植树 29 万株。并考虑用废水循环和花木浇灌新技术合理使用宝贵的水资源。为了减少和防止废物的产生，雅典奥组委实施了可持续的废物综合管理计划，最大限度地使用回收循

图 1-1 悉尼奥运会主场馆

环物品。为缓解供电系统的压力，奥组委提倡使用太阳能等洁净型能源。雅典的公交系统，特别是新建的轻轨和郊区铁路均采用了电车，在提高城市交通能力的同时并没有增加环境的污染。

1. 悉尼奥运村

悉尼奥运会是公认的有史以来第一届以绿色奥运为主题来开展各项建设和组织的奥运会。

悉尼奥运场馆建设在设计上突出了生态建筑的理念。例如，场馆主平面设在 ±0 面以减少观众对电梯的需要和方便残疾人；场馆建筑设计中采用让空气自然流通循环降温、取消或减少空调、采用无氟制冷空调；屋面和墙面大量采用玻璃和聚碳酸酯透明板材采光以减少照明等。在绿色建筑材料的选用上更有严格的规定和行之有效的办法，大大促进了绿色建筑材料产业的发展。

悉尼的大多数场馆设计非常简洁，尽量少用材料，而且设计非常灵活，以便改变其用途时容易拆卸而不造成浪费。永久性建筑及构件大都考虑其寿命要长，尽量减少维修和维护；临时性建筑则考虑能满足使用要求即可，不过多使用高档材料。

悉尼奥运会位于霍姆布什湾的主会场就是建立在一个大垃圾场上。在建设中考虑到环保的要求，

能源主要由天然气供应，而且在设计中多采用自然光、自然通风和高效照明，减少了二氧化碳排放达 500 万 t。奥运会后，这一区域 665 户居民的日常生活中主要由太阳能供给用电和热水，减少排放700t 温室气体。同时社区在设计时巧妙利用树木和建筑物遮阳节省能源。居民日常能源只有 50% 属于非再生能源。

悉尼奥运会场地另外的一大特色就是尽量改造旧建筑和利用废弃场地。占地 760 英亩（约 308 公顷）的悉尼奥运会主场馆区是废弃的工业区，包括郊区废弃的旧砖窑和臭不可闻的垃圾堆场。经过严格密封处理掩埋垃圾的 30m 深的大坑有 3 处，在填埋的垃圾上部用土堆成小山丘，植树种草，形成景观。几十米深的砖窑取土坑蓄水，养殖了一种对污染特别敏感的青蛙以监测循环水的水质。不远处的农展馆改造成为比赛场馆，原来的游泳馆改建增加临时看台以满足奥运会时期的需要。

"废物"的回收利用也是悉尼奥运工程建设的一大亮点。其中，2000 年奥运会主场馆（图 1-1）建设使用了 22 万 m^3 其他建筑拆除时留下的废料，国际射击中心 90% 的建设木材都来自废物回收再利用。整个悉尼奥运村的建设废物利用率达到 94%，并且最终避免了 77% 的废物进入掩埋式垃圾处理场。

曾任悉尼奥组委环境顾问的波尔先生这样评价

悉尼的成就,他说,仔细谨慎、努力寻求平衡、重视环境经济与文化发展的关系以及良好的机制,促成了悉尼奥运会成为第一届"绿色"的奥运会。他建议北京奥组委及早建立与政府部门以及其他组织的合作关系,充分运用法律的影响使整个社会的环保意识得到提高。"绿色"不单体现在奥运工程中,波尔说,主办者在奥运会期间提供的纸巾、餐具、包装袋等都应该是可回收利用的环保用品。"我们还可以在奥运会门票、公共汽车票、地铁票等一切人们有可能大量接触的票证上标注环保标识和提示语,从最小的细节入手,构架绿色奥运大厦。"

2. 亚特兰大奥运会绿色建筑

亚特兰大是一座靠快速迁移形成的年轻城市,它见证了美国南方的社会变革。美国国内战争带给亚特兰大的既有破坏又有发展的机遇,而奥运盛会带来的却是绝佳的机会。

在亚特兰大,除了市中心一片突显的高楼群崛立之外,众多的房舍、建筑和街区大都掩映在丛林之中。据说,19世纪30年代开始建城时,这里是一大片森林。亚特兰大的城市建设适应自然环境,房屋或依山或傍树而建,不准轻易砍伐树木,成片森林因而得以保存,今天的亚特兰大也成为名副其实的森林城市。1996年举办的第26届世界奥运会,

足以让亚特兰大令全球瞩目。亚特兰大抓住发展机遇,在短时期内经历了经济腾飞和社会整合,实现了跨越式发展,逐步成为一座自然与现代化建筑群和谐统一的新兴活力城市,人们的生活步调也随之加快。由于处在美国东南部的工商业中心和重要的交通枢纽,并被全美商会列为五大都会之一,亚特兰大被誉为"新南方的象征"。

他们把举办1996年的奥林匹克运动会当作亚特兰大市进入21世纪的起点。1992年,亚特兰大市长Maynard Jackson说:"对亚特兰大城市发展的展望源于这样一种共识,即举办奥运会是实现城市未来发展的一种手段或一种催化剂,它将带给城市独一无二的机遇,为城市面对下一个世纪的挑战做好准备。"

在奥运会之前,亚特兰大市就拥有不少配备先进设施的体育场馆,但为了更好地举办奥运会,组委会在对现有场馆进行改建的同时,激活了庞大的奥运工程,增建了部分新设施。整个奥运建设工程的宗旨是方便和快捷,将方便比赛放在了第一位(图1-2)。

当时,亚特兰大人的筹备工作并非一帆风顺。场馆建设之初,当地遭遇了历史上罕见的暴风雨,建设进度十分不理想。但在所有工作人员共同努力下,除了当时正在建设中的百年纪念奥林匹克主体育场、射击中心、自行车场、射箭场、拥有20块

图1-2 亚特兰大奥运会主场馆

场地的网球中心等外，新开工的水上运动中心、垒球、马术、曲棍球场等场馆都按计划建成完工。

为了修建奥运村，组委会投入 4,700 万美元建设新宿舍，这些宿舍日后成为佐治亚技术学院与佐治亚州立大学的学生宿舍。而改建后的佐治亚技术学院的亚力山大纪念馆和佐治亚州立大学体育馆，成为承办奥运会拳击、羽毛球比赛的首选场馆。赛后，这些体育场馆都成为各大学的永久设施。

图1-3　龙腾体育场

3. 其他著名绿色体育建筑

体育场是绿色建筑独一无二的试验场，其巨大的人流量、众多照明和空调设施使体育场成为使用绿色技术的头号项目。而太阳能发电正是适用于拥有大面积屋顶的体育场馆建筑。一些体育场已经引领起绿色体育场的浪潮，并成为最受人瞩目的光伏建筑一体化发电应用。世界上有 3 个太阳能动力体育场。

（1）龙腾体育场

这座世界上第一个 100% 太阳能供电的体育场坐落于我国台湾地区的高雄市，拥有 4 万坐席的腾龙体育场作为 2009 年世界运动会的主会场，装备有 1.4MW 接近 9000 套屋顶太阳能电池组件（图1-3）。

图1-4　范可多夫体育场

（2）范可多夫体育场

范可多夫体育场（又译为瑞士首都球场）位于瑞士首都伯尔尼，集成的 1.3MW 太阳能电池阵列使它成为世界第二大太阳能体育场。7930 套太阳能组件每年可以产生 1GW·h 的电能，供给将这里作为主场的伯尔尼小男孩（Young Boys Bern）俱乐部和冬季室外曲棍球比赛使用（图1-4）。

（3）AT&T 棒球场

位于美国旧金山的 AT&T 棒球场是美国职业棒球大联盟中绿色建筑和太阳能的倡导者。AT&T 棒球场安装了 120kW 太阳能组件，用于在赛季驱动大联盟巨大的记分牌，这些电能可以供 40 户家庭使用（图1-5）。

图1-5　AT&T 棒球场

1.3 国内绿色建筑的发展及现状

1.3.1 我国绿色建筑的发展历程

绿色建筑是 21 世纪全球建筑发展的主要趋势。早在 1982 年李道增先生在《世界建筑》上发表了《重视生态原则在规划中的运用》一文，这是我国建筑师第一次全面关注生态问题。1983 年，我国开展建筑节能研究。自 1992 年巴西里约热内卢"联合国环境与发展大会"以来，中国政府大力推动了绿色建筑的发展。1994 年，中国政府回应巴西里约联合国环境与发展大会对走可持续发展之路的总动员，发布了《中国 21 世纪议程——人口、环境与发展白皮书》，国务院颁布了《中国 21 世纪可持续发展行动纲要》，纲要强调环境保护和污染防治。在此背景下，对城市建设及人类居住提出发展的目标，要求人类住区促进实现可持续发展，动员全民参与，建成规划布局合理，环境清洁、优美、安静，居住条件舒适的绿色住区。

1996 年，国家自然科学基金委员会正式将"绿色建筑体系研究"列为"九五"的重点资助课题。1998 年，将"可持续发展的中国人居环境研究"列为重点资助项目，对推动生态建筑的研究提供了有力的支持。1999 年，第 20 届世界建筑师大会在北京召开，通过了《北京宪章》，大会指出要建立人居环境循环体系，应将新建筑与城镇住区的构思、设计纳入一个动态的、生生不息的循环体系之下，以不断提高环境质量。

2000 年，我国执行新建建筑节能 50% 的标准。"十五"、"十一五"期间更是设置了绿色建筑有关的课题，促进绿色建筑的研究与技术集成。

2001 年，建设部住宅产业化促进中心研究和编制了《绿色生态住宅小区建设要点与技术导则》，提出以科技为先导，总体目标是推进住宅生态环境建设及提高住宅产业化水平，并以住宅小区为载体，全面提高住宅小区节能、节水、节地水平，控制总体污染，带动绿色产业发展，实现社会、经济、环境效益的统一。

2002 年，建设部陆续颁布了《关于推进住宅产业现代化提高住宅质量若干意见》、《中国生态住宅技术评估手册》升级版（2002 版），并对十多个住宅小区的设计方案进行了设计、施工、竣工验收全过程的评估、指导与跟踪检验。

2004 年，建设部制定《建筑节能试点示范工程（小区）管理办法》；科技奥运十大项目之一的"绿色建筑标准及评估体系研究"项目通过验收，应用于奥运建设项目；建设部颁布实行《全国绿色建筑创新管理办法》，建设部科学技术司发出《关于组织申报"首届全国绿色建筑创新奖"的通知》，并印发了《全国绿色建筑创新奖励推荐书（工程类）》和《全国绿色建筑创新奖励申报书（技术和产品类）》，同年又颁布施行《全国绿色建筑创新实施细则(试行)》及评审要点。提出绿色建筑发展理念，"节地、节能、节水、节材和环境保护"。同年 8 月，上海市绿色建筑促进会成立，标志着"绿色建筑"所体现的生态、人本、可持续发展的理念，已备受社会各界关注，是全国第一家以"绿色建筑"为主题的社会团体法人。

2005 年 3 月召开的首届国际智能与绿色建筑技术研讨会暨技术与产品展览会发表了《北京宣言》，公布"全国绿色建筑创新奖"获奖项目及单位。同年发布了《建设部关于推进节能省地型建筑发展的指导意见》，修订了《民用建筑节能管理规定》，颁布实施了《公共建筑节能设计标准》GB 50189 - 2005。2006 年，召开了第 2 届国际智能、绿色建筑与建筑节能大会，颁布了《绿色建筑评价标准》；开展可再生能源示范工程；绿色建筑列入国家中长期规划纲要62个优先主题之一。2007年，召开了第3届国际智能、绿色建筑与建筑节能大会，绿色建筑评价技术细则颁布实施；开展双百工程示范（全国100个绿色建筑示范工程和100个低能耗示范工程）；启动绿色建筑专业培训及政府培训。2008年，绿色建筑评价标识工作全面展开，并召开了第4届绿色与智能建筑大会，会上对获奖项目进行颁奖。2009年，召开了第5届国际智能、绿色建筑与建筑节能大会。今后，中国绿色建筑发展的战略重点：政策法规层面：以全方位政策法规推进绿色建筑；科技创新层面：以适应性技术研发支撑绿色建筑；建设实践层面：以全寿命周期视角实践绿色建筑。

1.3.2　国内绿色建筑技术的发展

结合我国的国情和绿色建筑发展潜在需求，2008年绿色建筑在四节一环保方面既延续之前的工作重点，也做出了许多新的技术研究与实践。其中包括建筑设计、暖通、建筑材料、自动化等各个建筑专业的配合，以及外围护结构热工性能的改善，建筑设备、新能源、新材料等多种技术的研发。特别要提出的是，绿色奥运的提出，以及在新建的奥运场馆和奥运村建筑中直接运用了许多先进的绿色建筑集成技术，是我国的绿色建筑技术实践又一个新的提升。

（1）节能

建筑节能是在保证民用建筑使用功能和室内热环境质量的前提下，降低其使用过程中能源消耗的活动。我国在建筑节能方面，主要是对建筑运行能耗实际情况进行了更深入的研究，同时参考发达国家建筑节能工作的经验教训，重点研究减少建筑能耗需求、提高能源系统效率、开发利用新能源的关键技术及促进建筑节能工作的政策保障。最后通过建立系统的技术集成和工程示范，有效解决我国建筑能源使用效率低下的问题，将我国的建筑节能事业推向前进，对我国城市建设的可持续发展和减缓我国能源需求的压力起到重要作用。

结合"十一五"国家科技支撑计划项目的相关课题，我国建筑节能研究主要分为五大方向，与其他建筑节能课题、示范项目一起，构成我国建筑节能与新能源关键技术研究的有机整体。这五个方向是：提高建筑设计中节能潜力的关键技术；降低北方采暖地区能耗的关键技术；降低长江流域建筑能耗的关键技术；研究"降低大型公共建筑能耗的关键技术"；可再生能源和新能源技术在建筑中的开发，降低集中供热输配系统能耗技术集成，温湿度独立空调系统和基于能耗指标体系的大型公建节能诊断技术等。

（2）节水

建筑中的节水，应在合理的用水需求前提下，为满足生活用水基本需求以及建筑室外生态环境用水需求，通过采取技术、管理、行政等多种手段和措施，对用水需求进行合理的控制，对有限的水资源进行合理配置与优化利用，提高水资源利用效率。随着生活质量的提高，人们对供水量和质量的要求不断提高，但是随着国家实施水资源的可持续利用和保护，水资源的再生循环也成为政府和大众关注的焦点。

建筑节水有三层含义：一是减少用水量；二是提高水的有效使用效率；三是防止

泄漏。节水部分包括节水设备系统、计量付费系统、再生水利用系统、建筑结构系统和建筑材料系统五个部分。这给建筑给水排水工程的设计提出了许多新的要求。在设计过程中，建筑节水要从四个层面推进：降低供水管网漏损率；强化节水器具的推广应用；再生利用、中水回用和雨水回灌；合理布局污水处理设施；着重抓好设计环节，执行节水标准和节水措施。

2006 年以来，科技部、建设部以及地方相关部门也组织多项科技支撑计划项目。涉及建筑节水的有"城镇水污染控制与治理共性关键技术研究与工程示范"项目中的课题 5"城市节水关键技术研究与示范"。另外，节水、水资源利用以及城市建筑再生水资源化的重要技术成果主要有：减压节流技术、自动控制节水技术、减小排水阻力节水技术、屋顶花园雨水利用系统、雨水集蓄利用系统、雨水截污渗透系统、再生水的膜分离处理技术等。

我国目前有 440 亿 m^2 的既有建筑，预计到 2020 年，还将新建建筑面积约 300 亿 m^2。新建建筑施工过程中的节水措施已经开始成为重要环节。在 2007 年建设部印发的《绿色施工导则》中，明确提出要提高施工过程中的用水效率，并提出了一系列的先进技术建议，如不使用市政自来水在施工现场喷洒路面。绿化浇灌、现场搅拌用水、养护用水应采取有效的节水措施；现场机具、设备、车辆冲洗用水必须设立循环用水装置、施工现场办公区、生活区的生活用水采用节水系统和节水器具，提高节水器具配置比率；施工现场建立可再利用水的收集处理系统，使水资源得到梯级循环利用；施工现场分别对生活用水与工程用水确定用水定额指标，并分别计量管理；施工现场建立雨水、中水或可再利用水的收集利用系统等。

（3）节地

2008 年，国家按照节约集约用地的原则，对城市节地作出了一系列的政策要求。1 月 3 日，国务院发布《国务院关于促进节约集约用地的通知》，就提高土地节约集约利用提出了 5 项要求、23 项具体措施。7 月 29 日，中国人民银行与中国银行业监督管理委员会联合发布《关于金融促进节约集约用地的通知》，要求充分利用和发挥金融在促进节约集约用地方面的积极作用。10 月 23 日，新华社获授权发布《全国土地利用总体规划纲要（2006-2020 年）》（简称《纲要》）。《纲要》要求，全国耕地保有量到 2010 年和 2020 年分别保持在 12120 万 hm^2（18.18 亿亩）和 12,033.33 万 hm^2（18.05 亿亩）。

按照我国现有建设量不断增加的趋势，在建筑领域推行节地要求，对实现国家集约土地利用战略目标具有重要意义。要达成绿色建筑的节地目标，就必须达到建筑用地的集约化利用，高效利用土地，提高建筑空间的使用率，减少城市用地压力，着眼于长远的可持续土地利用开发。建筑的节地要点，主要分为选址、场地原生态保护、旧建筑利用和地下空间利用四个部分。

（4）节材

我国是人均资源相对贫乏的国家，而这种资源短缺将在未来很长一段时间内影响我国经济的跨越式发展。在绿色建筑事业的发展中，节约材料即是其核心内容之一。我国目前建筑工程的物资消耗水平与发达国家相比仍有很大的差距，例如每平方米住宅建筑耗费钢材约 55kg，比发达国家高出 10%~25%，每拌制 1 m^3 混凝土要多消耗水泥 80kg。另一方面，我国对建筑垃圾等废弃物的再生利用比例很低，与发达国家差距很大。据日本建设省统计，早在 1995 年全日本废弃混凝土再资源化率已达到 65%，2000 年则已高达 96%。

目前较为可行的建筑节材技术主要在三个层面实行，建筑设计节材、建筑工程材料应用的节材以及建筑施工过程中的节材。其中，在建筑设计时，就提倡采用工厂生产的标准规格预制成品，推进建筑工业化发展。尽量采用可再生原料生产的建材，以及从节材的角度考虑优化结构方案等。其次，在建筑工程的材料应用中，可行的技术包括轻质高强建筑材料工程应用技术，低水泥用量高性能混凝土的工程应用技术，工业废渣（包括建筑垃圾）在建筑工程材料中的应用技术等。最后，施工过程中的节材既要尽可能地减少建筑材料的浪费以及建筑垃圾的产生，采用科学的材料预算方案以降低建筑材料剩余量，推行建筑的精装修以避免重复建设与耗材浪费，还应尽量就地取材以减少在运输过程中造成的损坏与不必要的浪费。

在建筑垃圾的资源化利用方面，欧盟已提出

2010年建筑可持续发展目标之一就是使得建筑垃圾再循环率达到90%以上。2008年5月的汶川大地震，对当地的建筑造成了毁灭性的损坏，由此产生了数亿吨的建筑垃圾，如何合理有效地在短时间内处理和消纳这些建筑垃圾迫在眉睫。住房和城乡建设部在第一时间内对灾区情况进行了深入调查，并迅速作出反应。5月30日印发了《地震灾区建筑垃圾处理技术导则》，用于指导地震灾区垃圾处理与资源化利用工作。导则对震区垃圾的清运、资源化利用、二次污染的控制以及劳动安全保护等多个方面作出了详细的规定，这也是2008年建筑垃圾再利用的工作推进中较为重要的一环。

（5）人居环境

建筑环境的提升关乎住户的切身利益，绿色建筑环境要求达到安全、健康、舒适、高效和适宜五大目标。2008年12月2~4日在深圳召开的"中国环境科学学会室内环境与健康分会第三届学术年会"，其主题为"人类健康需要清洁的室内空气"。

"十一五"国家科技支撑计划项目、863计划项目都有关于提高和改善人居环境方面的科研项目，如国家科技支撑计划重大项目"城镇人居环境改善与保障关键技术研究"、重点项目"镇域生态环境监测与整治关键技术研究"，863计划重点项目"室内典型空气污染物净化关键技术与设备"等。这些项目对人居环境中的化学污染、生物污染、放射污染、声光热环境、景观绿化等内容开展系统的研究，研发适合我国国情的设备、材料、技术等，为我国人居环境的提升和改善提供技术支持。

2008年我国在人居环境方面达到的技术成果主要包括：居住区风环境模拟仿真成套技术、人员舒适性现场测试方法、大型室内空气质量测试舱、室内化学污染源散发控制和改善技术研究、新型调湿功能材料研发等一系列为提高人居环境质量的新技术。

1.3.3　绿色建筑评价标识体系介绍

绿色建筑评价标识，是指依据《绿色建筑评价标准》和《绿色建筑评价技术细则（试行）》，按照《绿色建筑评价标识管理办法（试行）》，确认绿色建筑等级并进行信息性标识的一种评价活动。主要用于评价民用建筑，对居住建筑和公共建筑进行分类评价。

我国的"绿色建筑评价标识"体系，是衡量中国绿色建筑的标尺。该体系有以下三个特点：

（1）考虑到我国绿色建筑起步较晚，而我国秉持的"节约资源和保护环境"的国家政策，又决定了我国政府对绿色建筑的重视，因此绿色建筑评价标识在我国是由政府组织开展，社会自愿参与的行为；

（2）为实现结构简单、完整、清晰、便于操作等目的，我国的"绿色建筑评价标识"体系属于分项评价体系框架；

（3）考虑实际建设水平和相关技术应用水平，"绿色建筑评价标识"根据我国实际建设情况制定。

2005年10月，为加强对我国绿色建筑建设的指导，促进绿色建筑及相关技术健康发展，建设部与科技部联合组织编制了《绿色建筑技术导则》。其中绿色建筑体系由节地与室外环境、节能与能源利用、节水与水资源利用、节材与材料资源、室内环境质量和运营管理六类指标组成。这六类指标涵盖了绿色建筑的基本要素,包含了建筑物全寿命周期内的规划设计、施工、运营管理及回收各阶段的评定指标的子系统。

2006 年 3 月,为贯彻落实完善资源节约标准的要求,在《绿色建筑技术导则》基础上,总结近年来国内外绿色建筑方面的实践经验和研究成果,建设部与国家质量监督检验总局联合编制了《绿色建筑评价标准》GB/T 50378 - 2006 。《绿色建筑评价标准》用于评价住宅建筑和办公建筑、商场、宾馆等公共建筑,《绿色建筑评价标准》的评价指标体系采用《绿色建筑技术导则》的六类指标体系。各大指标中的具体指标分为控制项、一般项和优选项三类,绿色建筑划分为三个等级。

2007 年 8 月,为规范绿色建筑的规划、设计、建设和管理工作,推动绿色建筑工作的开展,依据《绿色建筑评价标准》,建设部组织相关单位编制了《绿色建筑评价技术细则》(试行)。2007 年 8 月,建设部出台了《绿色建筑评价标识管理办法》。

2008 年 4 月,由住房和城乡建设部科技发展促进中心与绿色建筑专委会共同成立了绿色建筑评价标识管理办公室,设在住房和城乡建设部科技发展促进中心。管理办公室成立后,于 2008 年 4 月到 7 月组织了 2008 年度第一批绿色建筑设计评价标识项目申报、评审和公示,共有 6 个包括住宅与公建的项目获得绿色建筑设计评价标识。

1.3.4 绿色奥运评估体系介绍

1999 年 10 月,国际奥委会在巴西召开的环境保护会议上通过了《奥林匹克 21 世纪议程》,把"体育、文化、环境保护"作为奥运会的三大支柱,要求所有奥运会必须在可持续发展的框架内举办。2000 年的第 27 届奥运会,悉尼据此提出了"绿色奥运"的口号。北京在申办 2008 年奥运会中,根据国际奥委会的要求,结合北京的实际情况,借鉴悉尼经验,将"绿色奥运、科技奥运、人文奥运"确定为 2008 年奥运会的三大主题。

《北京奥运行动规划》将绿色奥运定义为:把环境保护作为奥运设施规划和建设的首要条件,制定严格的生态环境标准和系统的保障制度;广泛采用环保技术和手段,大规模多方位地推进环境治理、城乡绿化美化和环保产业发展;增强全社会的环保意识,鼓励公众自觉选择绿色消费,积极参与各项改善生态环境的活动,大幅度提高首都环境质量,建设生态城市。

北京绿色奥运的总目标是实施国际奥委会制定的《奥林匹克 21 世纪议程》,在以生态建设保障绿色奥运的同时,以绿色奥运促进人、城市和区域的可持续发展。北京绿色奥运的国际目标是通过绿色奥运,促进各国人民的相互了解、友谊和团结,激励拼搏竞争的生态奥运精神,将东方自然生态、经济生态和人文生态天人合一的生态哲学融入 21 世纪的新奥林匹克精神;促进以体育运动为先导的国际技术和文化领域的合作以及人类从工业社会向生态社会的转型。北京绿色奥运的国内目标是通过绿色奥运促进人的观念改变,全民生理、心理素质的提高和全社会的生态文明建设;促进城市环境的快速改善、城市生态资本的快速积累和区域生态服务功能的快速加强;激励城市产业的生态转型、城市经济的健康运行和社会的可持续能力的培育。

从生态教育和绿色奥运的含义不难看出:绿色奥运的定义决定了实现绿色奥运的每个环节都需要以人们具有高水准的生态素养为保障,这进一步加剧了生态教育的紧迫性和重要性;绿色奥运目标清晰地体现了生态教育的方向和目标。绿色奥运不仅仅是植几排树、种一块草那么简单，与奥运相关的人居环境和竞技场馆同样要够"绿色"才行。北京市科委等单位共同对外发布了"绿色奥运建筑评估体系"，使绿色奥运具有了可触可摸的操作标准。

绿色奥运是北京承办奥运的三大宗旨之一，奥运工程也是北京城市介绍的重要主题。在科技部和北京市科委的支持下，清华大学联合中国建筑科学研究院、北京市建筑设计研究院、中国建筑材料科学研究院、北京市环境保护科学研究院、北京工业大学、全国工商联住宅产业商会、北京市可持续发展科技促进中心、北京市城建技术开发中心等9家单位近40名专家历时14个月共同完成《绿色奥运评估体系》，其目的就是用来指导和评价奥运建筑设计建造和管理的全过程。

绿色奥运评估体系内容包括：绿色奥运建筑评估纲要，包括与绿色建筑相关的各个条目和原理，可通过它了解绿色建筑相关知识、内容和评估要求，作为规划、设计、建筑评标和施工、管理工作的参考；绿色奥运建筑评分手册：给出具体的评估打分方法，应用于工程项目的绿色评估；评分手册条文说明：给出评估的具体原理，评分中的方法细节和重要条目的说明等；评估流程及参评所需资料：详细介绍了如何针对奥运建设项目进行评估的方法，并列出了参评建筑应递交的材料清单及案例分析。由此分别完成了四个阶段的评估纲要，其涉及内容如下：

（1）规划设计阶段，是设计方案招标评标阶段。此时对建筑和设备系统的方案已基本确定，只是缺少具体的详细设计与材料设备选择。

（2）详细设计阶段，完成全部施工图与设备材料选择。建设施工部门已可以按图施工。

（3）施工阶段，由施工部门具体完成主体结构，装修和设备安装。

（4）调试阶段，验收和由运行部门承担的长期运行管理。

绿色建筑追求的是用最少的环境代价L获取最好的建筑环境质量Q。因此，采用QL打分体系，把上述评估纲要中的各指标分为属于建筑环境质量与服务的Q类和属于环境负荷与资源占用的L类，对各类中的每一项，都要定量评分。为使其可操作，将各种指标分为两类。对于能定量化分析的指标，确定0~5分的分值。对于无法定量分析的指标，则列出各种可能的做法，对各种做法直接给出分值。通过每项指标加权相加，可得到最终的综合评价。对上述设计与施工、管理的每个阶段，分别得到Q和L的总分。根据各项目在绿色建筑中的作用，分级给出权重系数。

除此之外，绿色奥运评估体系根据我国建设领域的具体情况，尤其针对奥运建筑的实际问题，突出了如下特点：在场地选址和总体规划中引入绿色概念和要求，着重对项目的可行性和规模进行深入论证；从全生命周期考察建筑材料的利用，提出建筑材料资源消耗、能源消耗、环境影响、本地化等四个定量指标，并实地调查获得参考数值指标；考虑北京能源供应多元化的现状，采用"能质系数"的方法对各种系统与方式作出科学的判断；考虑到体育场馆空调耗能占大头的情况，评估体系中专门设计了输配系数TDC（Transportation and Distribution Coefficient）来评价输配系统泵和风机的能耗；对各种热回收技术及可再生能源利用都进行了鼓励和科学评价；同时考察造成当地大气污染的直接排放和对发电厂所在地区大气造成污染的间接排放，均衡两个大气污染指标。

按照这一评估系分析，发现某些项目目前的方案与绿色建筑相距甚远，某些项目从绿色建筑的角度分析，还有很大的改进空间。

在此基础上，在北京市政府的委托下，清华大学于2005年12月开始对奥运场馆进行节能评审，完成了包括五棵松体育馆、奥林匹克水上公园、北京射击馆、老山自行车馆、中国农业大学体育馆、北京大学体育馆、北京科技大学体育馆、北京工业大学体育馆、国家游泳中心、国家体育馆、国家体育场、奥运村等12个新建奥运工程的节能评估。在节能、节材及环保等方面进行了优化，促进了绿色奥运和绿色建筑理念的落实。

1.3.5 国内体育类绿色建筑介绍

1. 绿色奥运工程——鸟巢

国家体育场位于北京奥林匹克公园中心区南部，为2008年第29届奥林匹克运动会的主体育场。工程总占地面积21hm²，建筑面积258000m²。场内观众坐席约为91,000个，其中临时坐席约11,000个，将举行奥运会、残奥会开闭幕式、田径比赛及足球比赛决赛。奥运会后将成为北京市民广泛参与体育活动及享受体育娱乐的大型专业场所，并成为具有地标性的体育建筑和奥运遗产（图1-6）。

国家体育场工程为特级体育建筑，主体结构设计使用年限100年，耐火等级为一级，抗震设防烈度8度，地下工程防水等级1级。工程主体建筑呈空间马鞍椭圆形，南北长333m、东西宽294m，高69m。主体钢结构形成整体的巨型空间马鞍形钢桁架编织式"鸟巢"结构，钢结构总用钢量为4.2万t，混凝土看台分为上、中、下三层，看台混凝土结构为地下1层，地上7层的钢筋混凝土框架—剪力墙结构体系。钢结构与混凝土看台上部完全脱开，互不相连，形式上呈相互围合，基础则坐在一个相连的基础底板上。国家体育场屋顶钢结构上覆盖了双层膜结构，即固定于钢结构上弦之间的透明的上层ETFE膜和固定于钢结构下弦之下及内环侧壁的半透明的下层PTFE声学吊顶。

"鸟巢"钢结构所使用的钢材厚度可达11cm，以前从未在国内生产过。另外，在"鸟巢"顶部的网架结构外表面还将贴上一层半透明的膜，使用这种膜后，体育场内的光线不是直射进来的，而是通过漫反射，使光线更柔和，由此形成的漫射光还可解决场内草坪的维护问题。"鸟巢"的顶棚由两层膜组成，其中外层膜由884块ETFE膜组成，在这884块膜中面积最小的不超过1m²，而面积最大的达到250m²，整个铺设面积接近4万m²。ETFE膜还具备自洁功能，下雨就能够清除污垢，另外还能滤去紫外线。内层膜则是PTFE膜，实际上就是一层"隔声幕"，它紧紧地包住了所有的看台，加上

图1-6　国家体育场鸟巢俯视图

图 1-7　国家体育场鸟巢

一些声学技术的处理，能够较好地解决噪声问题。另外，这层膜也能够遮蔽钢结构屋顶和一些设备、管道，起到了美观的作用（图 1-7）。

除"鸟巢"内层的 PTFE 膜可以起到声学吊顶的作用外，"鸟巢"的钢结构上也设置有吸声材料，配合"鸟巢"内高性能的电声扩音系统，使"鸟巢"内部的语音清晰度指标指数能够达到 0.6，这个数值完全能保证坐在任何角落的观众都能清晰收听到场内广播。

由于没有墙的遮挡，"鸟巢"可以让风自由流通，保证了运动场的通透。经过设计师们的多次论证，它借用了流体力学设计中的一种计算机 CFD 模拟方法，对观众席进行了热舒适度、风舒适度的模拟分析实验，可以精确地模拟出 9 万多人同时观赛时的自然通风状况，目前"鸟巢"所有的通风设施，都是按照这个模拟分析对外国设计师的图纸进行调整优化的结果。无论观众坐在上层看台还是下层看台、普通座位还是 VIP 席，都能享受到自然光和自然风。

更为匠心独具的是，"鸟巢"把整个体育场室外地形微微隆起，将很多附属设置于地形下面，这样避免了下挖土方所耗的巨大投资，而隆起的坡地在室外广场的边缘缓缓降落，依势筑成热身场地的 2,000 个露天坐席，与周围环境有机融合，并再次节省了投资。

评审委员会主席、中国工程院院士关肇邺评价说，这个建筑没有任何多余的处理，一切因其功能而产生形象，建筑形式与结构细部自然统一。

评审委员会和许多其他建筑界专家都认为，"鸟巢"将不仅为 2008 年奥运会树立一座独特的历史性的标志性建筑，而且在世界建筑发展史上也具有开创性意义，为 21 世纪的中国和世界建筑发展提供历史见证。

设计并搭建"鸟巢"不易，要让"鸟巢"在未来的日子里充满生机与活力更为不易。据介绍，"鸟巢"设计之初和深化设计的过程中，一直贯穿着节俭办奥运和可持续发展的理念，在满足奥运使用功能的前提下，充分考虑永久设施和临时设施的平衡。按照要求，"鸟巢"共设 10 万个坐席，其中 8 万个是永久性的，另外两万个是奥运会期间临时增加的。

在此基础上，设计中将"鸟巢"的功能与周围地区日后定位乃至整个城市的中长远发展规划结合起来考虑。根据已确定的规划方案，"鸟巢"所在的奥林匹克公园中心区赛后将成为一个集体育竞赛、会议展览、文化娱乐、商务和休闲购物于一体的市民公共活动中心。作为北京奥运会主体育场，"鸟巢"将成为北京的标志性建筑之一，在相当长时期内，也将成为参观旅游的热点地区。同时，"鸟巢"在设计建设中，还在场地和空间的多功能上下了很大功夫，以提高场馆利用效率，除能够承担开幕、闭幕和体育比赛外，还将满足健身、商务、展览、演出等多种需求，为成功实施"后奥运开发"奠定坚实基础。

作为北京奥运会主体育场的国家体育场采用太阳能光伏发电系统。"绿色奥运、科技奥运、人文奥运"是北京奥运的三大主题，太阳能光伏发电系统落户"鸟巢"，将清洁、环保的太阳能发电与国家体育场融为一体，不仅是对北京奥运会三大主题

图 1-8　北京理工大学体育馆

的极好体现，同时对于提倡使用绿色能源、有效控制和减轻北京及周边地区大气污染，倡导绿色环保的生活方式将起到积极的推动作用和良好的示范效应。项目的太阳能光伏发电系统技术目前处于世界先进水平，安装在国家体育场的 12 个主通道上，总投资 1000 万元人民币，总容量 130kW，对国家体育场电力供应将起到良好的补充。

2. 绿色奥运工程——北京理工大学体育馆

在北京奥运会进行期间，气势恢宏的北京理工大学体育馆呈现在了世人面前，气势恢宏的"鳐鱼"造型动感十足，波浪板起伏的屋顶悬吊在两道巨型弧梁之下，细致合理的内部结构处处体现人文关怀（图 1-8）。这一学校标志性的建筑，体现了高校体育建筑的独特风格，凸现了北京奥运会"绿色奥运、科技奥运、人文奥运"的三大理念。

承担设计任务的五洲工程设计研究院院长俞亚明说，早在设计之初，北京理工大学体育馆就通过节约能源、充分利用自然资源、创造高效的建筑空间等可持续发展理念来体现绿色奥运精神。

（1）建筑节能的重点：体育馆屋面节能工程

北京理工大学体育馆屋面造型为双曲金属屋面，形似鳐鱼，外形复杂，技术难点多，是本馆建筑节能设计的重点。设计在屋面构造层次上提出创新设计思想：一般金属屋面只有单一的保温层，而本设计采用了三道保温层，通过三种不同厚度、不同密度的保温材料，按其弹性特征与其他的构造材料穿插放置，达到非常理想的保温效果，比国家规

定的标准高出一倍多，极大地提高了节能效益。

（2）营造绿色的比赛环境：雨噪声的处理

北京 2008 年奥运会排球预赛时间为 8 月 9 日至 24 日，残奥会比赛日为 2008 年 9 月 7 日至 14 日。北京理工大学体育馆作为北京奥运会排球比赛预赛场馆和残奥会盲人比赛场馆，上述两个时间段可能会有暴雨降临，而暴雨则会对体育馆的金属屋面产生很大的撞击声，影响比赛环境。故北京理工大学体育馆的屋面系统通过创新的三道保温层的屋面构造层次，实现了对屋面暴雨撞击声的有效消减，创造了绿色的声音环境，确保了场馆对音响环境的使用需求。

（3）注重自然能源的利用：充分利用自然采光

2003 年 9 月 11 日，北京理工大学原体育馆（体育文化综合馆）正式开工建设，2006 年 9 月交付使用，实现了理工大学体育教学、大型集会、健身和娱乐的建设目标。2005 年被选中作为北京 2008 年奥运会排球预赛场馆和残奥会盲人门球比赛场馆，于 2007 年 4 月 27 日开工扩建改造，目标是兼有体育比赛功能和学生文化活动功能的综合性场馆。

在学生文化活动中心和主馆之间设置了下沉式采光庭院及室内中庭空间，将自然光线引入地下室，实现地下室的自然采光和通风。

比赛大厅侧面设有外窗，屋顶结合拱形桁架也开设了天窗。打开遮光帘，赛后日常教学使用时，室内不用开灯，大量节约能源消耗。

（4）机电设计方面的节能措施

北京理工大学体育馆奥运改造工程，分为两大部分。一部分为原馆根据奥组委的要求进行调整、改造，包括无障碍设施的改造；另一部分为新建一座热身馆，用来满足奥运会和残奥会排球比赛的赛前热身需要。在场馆的设计和建设过程中，始终坚持绿色节能设计的思想，采用了节水型卫生设备、节能灯具等，节约了水电，体现了绿色奥运理念。

3. 绿色奥运工程—水立方

"水立方"位于奥林匹克公园B区西侧，和国家体育场"鸟巢"隔马路遥相呼应，建设规模约8万 m²，最引人注目的就是外围形似水泡的 ETFE 膜（乙烯－四氟乙烯共聚物）。ETFE 膜是一种透明膜，能为场馆内带来更多的自然光，它的内部是一个多层楼建筑，对称排列的大看台视野开阔，馆内乳白色的建筑与碧蓝的水池相映成趣（图1-9）。

国家游泳中心的设计方案，是经全球设计竞赛产生的"水的立方"方案。该方案由中国建筑工程总公司、澳大利亚 PTW 建筑师事务所、ARUP 澳大利亚有限公司联合设计。其中中方设计者为中建国际（深圳）设计顾问有限公司总裁、总建筑师赵小钧，总工程师毛红卫，PTW 建筑事务所的两名主设计师为约翰·保林（John Pauline）与托比·王

（Toby Wong）。

设计体现出"水立方"的设计理念，融建筑设计与结构设计于一体，设计新颖，结构独特，与国家体育场比较协调，功能上完全满足 2008 年奥运会赛事要求，而且易于赛后运营。

这个看似简单的"方盒子"是中国传统文化和现代科技共同"搭建"而成的。中国人认为：没有规矩不成方圆，按照制定出来的规矩做事，就可以获得整体的和谐统一。在中国传统文化中，"天圆地方"的设计思想催生了"水立方"，它与圆形的"鸟巢"——国家体育场相互呼应，相得益彰。方形是中国古代城市建筑最基本的形态，它体现的是中国文化中以纲常伦理为代表的社会生活规则。而这个"方盒子"又能够最佳体现国家游泳中心的多功能要求，从而实现了传统文化与建筑功能的完善结合。

在中国文化里，水是一种重要的自然元素，并激发起人们欢乐的情绪。国家游泳中心赛后将成为北京最大的水上乐园，所以设计者针对各个年龄层次的人，探寻水可以提供的各种娱乐方式，开发出水的各种不同的用途，他们将这种设计理念称作"水立方"。希望它能激发人们的灵感和热情，丰富人们的生活，并为人们提供一个记忆的载体。为达此

图1-9　国家游泳馆水立方俯视景

图 1-10　国家游泳馆水立方主视景

目的，设计者将水的概念深化，不仅利用水的装饰作用，还利用其独特的微观结构。基于"泡沫"理论的设计灵感，他们为"方盒子"包裹上了一层建筑外皮，上面布满了酷似水分子结构的几何形状，表面覆盖的 ETFE 膜又赋予了建筑冰晶状的外貌，使其具有独特的视觉效果和感受，轮廓和外观变得柔和，水的神韵在建筑中得到了完美的体现。轻灵的"水立方"能够在设计竞赛中夺魁，还在于它体现了诸多科技和环保特点。合理组织自然通风、循环水系统的合理开发，高科技建筑材料的广泛应用，共同为国家游泳中心增添了更多的时代气息。泳池也应用了许多创新设计，如把室外空气引入池水表面，带孔的终点池岸，视觉和声音出发信号等，这将使比赛池成为世界上最快的泳池。

　　"水立方"不仅是一幢优美和复杂的建筑，她还能激发人们的灵感和热情，丰富人们的生活，为人们提供记忆的载体。因此设计中不仅利用水的装饰作用，同时还利用其独特的微观结构。采用在整个建筑内外层包裹的 ETFE 膜是一种轻质新型材料，具有有效的热学性能和透光性，可以调节室内环境，冬季保温、夏季散热，而且还会避免建筑结构受到游泳中心内部环境的侵蚀。更神奇的是，如果 ETFE 膜有一个破洞，不必更换，只需打上一块补丁，它便会自行愈合，过一段时间就会恢复原貌。

　　"水立方"首次采用的 ETFE 膜材料，可以最恰当地表现"水立方"，其外形看上去就像一个蓝色的水盒子，而墙面就像一团无规则的泡泡。这个泡泡所用的材料"ETFE"，也就是我们常说的"聚氟乙烯"。这种材料耐腐蚀性、保温性俱佳，自清洁能力强。国外的抗老化试验证明，它可以使用 15~20 年。而这种材料也很结实，据称，人在上面

跳跃也不会损伤它。同时由于自身的绝水性，它可以利用自然雨水完成自身清洁，是一种新兴的环保材料。犹如一个个"水泡泡"的 ETFE 膜具有较好抗压性，厚度仅如同一张纸的 ETFE 膜构成的气枕，甚至可以承受一辆汽车的重量。"气枕"根据摆放位置的不同，外层膜上分布着密度不均的镀点，这镀点将有效地屏蔽直射入馆内的日光，起到遮光、降温的作用（图 1-10）。

　　国家体育馆工程承包总经理谭晓春透露，这种材料的寿命为 20 多年，但实际会比这个长，人可以踩在上面行走，感觉特别棒。目前世界上只有三家企业能够完成这个膜结构。整体建筑由 3000 多个气枕组成，气枕大小不一、形状各异，覆盖面积达到 10 万 m^2，堪称世界之最。除了地面之外，外表都采用了膜结构。安装成功的气枕将通过事先安装在钢架上的充气管线充气变成"气泡"，整个充气过程由电脑智能监控，并根据当时的气压、光照等条件使"气泡"保持最佳状态。"水立方"晶莹剔透的外衣上面还点缀着无数白色的亮点，被称为镀点，它们可以改变光线的方向，起到隔热散光的效果。

　　此外，"水立方"占地 7.8 hm^2，却没有使用一根钢筋，一块混凝土。其墙身和顶棚都是用细钢管连接而成的，有 1.2 万个节点。只有 2.4mm 厚的膜结构气枕像皮肤一样包住了整个建筑，气枕最大的一个约 9 m^2，最小的一个不足 1 m^2。跟玻璃相比，它可以透进更多的阳光和空气，从而让泳池保持恒温，能节电 30%。

第二章 绿色理念 精心策划

2.1 总体策划

2010 年的亚运会，广州向亚洲和世界展现了自己。在亚运城建筑中提高节能标准，大量使用绿色节能技术，不仅积极响应了国家号召，更让世界看到广州节能、环保和可持续发展的决心，看到广州在承办亚运会时为改善人居环境、节约资源、减少排放、保护生态而作出的努力和贡献。

广州亚运城在策划过程中，依据因地制宜的原则，结合广州本地的气候、资源、自然环境、经济、文化等特点，统筹考虑节能、节地、节水、节材、保护环境、满足建筑功能之间的辩证关系。遵循可持续发展原则，体现绿色平衡理念，对绿色建筑杂用水、自然水系与景观规划、光环境、声环境、市政规划、交通规划与管理、信息化系统建设、节能环保新技术应用和真空垃圾处理系统等专项进行了充分的前期论证研究，并建立了相应的绿色建筑与建筑节能技术标准体系，对实现亚运城的绿色理念进行指导和规范，将亚运城的绿色理念和节能技术的应用经验在全社会进行推广和示范。

为了给亚运城的活动人员提供健康、舒适、高效、与自然和谐的生活环境、比赛运动场所和活动空间，同时最大限度地减少对能源、水资源和不可再生资源的消耗，不对场址、周边环境和生态系统产生不良影响，并加以改善。在策划阶段，对亚运城的综合性能制定了以下控制目标：

（1）项目遵循可持续发展原则，充分体现绿色平衡理念，通过建筑设计、绿化配置、自然通风、自然采光、低能耗围护结构、太阳能利用、雨水利用等技术措施，实现节地、节能、节水、节材的室内外综合环境改善绿色工程目标。

（2）充分体现"激情盛会，和谐亚洲"的亚运理念，保持岭南水乡特色，强化岭南文化内涵。

（3）缤纷花城：打造"绿色亚运、缤纷花城、人文广州"的城市绿色名片，营造富有亚热带岭南特色的城市环境。

（4）注重绿色环保、生态节能：采用发展成熟、安全可靠的建筑新技术和新型材料，推动绿色亚运理念。

（5）务实节俭：强调功能高效，注重实用性，降低经营成本，贯彻落实节俭办亚运的方针。

（6）创建一体化城市空间：协调基地内部与外部的城市空间关系，强调建筑内外空间的整体性与自然过渡，创造连续与丰富的空间体验。

（7）打造精品工程：鼓励创意，创造具有时代意义和地方特色的建筑精品，为地区留下亚运精神与亚运遗产，迎接未来。

（8）注重赛时和赛后不同阶段的利用：赛时强调满足亚运要求，赛后强调面向该地区可持续发展，并处理好两个阶段的过渡。

总体策划为绿色亚运指明了建设方向，表明了广州坚持节能、环保和可持续发展的决心。为了充分体现"绿色亚运"的理念，遵循可持续发展原则，把广州亚运城建设成为理念先进、技术成熟、务实节俭的绿色精品工程，广州市重点公共建设项目管理办公室结合广州本地的气候、资源、自然环境、经济、文化等特点，在策划阶段就提出了把绿色建筑杂用水、自然水系与景观规划、光环境、声环境、市政规划、交通规划与管理、信息化系统建设、节能环保新技术应用和真空垃圾处理系统等九大节能环保新理念、新技术、新工艺应用于亚运城建设的工作设想，既能体现亚运会的绿色生态、节能环保和岭南特色，又有利于亚运城在举办亚运会后转换为生活配套设施齐全、适宜居住的高品质社区，并建立相应的绿色建筑与建筑节能技术标准体系，对实现亚运城的绿色理念进行指导和规范，将亚运城的绿色理念和节能技术的应用经验在全社会推广和示范。

在广州市政府的充分肯定和支持下，广州市重点公共建设项目管理办公室联合中国建筑设计研究院、华南理工大学、清华大学、广东省建筑科学研究院、广州市市政工程设计研究院等一批优秀的设计和研究单位，针对九大专项进行前期规划研究，并编制了《广州亚运城居住建筑节能设计标准》和《广州亚运城综合体育馆绿色建筑设计标准》。

本章介绍了亚运城总体的策划思路和控制指标，并从九大专项规划研究出发，建立了较为完整的前期规划框架，对其重点研究内容进行了介绍，基本涵盖了广州亚运城规划的各个方面，最终形成广州亚运城住宅和体育馆绿色建筑与建筑节能技术标准体系，充分体现了广州亚运城在绿色建筑领域的示范意义和推广价值。

2.2 前期论证研究

2.2.1 广州亚运城绿色建筑杂用水专项研究

1. 广州亚运城杂用水专项研究说明

广州亚运城杂用水专项研究的技术前提为：广州亚运城内水系为非独立水系，景观水系与市政、水利的河网为同一水系，负担相关流域内排水、灌溉、泄洪等功能。河道水系设计、水质保持、排水泄洪等由市政、水利、规划等部门统一负责实施。

广州亚运城杂用水专项研究主要包括内容：

（1）广州亚运城赛时收集、储存、利用屋面雨水作为杂用水水源。不足部分采用市政自来水补水。

（2）广州亚运城赛后收集、储存、利用屋面雨水作为杂用水水源，不足部分采用市政自来水补水。

（3）不设以建筑优质杂排水为原水的建筑中水系统。

（4）草地、停车场、人行步道采用渗透地面或渗透沟，其他地面均为普通地面。

（5）充分考虑屋面雨水收集利用的规模和经济合理性。

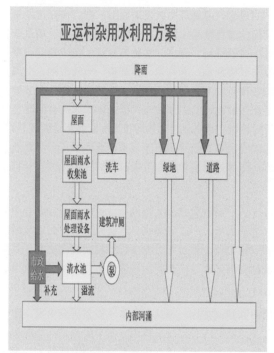

图 2-1 广州亚运城杂用水示意图

2. 杂用水系统分析

（1）杂用水水源方案

亚运会召开期间，广州亚运城的使用者是各国运动员、技术官员和媒体工作者，因此应保证很高的安全和卫生要求。如果采用优质杂排水或者由生活污水处理而来的市政中水作为回用水水源，可能在感官和传统思想上很难为各国来宾所接受，甚至使人们对回用水的安全性产生怀疑；一旦在赛会期间造成事故，势必会在国内外产生负面影响。

相比其他几种水源，雨水来源于自然，水质最好。为了确保安全问题万无一失，所以确定在赛时只利用屋面雨水作为杂用水水源，不足的水量由市政给水补充。这样既可保证供水的安全卫生，又符合"精细化、人性化和科学化"的亚运会建设要求，同时节约了用水，体现了可持续发展的精神和宗旨。

这样就形成了以下的杂用水水源方案：广州亚运城利用雨水作为杂用水水源，不足部分由市政给水补充。见图 2-1。

（2）雨水利用系统方案

根据亚运城特点，采取以下利用方式。

1）屋面雨水分区域单独收集，在每个区域内设置集中的屋面雨水收集池和雨水处理回用设施，统一处理、统一回用。

2）运动场地、学校区域地面雨水单独收集，在每个区域内设置集中的雨水收集池和雨水处理回用设施，统一处理、统一回用。

3）雨水处理设施应尽量采用物理化学方法，要求处理工艺简单高效，耐冲击负荷能力强，易于管理维护。

（3）排水管网系统方案

排水管网分为污水管网、雨水管网和雨水收集管网三类，水管网采用以下方案：

1）建筑的室内排水污废合流；室外污水、雨水分流。生活污水、废水排入市政污水管道，室外雨水排入市政雨水管道。

2）雨水排水采用管道和沟渠相结合的做法，地块内的全部雨水管道和沟渠就近排入周边内河涌，尽量提高排入内河涌时的接入高度。

3）屋面雨水单独就地收集，在各用地区域内集中设置屋面雨水收集池，单独敷设室外雨水收集管网接入屋面雨水收集池，屋面雨水收集池应有超越、溢流和排空等配套管网并接入周边的雨水排水管道或内河涌，且应有防倒灌措施。

（4）回用水管网系统方案

为简化回用水系统，整个回用水系统不再分质供水。不论雨水、河水都在处理后满足统一的水质标准，使用同一个回用水管网向整个地块供水。

回用水管网分为两级：

1）一级管网为敷设在广州亚运城内各组团地块和区域内部，供各建筑物地块内的屋面雨水收集池补充和集中绿化、浇洒用水点用水。布置为环状或枝状，不直接供应建筑物冲厕用水。

2）二级管网为屋面雨水收集池后的直接供应建筑物室内杂用水的管网，布置为枝状；可能全部在建筑物内部，也可能有部分室外管道向多个建筑物供水。管网供水压力按用水建筑要求确定。

3. 雨水收集利用研究

(1) 广州亚运城雨水收集范围的分析研究

广州亚运城区域内可收集雨水的下垫面根据其特征可以分成建筑屋面、小区内的道路和广场等硬化地面、绿地、城市道路及其两侧的人行道。广州亚运城的雨水收集范围如下：

1）屋面雨水利用

屋面上的雨水直接利用，通过雨水收集管道输送到雨水蓄水池储存，经简单处理后作为杂用水，替代自来水。屋面雨水直接利用示意图见图2-2。

2）地面雨水利用

广州亚运城地面指非建筑屋面的所有地面，包括绿地、道路、停车场、广场等。根据地质勘察资料和广州亚运城建设竖向规划最低标高7.0m的要求，地下水位埋深基本大于1.2m，满足采取渗透地面的技术要求。考虑到规划区域内地下水位较高，土壤水含量丰富，仅对绿地和人行道的雨水进行入渗，做间接利用。其中绿地雨水就地入渗，人行道采用透水铺砌地面入渗。透水人行道可改善人们在降雨季节的行路条件。同时，渗透地面可减缓地面雨水洪峰流量出现的时间，降低洪水的危害。

运动场地、学校区域的地面雨水相对较为洁净，地面雨水进行收集，回用于杂用水。其他区域地面、

路面雨水相对较脏，不予收集利用，直接排入广州亚运城内部河涌。

(2) 广州亚运城地面雨水的排除

由于水体的水位较高（比规划地面低约1.5~2m），雨水排水管道的埋深不可低于水体的水位，否则影响雨水排水安全，因此管道的埋深受到限制。为了减小雨水管道的埋深，建筑区特别是位于雨水管道、沟渠上游的建筑地块，地面雨水排水尽量采用明沟。沟渠采用新型材料（如树脂混凝土）高质量成品，沟盖板采用美观、耐压的铸铁、铸铝、铸钢等优质产品，提高综合地面景观效果，同时明沟也方便管理，节约投资。为减少雨水排水沟的污物沉积，排水沟具有必要的坡度，排水沟底部应为半圆形断面，避免雨水和污物的沉积，避免蚊虫滋生。

(3) 雨水利用设施的做法

雨水利用设施包括屋面雨水的收集回用设施和地面雨水收集、渗透做法。

1）屋面雨水的收集回用设施

雨水收集净化回用设施由收集系统、雨水储存与净化设施、回用水管网组成。

屋面雨水收集采用87型斗雨水排水系统，体育场、体育馆等大型屋面采用虹吸式屋面雨水收集。

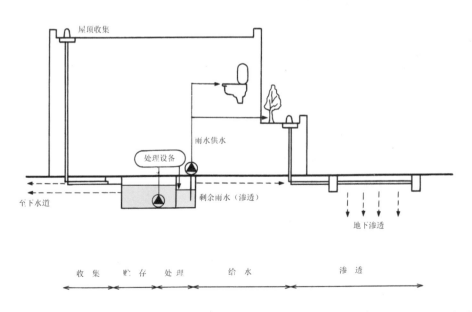

图2-2 雨水利用图示

屋面雨水收集系统同时担负安全排除屋面雨水的功能，因此设计重现期应按照排水要求取值，见表2-1。

屋面降雨设计重现期 表2-1

建筑类型	设计重现期（a）
住宅和公共建筑	5
体育场馆和大型屋面建筑	10

屋面雨水在室外向雨水蓄水池的输送管道（沟），按蓄水池集雨的设计重现期取值，该值小于屋面雨水设计重现期，输水能力要小于建筑内雨水管道系统，这和常规的室外雨水排水管道的设计重现期小于室内雨水管道出现的情况一样。室外输水管道和建筑雨水出户管的连接宜采用检查井，井盖能通透溢水或设专用溢水井，当竖向标高不合理时可采用排水沟。输水管道上设检查口取代检查井，减少室外检查井的数量，提高室外地面景观质量。

雨水储存采用钢筋混凝土水池。水池在室外其溢流雨水（蓄水池都需要设雨水溢流）自然排放，若设在室内地下水泵提升排除溢流水按50年以上降雨重现期雨水量设计，管道尺寸和水泵容量太大，不经济。水池埋在地下土壤中利于水质保持，抑制微生物繁殖。因此要求雨水水池设在室外，如设在室外极为不合理，可设在地下室，并应采取可靠的溢流措施。

蓄水池需要设溢流口。溢流口可设于水池内，通过溢流管排入室外雨水排水管道。对于室外用明沟排水的建筑区，溢流可设在水池的入口处，通过溢流井向地面溢水。水质处理设施设于地下室。

2）地面雨水收集、渗透做法

地面雨水可采用收集渗透相结合的技术措施，也可采用透水砖铺砌，地面采用不透水景观地面砖，提高地面景观质量。

根据垫层材料的不同，透水地面的结构分为3层，见表2-2。

透水地面的设置范围及主要结构形式 表2-2

设置场所	垫层结构	找平层	面层	备注
人行道	100～200mm砂砾料	1）细石透水混凝土40～60mm 2）干硬性砂浆40～60mm	60mm厚透水性陶瓷路面砖	结合景观要求设置排水设施

透水地面做法见图2-3；渗透砖厚度为60mm，孔隙率20%～30%，垫层厚度按200mm，孔隙率按30%计算。根据地质勘察资料，建设场地土壤的渗透系数较小，雨季连续降雨仍会出现一定的地面径流。

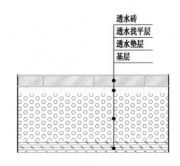

图2-3 透水地面的做法

（4）雨水利用工程的建设规模和雨水利用量

1）雨水径流量分析

根据国家标准《建筑与小区雨水利用工程技术规范》GB50400-2006，规划区域内的赛时屋面面积 34 万 m^2（赛时总建筑面积按 274 万 m^2 计算，总建筑密度按 12.5% 计算），赛后屋面面积 68 万 m^2，考虑 80% 的屋面做雨水收集，则降雨重现期 1 年的屋面最高日雨水径流总量：赛时为 1.3 万 m^3；赛后为 2.5 万 m^3。（以上径流量为可利用的雨量，平均每年都会出现。）降雨重现期 2 年的屋面最高日雨水径流总量：赛时为 2.5 万 m^3；赛后为 5 万 m^3（以上径流量为可利用的雨量，平均每 2 年会出现 1 次，降雨频率为 50%）。

只考虑运动场地、学校地面收集量，按降雨重现期 2 年的最高日雨水径流量计算。有效收集地面面积约 8 万 m^2，雨水设计径流总量为 4160m^3。

屋面与地面的总雨水收集量赛时为 2.50 万 m^3，赛后为 5.42 万 m^3。

2）管网最大日杂用水量计算

屋面雨水的储存和净化处理设施都建设在建筑小区中，雨水的回用主要考虑建筑小区中的杂用水，包括厕所冲洗、绿地浇灌、洗车和路面浇洒。

赛时管网的最大日杂用水量为 6010m^3，赛后管网的最大日杂用水量为 6069m^3。

3）雨水蓄水池容积的确定

根据国家标准《建筑与小区雨水利用工程技术规范》GB50400-2006，雨水蓄水池的有效容积不小于屋面降雨的 24h 雨水径流量，同时匹配的用水管网需要达到一定的用水量规模：管网的最大日用水量不宜小于雨水池有效容积的 40%。这样，设计重现期内的连续 3 天降雨、7 天降雨乃至全年的降雨才能蓄存进来，实现对全年雨水的收集利用。按降雨重现期 2 年的最大日雨水量计算，取蓄水池容积 54000m^3，水池周转天数为 11 天，可保证最大化地利用收集到的屋面雨水。

4）赛时雨水利用分析研究

广州亚运城赛时的杂用水包括建筑冲厕、绿化、浇洒和洗车用水，供应范围不包括市政绿化、道路及其他市政配套设施等，赛时按 3 个月计算，9、10~11 月份综合每日平均用水量按最高日用水量的 50% 计算，合计约 30 万 m^3。

亚运会赛时 9 ～ 11 月份累计降雨量 290mm，实际利用雨水量按收集计算值的 90% 计算，利用雨水量占杂用水总水量的百分比为 26%。

雨水净化处理能力根据赛时建筑冲厕杂用水量确定，绿化、浇洒、洗车等采用市政自来水。每日运行时间按 16h 计算，平均每个蓄水池对应的处理设备为 9.2m^3/h。

5）赛后雨水利用分析研究

广州亚运城赛后各部分的杂用水年用量组成见表 2-3。

赛后的杂用水年用量组成 表 2-3

项目	用水量
冲厕年用水量	662256m^3
绿地浇灌年用水量	336957.4m^3
道路、广场浇洒年用水量	155161.6m^3
洗车水年用水量	46720m^3
杂用水的年用量（考虑 10% 的未预见水量）	131 万 m^3

对于一定容积的蓄水池，能实现的年收集雨水量主要由两个因素决定，一个是雨水来水量，另一个是管网的用水量。来水量小，必定收集水量小。同样，若用水量小，即使来水量再大，也会溢流掉，收集不进来。

年实际利用雨水量按收集计算值的 70% 计算，约为 70 万 m^3，则年利用雨水量占杂用水年水量的 53%。

雨水净化处理能力根据赛后杂用水最高日用水量确定，每日运行时间按 16h 计，平均每个蓄水池对应的处理设备为 14m^3/h。

（5）雨水水质处理

1）雨水处理工艺

根据雨水径流的水质、回用雨水的用途或水质要求选择处理工艺。回用雨水的水质除了要符合国家再生污水的水质标准外，还要符合国家标准

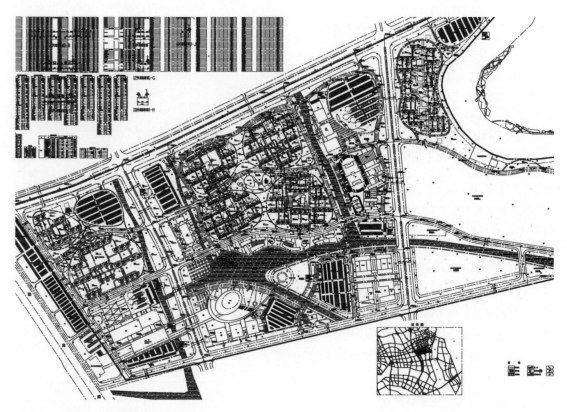

图2-4 赛时雨水池布置图（14个）

《建筑与小区雨水利用工程技术规范》GB 50400-2006）的要求，见表2-4。

雨水处理后 COD_{cr} 和 SS 指标 表2-4

项目指标	COD_{cr} （mg/L）≤	SS （mg/L）≤
循环冷却系统补水	30	5
观赏性水景	30	10
娱乐性水景	20	5
绿化	30	10
车辆冲洗	30	5
道路浇洒	30	10
冲厕	30	10

广州市屋面雨水径流的水质较好，经过初期雨水径流弃流之后，预计基本上可控制在如下范围：

COD_{cr}： ≤ 70mg/L

SS： ≤ 30mg/L

色度： ≤ 20

广州亚运城内雨水的主要用途是冲厕和浇洒，

选择处理工艺如下：

```
屋面雨水
   ↓
初期径流弃流
   ↓
雨水蓄水池沉淀
   ↓
过滤
   ↓
消毒
   ↓
清水池
```

过滤设备建议采用硅藻土或石英砂过滤器。

2）屋面的污染控制要求

屋面面层材料对雨水径流的水质影响很大。屋面表面应采用对雨水无污染或污染较小的材料，不宜采用沥青或沥青油毡。

屋面做法有普通屋面和倒置式屋面。普通屋面的面层以往多采用沥青或沥青油毡，这类防水材料暴露于最上层，风吹日晒加速其老化，污染雨水。研究监测表明，这类屋面初期径流雨水中的 COD_{cr}

图2-5　赛后雨水池布置图（27个）

浓度可高达上千。

倒置式屋面是"将憎水性保温材料设置在防水层上的屋面"。倒置式屋面与普通保温屋面相比较，具有如下优点：防水层受到保护，避免热应力、紫外线以及其他因素对防水层的破坏，并减少了防水材料对雨水水质的影响。

因此建议屋面优先采用坡屋面，如果采用平顶屋面，应采用陶质面层铺砌。

3）初期雨水弃流

根据雨水初期弃流装置提取降雨或径流的特征元素的区别，可以分为水质型、容积型、半容积型、流量型、雨量型、分流堰型、跳跃堰型多种；按工程的实际需要可以安装在单一立管上、建筑物雨水管道系统中或建筑小区的汇水干管上；按控制方式可分为自动控制和非自动控制；弃流装置可根据需要专项设计或选用成品。

降雨初期3mm径流厚度的雨水含有一场降雨总污染量的绝大部分，通过弃流，可提高雨水蓄水池中的水质，简化处理工艺。雨水弃流水量按汇水面积乘以3mm径流计算。

4）雨水回收利用设施的分散设置

雨水回收蓄存设施采用就近分散设置方式。每个建筑组团周围设置1~2个雨水蓄水池，见图2-4和图2-5。考虑到工程的合理性和经济性，雨水就近收集储存，就近处理利用。

雨水利用工程按赛时、赛后分期建设，赛时共建设14个雨水池，平均每个水池容积约1800m³，实际总容积25200m³；赛后再建设13个雨水池，平均每个水池容积约2000m³，共计27个雨水池，实际总容积51200m³。雨水池的大小应根据汇水面积、收集管渠的距离等因素合理设计，但总容积不应小于上述计算总容积。

2.2.2 广州亚运城自然水系与景观规划专项研究

该专项研究旨在依托亚运城所在地块上的水网、水道及其沿岸的现状，进行充分、有效的保护和利用，使之在功能上可以成为广州亚运城主功能组团的服务设施，在景观上能反映岭南水乡传统的特色精华，并融入到整个亚运城景观规划的框架中去，延续和强化亚运城"山、水、城"交汇的生态格局，从而塑造广州亚运文化中的地域风光。

1. 广州亚运城岭南文化主题水乡景观概念意向

（1）景观空间结构

整体绿化结构可以概括为"滨水绿带，中央绿轴，道路绿廊，三大绿化中心"（图 2-6）。

1）滨水绿带：指裕丰涌（东涌）、南派涌（中涌）、官涌（西涌）三处两侧设置的连续带状绿地。

2）中央绿轴：联系东、西、中三涌的主要河道两岸的连续带状绿地，以开敞空间为主，视线通透无阻塞。

3）道路绿廊：广州亚运城内设置的道路绿化带。

4）三大绿化中心：莲花湾、砺江湾大型公共景观段、体育公园三块区域。

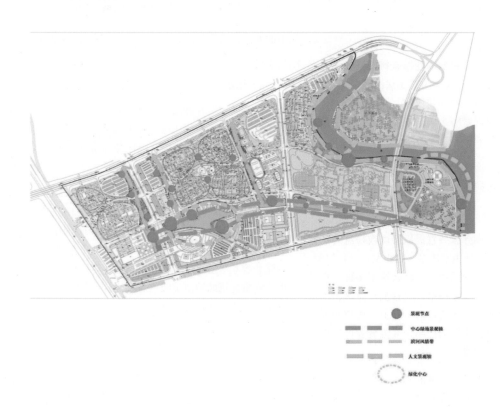

图 2-6 亚运城景观空间结构分析

（2）亚运城岭南文化与水乡主题景点分区（图2-7）

主要景点的主题概念意向源于岭南的人文景观与地域自然景观。岭南人文景观有民俗民风、岭南传说、文化传统，民间艺术等方面；地域自然景观有岭南水乡特色的地景（如桑基鱼塘、围垦造田），花木禽鱼等方面。

亚运城内河道（涌）景观区，其水景根据岭南文化主题景观类型及场地风貌特点的不同，分为"三涌两湾"。分别为裕丰涌、官涌、南派涌，莲花湾与砺江湾。

1）裕丰涌：绿意盎然小桥流水人家，绿色主调，体现番禺水网的绿化。

2）南派涌：桑基鱼塘、荔湾渔家，体现岭南广府特有的景色。

3）宫涌：反映珠江文化的历史发展和人文景色。

4）砺江湾：山峦起伏、柳浪闻莺，一派珠江莲花水道和大小莲浮山丘的景色。

5）莲花湾中心广场：动感活跃，彰显中国五千年悠久文明历史的地域景观及人文特色，体现"激情盛会，和谐亚洲"的亚运主题。

（3）景点视线分析与交通分析

1）视线分析（图2-8）

中央横向绿轴为主要的视线通廊，以开敞视线为主，视线节点以"山阁影"为结束。

裕丰、官、南派涌三涌三条纵向景轴线则形成小场景的视线变化，从较为封闭的

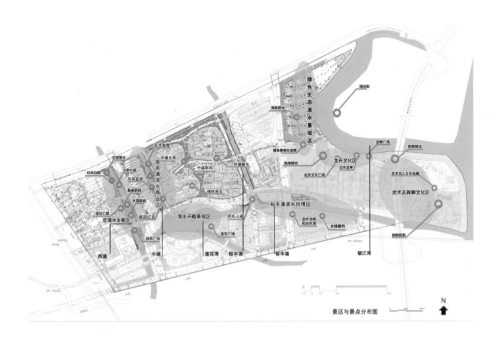

图2-7 亚运城景区与景点分布图

内部景观视线
轴线景观视线

图 2-8 亚运城视线分析

景观到开敞景观的变化。

另外，各景区内及景区之间的重要景观考虑通过轴线、对景线等进行景观视线控制与引导，以加强景点间的呼应与相互联系，增强景观层次，丰富景观。

2）交通分析（图 2-9）

道路分为三个等级：第一级——城市干道，第二级——城市次干道，第三级——内部支路。

人行步行系统是游人主要的交通系统，贯通亚运城各个分区，具有可达性和便捷性，但要注意赛时的管理问题。

选择景观优美、用地条件较好的地块作为景观节点，主要景观节点与游览路线相结合，与交通节点和人流集散地相结合。景区内由景观节点组成完整的空间序列，并可以赋予不同的空间序列以不同的主题，强化特色。

（4）**砺江涌带状公共景观区**（图 2-10~图 2-12）

亚运城砺江涌段为广州市亚运城水网的东端宽阔水面，连接珠江河道支流，呈曲水环山状，河涌西岸为亚运城技术人员居住用地、技能训练场地，西岸南端为体育公园；河涌东岸为一平坦小山。该段河涌水面宽广，地理位置独特，因此，从亚运城"绿色亚运、人文亚运、生态亚运"的规划定位出发，设计目的在于弘扬传统体育文化精神，提炼岭南传统体育元素作为设计的核心内容。旨在通过亚运城砺江涌段景观设计展现广东传统体育文化内涵和滨水文化特色。

（5）**裕丰涌景观设计意向**（图 2-13、图 2-14）

亚运城裕丰涌位于广州亚运城水网的东面，呈南北带状，河涌东岸为亚运城技术人员居住用地、技能训练场地，西岸为亚运会运动员村。该段河涌水面相对较宽，地理位置独特。因此，从满足亚运城运动员多方面功能，体现主办方地方特色出发，该

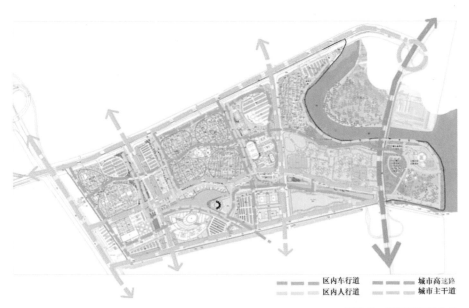

区内车行道　　　城市高速路
区内人行道　　　城市主干道

图2-9　亚运城交通分析

设计目的在于弘扬岭南传统水乡文化，构建和谐生态新社区。满足运动员及技术官员生活需求是本次规划的出发点和核心内容。

（6）南派涌及莲花湾景观设计意向（图2-15、图2-16）

珠江是广州的母亲河，珠江源源不断的"乳汁"孕育了千千万万的岭南儿女。南派涌连接官涌、莲花湾的水面有三组浮岛，分别体现珠江海印石、海珠石、浮丘的风貌，水网河涌景观以桑基鱼塘、荔湾渔家为设计模式，体现岭南珠三角广府地区特有的水乡生活景观。莲花湾（图2-17）是亚运城国际区域的重要景观节点，视野开阔。滨水空间由迎宾广场、欢庆（亚洲图形、升旗平台）广场、莲花广场组成，并与莲花湾区为开敞的滨水空间，其中莲花广场鲤鱼雕塑与盛世广场的鼓楼、升旗广场的各国国旗亦遥遥相望、互为对景，三个广场互相呼应，构成莲花湾的沿岸景观带。

（7）官涌景观设计意向（图2-18~图2-20）

亚运城官涌为广州市亚运城水网的西部，呈南北带状，河涌东岸为亚运城入口主干道，机动车停放处和文化中心，东岸为机动车停放处、媒体村和活动中心。该段河涌水面较窄，其河道东面可与莲花湾相通（图2-21）。

图 2-10　砺江涌带状公共景观区位置

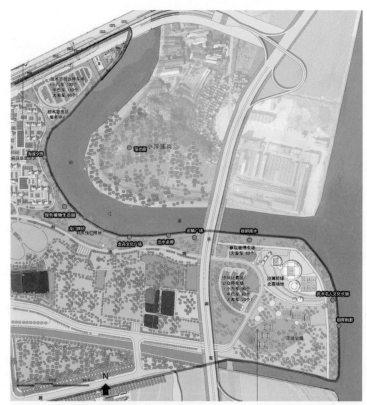

图 2-11　砺江涌公共景区景观设计平面图

图 2-12　砺江涌公共景区效果图

图 2-13　裕丰涌位置

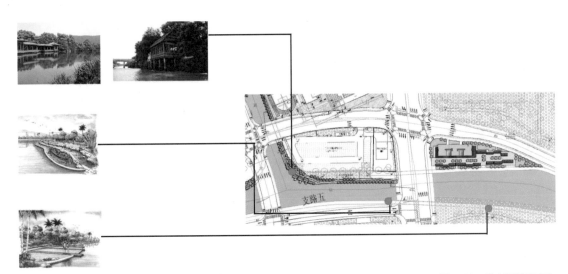

图 2-14　裕丰涌景观意向

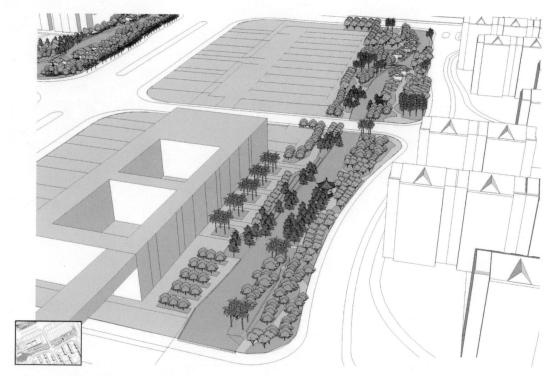

图 2-15　南派涌建筑景观位置示意图 (1)

图 2-16　南派涌建筑景观位置示意图 (2)

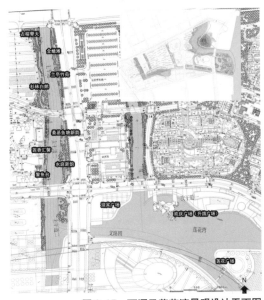

图 2-17　西涌及莲花湾景观设计平面图

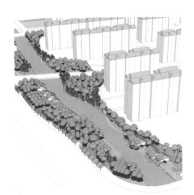

图 2-18　官涌建筑景观位置示意图（1）

图 2-19　官涌建筑景观位置示意图（2）

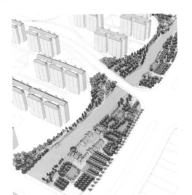

图 2-20　官涌建筑景观位置示意图（3）

图 2-21　莲花广场景观效果图

2. 广州亚运城景观空间与建筑形态分析

(1)河涌地带建筑设计

广州亚运城水景河涌地带的建筑设计，根据岭南文化主题思想、亚运城河涌现状及水网的基本概况，以亚运城总体规划中保留与利用河涌、水系的原则和功能规划布局为指导，将三条南北向流经亚运城主要河涌及其沿岸作为设计的重点，根据不同河涌所处地段的规划用地情况与功能布局要求，分别进行规划与设计构思。规模上可以分为岭南水乡建筑小品、岭南水乡配套服务建筑、岭南水乡风情街三种。

建筑形式除风情街既有一定规模外，其他均以岭南风格亭廊阁榭小品建筑形式，风格古雅，体量轻巧。

(2)官涌地带景观建筑规划

1）官涌位于整个亚运城的西部，东侧临亚运西路，由北向南依次贯穿的道路有清河路、和谐路、莲湾路、莲湾南路四条主要干道，西侧由北向南依次与亚运城的媒体村停车场、媒体村居住区、媒体交通枢纽、媒体中心停车场等主要功能区相邻，南北总长约880余米。

2）河道东岸毗邻的亚运西路，为亚运城西部的主要城市交通干道，河道东岸规划为30~50m的道路绿化景观带，绿化景观应考虑设置开敞部位，与河涌两岸的水乡建筑小品相结合，使水乡建筑小品成为城市道路景观的一部分。

3）河道西岸相邻的各亚运城功能组团中，在动能上除媒体村居住区、媒体村停车场对水乡建筑所提供的服务设施有一定需求外，其他功能区的需求都较弱；另一方面从规划用地范围的可行性上，也只有媒体村居住区、媒体村停车场功能区与官涌有一定的用地空间，由此可在官涌与此地块的交界地带，选择合适的地段作为水乡建筑建设用地。

4）在官涌与媒体村居住区、媒体村停车场功能区相邻的地块设置适量的岭南水乡建筑小品。

(3)南派涌地带景观建筑规划

1）南派涌位于整个亚运城的中部，东侧临亚运会运动员村，由北向南依次贯穿的道路有清河路、和谐路、莲湾路三条主要干道，汇入莲花湾，西侧由北向南依次与亚运城的运动员村停车场、运动员村公共区相邻，南北总长约460余米。

2）南派涌沿岸在功能上可对运动员村居住区、运动员村停车场提供少量水乡建筑服务设施，而对于运动员村公共区，为避免出现功能上的重复，可不予设置。从规划用地范围的可行性上，可在运动员村居住区与运动员村停车场功能区之间的地带沿南派涌两岸跨河设置水乡服务建筑建设用地。

3）在运动员村居住区、运动员村停车场之间的南派涌两岸各选取一处地块，设置适量岭南临水建筑。

(4)裕丰涌Ⅰ地带景观建筑规划（图2-22）

1）裕丰涌位于整个亚运城的东部，东侧临亚运会运动场馆，西临亚运会运动员村，南北总长约680余米。

2）裕丰涌临运动员村段沿岸绿化面积小，周边又有运动场馆区的公共设施，为避免出现功能上的重复，可不予设置配套设施，只设标志性岭南水乡建筑小品。

3）在裕丰涌拐角东侧以及南边停车场沿岸岸边选取地块，设置适量标志性岭南水乡建筑小品。

（5）裕丰涌 II 地带景观建筑形态探讨与景观建筑规划

景观建筑形态探讨

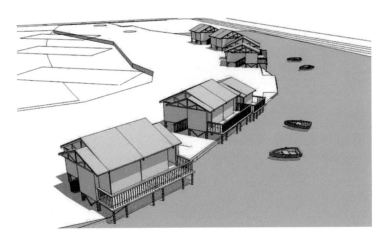

1）地块为邻水狭长地带，以线型水乡聚落景观为意向，沿河涌布置建筑、内街、埠头、桥等，以形成河-埠头-驳岸-沿河街道-建筑-后院或河-埠头-驳岸-沿河建筑-内街-建筑-后院的空间界面。

2）将水面引入建筑围合空间，创造以水为主体的空间格局。利用水榭、连廊、桥将水面进行划分，产生内外若干空间层次，从而放大院落空间尺度氛围，给人以深远幽深的氛围。

3）利用地块内河流"凹"形突变，在水面上设置"船厅"，通过围廊与两侧建筑联为一体，将水面划分为内外两部分，形成水体空间的尺度对比和水体形态的动静对比，使人在游览中感受亦动亦静的水体空间效果。

图 2-22　裕丰涌 I 地带景观建筑规划

4）内街相对较长时，为创造空间变化，可以人流线为线索，利用建筑对空间的不同围合程度形成开敞-封闭-开敞的空间节奏。在局部空间可引入岭南庭园的造景特色。

5）将水引入内街，形成如下街道断面。使内街与流水并存，增强街道流动，避免了内街街面的单调，放大了内街的空间尺度。

6）有节奏地改变建筑退让河道的宽度，以产生沿河街道平面尺度的变化，形成有韵律节奏的空间序列。

7）对沿河建筑的高度、虚实、材质进行设计椎敲，形成连续变化的立面效果，营造丰富的沿河天际线。

景观建筑规划（图2-23）

1）裕丰涌II地段位于整个广州亚运城的东南部，南边为安置区预留地，东边与亚运公园接壤。

2）裕丰涌II地段沿岸在功能上可作为连接安置区与亚运公园之间的重要景观。从规划用地范围的可行性上，可在安置区与亚运公园之间的裕丰涌两岸选取地块，设置适量岭南水乡建筑。

3）建筑形式以岭南水乡民用建筑为主，设计成内街形式，整个建筑群体呈带状分布。

（6）河涌地带景观建筑形态探讨（图2-24~图2-28）

1）珠江三角洲沙田地区的房屋，多贫苦渔民居住，称"水上民居"，俗称"水棚"。这是在水中用木柱支撑的一种简易房屋，可以说是沿河建筑的一种特殊类型。

以沙田民居为原型，吸取水上民居的元素，引入现代建筑的做法，塑造简洁朴实的岭南水乡建筑。

2）在沿河地带两岸设计成

图2-23　裕丰涌II地带景观建筑规划

族水乡的建筑形式，形成丰富的河涌空间。河堤设计成坡，建筑伸出水面部分柱子支撑在坡上。

设计常水位：4.5~5m

堤岸标高：7m

3）对现状民居的改造方式，可利用现存民居的主体结构，根据实际功能适当改变平面布局，在外立面的处理上，以传统民居为原型，在色调、细部装饰、屋面结构等方面求得统一。

4）将水面引入建筑围合空间，创造以水为主体的空间格局。利用水榭、连廊、桥将水面进行划分，产生内外若干空间层次，从而放大院落空间尺度氛围，给人以深远幽深的氛围。

利用地块内河流的"凹"形突变，往水面上设置"船厅"，通过围廊与两侧建筑联为一体，将水划分为内外两部分，形成水体空间的尺度对比和水体形态的动静对比，使人在游览中感受亦动亦静的水体空间效果。

5）内街相对较长时，为创造空间变化，可以

人流线为线索，利用建筑对空间的不同围合程度形成开敞－封闭－开敞的空间节奏。在局部空间可引入岭南庭园的造景特色。

6）地块为邻水狭长地带，以线型水乡聚落景观为意向，沿河涌布置建筑、内街、埠头、桥等，以形成河－埠头－驳岸－沿河街道－建筑－后院或河－埠头－驳岸－沿河建筑－内街－建筑－后院的空间界面。

有节奏地改变建筑退让河道的宽度，以产生沿河街道平面尺度的变化，形成有韵律节奏的空间序列。

对沿河建筑的高度、虚实、材质进行设计推敲，形成连续变化的立面效果，营造丰富的沿河天际线。

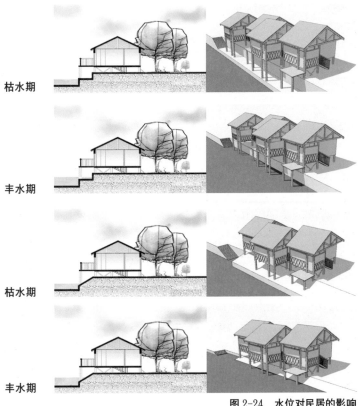

枯水期

丰水期

枯水期

丰水期

图 2-24　水位对民居的影响

现状

改造意向

图 2-25　现有民居的改造意向

图 2-26　以水为主体的空间格局

图 2-27 岭南庭园的造景特色

图 2-28 连续变化的立面效果

2.2.3 广州亚运城及亚运会体育场馆光环境专项研究

1. 广州亚运城照明发展规划

（1）发展目标

1）绿色照明

广州亚运城作为新城启动区，树立绿色照明示范区。广州亚运城绿色照明工程与能源、自然环境以及人的健康、视觉环境相协调，全面支持"高标准、高水平、高质量、高效率"的广州亚运城建设要求，树立"节约能源、保护环境、促进健康"的绿色照明示范区，并为新城及周边地区的绿色照明工程起到带动和指导的作用。

2）发展夜景旅游资源

广州亚运城照明规划与设计应配合广州亚运城整体规划设计：体现岭南水乡特点；在满足基本的功能性基础上，还要满足市民夜间购物、交往、休憩、娱乐等活动的照明需求。充分利用广州亚运城本身独特的物质和文化载体，用灯光塑造富有特色和吸引力的城市夜景观环境，增强城市记忆。

3）提升社区品质

完善与提升社区照明质量，塑造舒适的夜间视觉环境：服务于城市活动，满足夜间的机动车交通和人行功能的需求，为夜间活动的市民提供安全感，提高城区街道以及其他公共空间的夜间照明质量、安全性和效率。

（2）发展原则

1）坚持科学发展观和建设生态宜居城市的理念

照明规划及设计应体现生态优先和可持续发展的要求，充分尊重和利用现有地形地貌，协调生态保护与开发建设的关系。满足生态与环保的要求，节约能源，避免光污染与光干扰。

2）坚持尊重并体现城市及社区特色的原则

照明应充分利用广州亚运城自身独特的物质和文化载体，塑造有个性特色的城市夜间空间环境形象，展现出别具特色的城市照明并体现一定的环境品位与内涵。

广州新城及广州亚运城照明应充分尊重现有水网环境和生态条件，考虑广州亚运城与广州新城规划控制区的空间关系，对各类公共广场、公园和集中绿地进行合理的景观照明。在最小生态干扰的前提下，强调滨水沿岸、交通网络以及绿化的景观照明。

广州亚运城内部的夜景照明应形成点、线、面结合的景观照明系统，为构筑该地区高品质的夜景观环境奠定基础。注重整体空间布局和谐，使其成为体现广州城市特色的重要组成部分。

3）坚持以人为本的原则

照明设施保证各种城市功能和活动所需的照度水平，满足照明功能要求。按照绿色照明的原则实施市民生活空间的照明设计，避免光污染。市民生活空间的照明设计

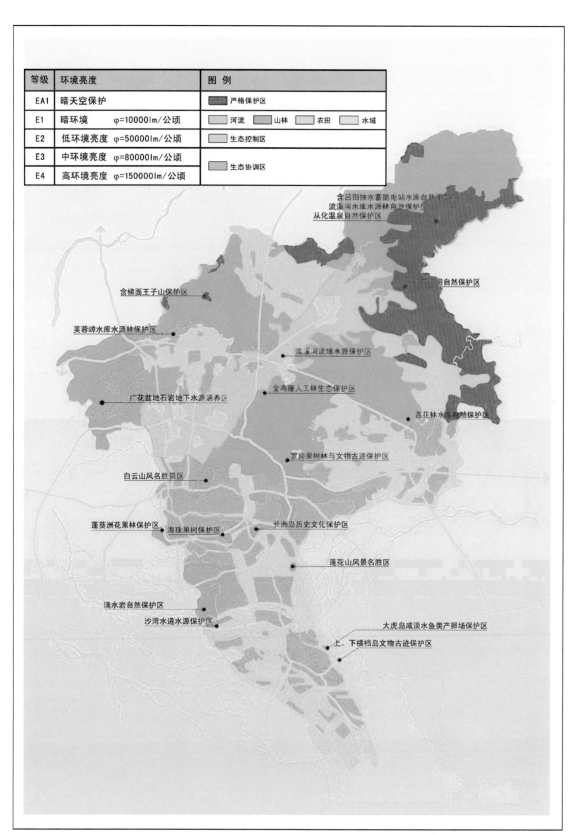

等级	环境亮度		图 例			
EA1	暗天空保护		严格保护区			
E1	暗环境	φ=10000lm/公顷	河流	山林	农田	水域
E2	低环境亮度	φ=50000lm/公顷	生态控制区			
E3	中环境亮度	φ=80000lm/公顷				
E4	高环境亮度	φ=150000lm/公顷	生态协调区			

含吕田抽水蓄能电站水库自然保护区
流溪河水库水源林自然保护区
从化温泉自然保护区

含梯面王子山保护区

芙蓉嶂水库水源林保护区

流溪河流域水源保护区

金鸡隆入工林生态保护区

广花盆地石岩地下水源涵养区

百花林水库自然保护区

罗岗果树林与文物古迹保护区

白云山风名胜景区

蓬葵洲花果林保护区　海珠果树保护区

长洲岛历史文化保护区

莲花山风景名胜区

滴水岩自然保护区

沙湾水道水源保护区

大虎岛咸淡水鱼类产卵场保护区

上、下横档岛文物古迹保护区

图 2-29　广州市域光生态格局示意图

图 2-30 广州新城光生态格局示意图

应充分落实人性化设计，提供高质量的照明。严格控制市民生活空间的照明水平不得低于国家标准，关注老年人夜间活动的视觉需求。

4）协调发展的原则

规划应对本地区现状及未来发展进行分析研究，协调处理好新城建设和现状之间的关系。

注重城市整体空间布局和谐，分析广州亚运城与周边地区的空间景观关系，使其成为体现广州城市特色的重要组成部分。

规划应遵循近远期规划与具体实施相结合的原则，充分考虑建设时序和分期建设的可行性，在编制内容上注重可操作性。

广州亚运城的照明发展应满足赛时使用要求与赛后的使用要求。

（3）规划要点

1）全覆盖的分区规划

① 光生态分区规划（图 2-29~ 图 2-31）

为了避免或最大程度减少人工光照对广州亚运城生态环境系统的影响，本次规划提出光生态分区规划，通过控制对建筑和景观人工照明的强度使其能够满足生态环境系统的承载力要求，使广州亚运城照明系统与生态环境系统和谐发展。广州亚运城光生态分区规划主要基于对广州市域范围光生态格局及新城范围光生态格局的调研和分析，以及规划范围内各用地功能布局的特点比较，进行强度控制区的划分，进而针对不同分区内生态环境的不同特征因素及其重要程度的差别，提出控制区内不同的人工光照强度要求和相应对策（表 2-5）。

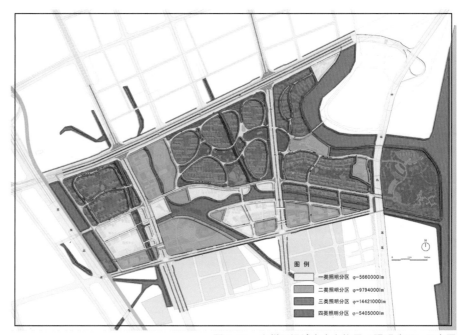

图 2-31　广州亚运城光生态格局（照明分区）示意图

广州亚运城光生态控制格局 表2-5

环境亮度级别	区域属性	推荐值（lm）
一类照明分区	主要包括广州亚运城中用于商业、商务、购物属性的区域，在这一区域中的夜生活比较丰富	5660000
二类照明分区	主要包括广州亚运城在文化体育属性的区域，夜间活动较多	9794000
三类照明分区	广州亚运城内主要的居住区，夜间活动一般	14421000
四类照明分区	生态环境敏感区，包括水系所在区域、自然景观出众的地区以及紧邻生态敏感区域的居住区，夜间活动很少或没有	5405000

② 夜景照明分区规划（图2-32~图2-35）

在对城市环境亮度区域划分的基础上，对照明规划范围内的区域进行城市景观照明控制区划分。在进行控制区分区规划时，城市空间结构、用地功能布局、旧城保护、环境保护等因素对于城市照明策略有着重要的影响。分区的原则为不同的区划采用不同的照明策略，同一区划内的照明载体采用相同或相似的照明策略。根据城市用地功能布局、旧城保护、环境保护等因素，结合城市照明控制的要素，即区域内基本的功能照明、建筑和开放空间景观照明的等级、光色控制、光源显色性以及广告照明的亮度与光色控制，按照照明等级的高低及光色控制的严格程度，综合分析，将城市景观照明区分为不同的照明区。

2）夜景照明结构规划

从广州亚运城及广州新城道路系统的特点和总体景观架构考虑：广州新城主骨架道路系统已完成规划，战略通道层次的道路共有六条，即连接广珠东线高速公路的京

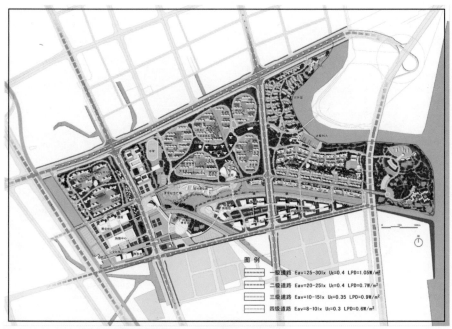

图2-32 广州亚运城功能照明规划图——照明质量及能耗标准

珠高速公路，广州主城至新港的南沙港快速路（中部干线），佛山至南沙港的平南高速公路（东部干线），广州主城郊区化扩展道路金山大道（广明高速公路），中部组团联系道路沙湾干线以及南二环高速公路。这六条路以"三纵三横"的形式在广州亚运城内展开，使整个广州亚运城的路网形成"田"字形高快速路。

从道路的交通属性、人流量，观看夜景的不同视角来考虑：不同交通功能、不同人流量的道路应采用不同的观赏角度，应根据道路使用者最常用的视角（车行视角或人行视角）来分析道路景观的照明效果。

从道路及其两侧建筑、周边景物的形态来考虑建筑是景观照明最主要的载体，道路两侧建筑的形态、体量、界面连续性直接决定着夜间道路景观的优劣；道路的路幅、两侧的自然景物对道路景观整体形态也有着重要影响。

从道路两侧建筑的功能属性考虑：公共建筑和非公共建筑（如住宅）对城市夜景的影响具有明显区别，应采取不同的照明策略。

从广州历史文化保护区和传统风貌街区来考虑：历史街区的夜间景观是广州历史文化特色，是

传统风貌的体现。

从城市夜间商业活力来分析，广州的若干特色商业街是城市夜间的亮点，应将其独立分离出来考虑。

3）夜景旅游规划

夜间旅游路线的组织是为了展现广州新城夜景，为国际、国内游客提供明晰的夜间特色旅行策划。

夜间游线组织的主要依据包括：夜景特征、游赏方式、游人结构、游人体力与游兴规律等因素，在此基础上制定相应的游线与夜间旅游导引地图。主要游线和多种专项游线应包括下列内容：游线的级别、类型、长度、容量和序列结构；不同游线的特点差异和多种游线间的关系；游线与游路及交通的关系。

夜间游程根据游赏地段的交通条件分为车行观光和人行游赏两类，游线一般为两种交通方式结合组织，人行游赏路线多服务于商业街、酒吧街、公园绿地游赏等，步行距离一般不超过1000m。夜间游程考虑游赏人群的需求以及景点类型的分布条件组织人文历史、城市建设、休闲消费三种类别的专项游线，专项游线的主要行进方式为上述车行观光

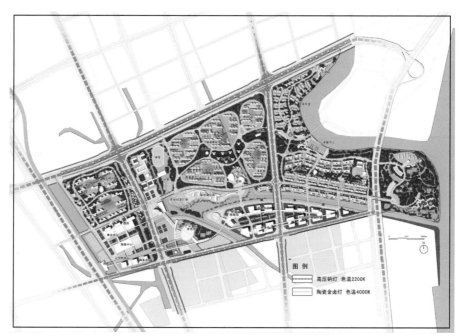

图 2-33　广州亚运城功能照明规划图——光源与色温

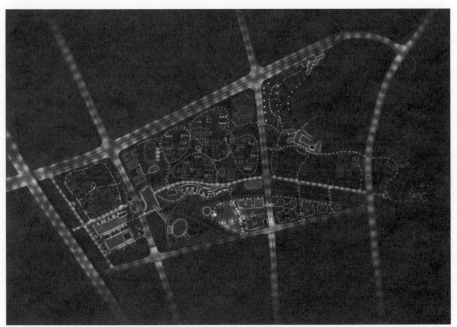

图 2-34 广州亚运城夜景照明分区规划

结合人行游赏。

夜间旅游规划景点的选择考虑以下因素：

综合、专项的旅游路线的组织是通过对夜间景点的选择所确立的，游线以高效的有机组织方式覆盖了诸多重要地标（建/构筑物）、节点、夜景示范工程等，这些具体的景点、景区构成了欣赏广州夜景的窗口。夜间旅游景点、景区选择的范围包括：表现广州历史文化特色的重要建筑、建筑组群；体现广州作为国际城市现代风貌的建构筑物照明、交通系统照明；促进游客商业消费的购物休闲区域等。另外，在景点、景区选择中融合了大量的历届广州城市夜景照明评比获奖工程，丰富了夜间旅游观赏体系。

根据以上选择依据，夜间旅游对象组织成为景点、景群、景区等不同类型的结构单元，通过对夜间景物的特点、构景关系、观览欣赏方式等进行有机组织；并对欣赏点选择及其视点、视角、视距、视线和层次进行统筹安排，各景物间和景区单元间要考虑相互因借，共同形成整体和谐的夜景观。

4）节日灯光表演规划

节日庆典照明可有力地宣扬城市文化，借助高科技手段，达到全新的视觉感受。节日庆典照明可提升广州的城市魅力，是宣扬广州城市文化与城市特色的有力手段。

① 综合性灯光表演

技术手段多样、复杂，可包括水幕电影、灯光音乐喷泉、激光表演、灯光投影等手段，根据场地状况选择适合的手段，综合性灯光表演多应用于视野开阔、面积较大的场地，以服务于更多的观众，造成较大的影响力，也可采用较为单一的手段运用于小尺度场地营造戏剧性的气氛，如在广州亚运城公共区局部进行投影或染色。

② 主题灯光雕塑

针对不同的节日，可在广州亚运城公共区、国际区或亚运公园设置主题灯光雕塑，宣扬民族文化，烘托节日气氛。如2010年亚运会期间，设置亚运主题灯光雕塑，将亚运会标、亚运主题口号、火炬等形象以灯光雕塑的方式进行表达。如在中国传统节日时，可以采用龙凤等吉祥物为主题的灯光雕塑。

③ 灯光标识

可在夜间为行人提供有力的引导。亚运会期间，可在比赛场馆、饭店、重要地铁出入口处建立完善的夜间灯光标识系统，为游客提供有力的引导。

图 2-35　广州亚运城夜景照明分区鸟瞰

④ 电子屏幕

是传播信息的高效媒介，在交通枢纽、广场等人流集聚地设置电子屏幕等信息媒介，可达到高效、快捷的信息传播，如在亚运会比赛期间，实时转播赛事。

2. 亚运会市属体育场馆绿色照明要求

（1）使用高效灯具

在一些小型室内比赛如拳击、柔道、跆拳道、羽毛球、乒乓球、斯诺克等项目中，尽量避免使用高亮度灯具和光源，并且需要加装遮板、帽檐、防眩光罩等附件，防止由于灯具的高亮度导致的眩光。

为保证转播效果，同一个比赛区域要使用同一品牌同一批次同瓦数的光源，以确保光源的颜色、亮度的一致。

同一比赛区域内光源色温必须保持一致，推荐在 5500K 至 6000K 之间，其他色温光源也可以，例如 3200K 用于拳击和斯诺克等比赛是非常合适的选择。

（2）场馆的亮度分布和比赛气氛

很多比赛，例如拳击、跆拳道、斯诺克等，需要通过比赛区域的高亮度和周围环境的减弱亮度营造舞台效果，突出比赛气氛。在这些情况下，从场地到观众席的照度需要迅速均匀地降低，但要保证观众席的功能性照明。

（3）眩光控制

大多数室内比赛需要严格控制眩光，应当根据各个体育单项组织的指导以及体育运动的特征来合理地选择和布置灯具，避免高亮度光源带来的眩光。

（4）比赛照明要求和转播照明要求

比赛照明要求是各单项体育组织为运动员、教练、裁判和观众提供最舒适和有效的照明，以达到最佳的比赛效果；而转播者提出的转播照明要求，是为了转播效果达到最佳状态，常常要求更高的垂直照度、更小的水平与垂直照度比值；尤其是 HDTV 对照明的要求带来了较大的眩光和不舒适。

比赛照明和转播照明的要求会产生一些矛盾之处，不存在严格不严格之分，应当在满足各方面照度要求的基础上尽量降低眩光。

2.2.4 广州亚运城比赛及训练场馆建设声学专业专项研究

专项研究根据亚组委对亚运场馆的要求、国际相关行业的规范、国家相关的规范，有针对性地对目前已建成的体育场馆进行调查研究，提出第16届亚运会新、改扩建比赛、训练场馆声学专业的技术要求，研究成果旨在为建设部门提供规范性或指导性技术需求文本，以便建设过程中各阶段（规划、设计、施工、验收）进行量化控制。

声学设计在现代化体育场馆建设中已成为不可缺少的重要环节，具体分为建筑声学专业设计和扩声系统专业设计。由于体育馆的声场处于封闭的空间，其扩声性能受到建筑物建筑声学条件的影响甚大。建筑声学专业与建筑和室内装修设计密切配合，在厅堂的混响时间、噪声控制、避免声缺陷（回声、声聚焦）等方面为扩声系统提供一个良好的声学环境。

扩声系统作为体育场馆管理部门或竞赛部门对观众、运动员等人员发布信息的重要手段，对系统运行的可靠性、音质、系统可扩充性等方面提出了很高的要求。这种要求已经不仅仅局限于体育场馆内的扩声系统和广播系统只针对观众、运动员进行通告，同时还要满足来自场馆服务中心、新闻发布中心、运营指挥中心、消防控制中心、体育场控制中心以及内通系统等的对外通告需求。系统必须具有可靠性、先进性、实用性、多功能性和可扩展性。

体育场馆扩声、广播系统是一个大型的集语音扩声系统、背景音乐、检录呼叫、消防紧急广播、内部调度、本地广播于一体的多功能扩声、广播系统。扩声系统已成为人群密集公共空间的现代化体育设施中必不可少的重要技术手段。

亚运会新建体育场馆和设施的建设，应在设计阶段委托专业声学设计单位进行声学设计。建筑声学设计、扩声设计、噪声控制设计应协调同步进行，建筑声学和扩声设计应充分利用计算机辅助设计手段，使声学系统能够达到本专项研究提出的基本指标。

1. 已建成场馆的情况调查

（1）天河体育中心体育馆

广州天河体育中心建成于 1987 年 8 月 31 日。天河体育中心体育馆是天河体育中心三大场馆之一，占地面积 25600m²，主馆建筑面积 17159m²。体育馆平面为正六边形，边长 53m，场地长 50m，宽 34m，网架底部高 19.5m，座席数 8826 座。

天河体育中心体育馆内界面的构造如下：

在馆的顶部网架内，悬吊 50mm 玻璃棉毡，外包玻璃丝和钢板网。在每个球接点的水平杆上挂 5 块。同时，在下弦杆上部墙面部分，布置玻璃棉毡，外包玻璃丝布和钢板网。

墙面采用进口乳白色铝穿孔板，孔径 3mm，孔距 10mm，空腔 100mm，内填 50mm 厚玻璃棉毡；记分牌附近墙面构造同上，颜色改用咖啡色。

体育馆侧墙上部窗户配有厚重的窗帘。

体育馆内的坐席为金属支架的软包座席。

场地地面为木地板；走道为混凝土。

据体育馆的管理人员反映，声场状况良好。

从现状来看，体育馆网架内空间吸声体都已陈旧，应加以更换。

（2）天河体育中心游泳馆

广州天河体育中心游泳馆处于市中心区域，承办过多项大型比赛。游泳馆平面长91m，宽73m，网架底部高16.5m，馆内设有50m×25m标准泳道，以及25m×25m的跳水池，能容纳3300名观众观看比赛。

最初建声设计为控制馆内混响时间和音质缺陷，采用了如下的声学措施：在钢网架的上、下弦中间用微穿孔铝板封顶，并将网架中的斜杆构成微穿孔板三角形四面锥体；观众席上部、墙顶交接处采用微穿孔板吊顶；在馆内的端墙，用微穿孔板盒式空腔吸声体，交错排列；侧墙用盒式空腔铝板；场地除水面，均铺面砖，并在通道上设泡沫橡胶地面；观众席为塑料坐席，水泥地面。

据管理人员介绍，为承办2001年九运会，对该馆进行了改造，在原吸声材料上喷漆，破坏了吸声性能。

馆内扩声系统语言清晰度不理想，声场不均匀。

（3）天河体育中心网球馆

该网球馆于2001年10月落成，系专为九运会而建造。

天河体育中心网球馆内平面大约为60m×95m，屋面最高处约达20m，馆内有四块网球场地。

屋顶为轻质屋顶，墙面开窗，或为百叶；四周都有观众席，水泥地面，塑料座椅，共计2300座。

网球馆空间大，且没有布置吸声材料，混响时间较长。

网球馆紧邻体育东路，围护结构隔声差背景噪声高。

馆内的语言清晰度不理想。

（4）广州体育职业技术学院训练馆

广州体育职业技术学院内有5个训练场地，包括3个训练馆、1个跳水馆、1个羽毛球馆以及1个风雨操场。

1号训练馆为武术、羽毛球等项目的训练场地；2号馆为摔跤、击剑、体操的训练场地；3号馆为举重、柔道等项目的训练场地。训练馆为3层，每层平面尺寸为30m×60m，一楼净高6m，二楼净高6m，三楼净高8m。

目前除了乒乓球、羽毛球、武术等几个训练房由于比赛规定需要在南面侧墙安装了窗帘外，其他训练房侧墙面都为大面积的玻璃窗；屋顶和端墙均为水泥砂浆抹灰。

这些馆的混响时间都较长，同时由于训练时发出的声音使背景噪声较高；馆内语言清晰度差。

游泳、跳水训练馆在去年做了简单吸声处理。

游泳馆在屋顶上布置了穿孔板加空腔的构造。

跳水馆屋顶高15m，由于当时安装吸声材料比较困难，仅在墙面上布置了穿孔板加空腔的构造。

据学校的管理人员反映，安装吸声材料后语言清晰度有所提高，在跳水馆中，教练与站在跳板上的运动员之间的交流有所改善。

（5）沙面网球馆

广州沙面网球馆为霍英东先生捐资兴建，于1989年5月5日动工，1989年11月15日竣工。沙面网球馆平面为边长40m的正方形，屋顶下弦杆高12m，屋面距场地14m。馆内有两块网球场地，在两面墙上设有走廊。

馆内并无特别的吸声材料，墙面下部开窗，有些窗户挂有窗帘，墙上部为百叶窗。

从调研现场感受来看，此馆的混响时间太长，语言清晰度很差。据此馆工作人员介绍，使用馆内的扩声系统时听不清楚。

（6）广州射击俱乐部

广州射击俱乐部建于1995年。俱乐部设有10m靶场、25m靶场、50m靶场以及10m移动靶场等四个靶场。每个靶场大约40m长，10m宽。

10m靶场和10m移动靶场的高度为4m左右，除了10m靶场局部顶棚安装穿孔板外，其余界面均未作声学处理。靶场内混响时间长，射击比赛时枪声让人耳朵受不了。

25m 靶场、50m 靶场净高大约 3m。其屋顶与墙面做了吸声处理：墙面和屋顶均为穿孔板后置 100mm 玻璃棉，屋顶在玻璃棉后留有空腔。做吸声处理后，混响时间缩短，馆内语言清晰度提高，背景噪声降低。

射击比赛时要求裁判员的口令能被每个运动员听到，同时，为了保护运动员和工作人员的听力，馆内射击声压级要尽可能低，因此，有必要对射击馆进行建筑声学改造。

（7）矿泉游泳场水球馆

矿泉游泳场水球馆的水池长 35m，宽 25m，四周走道约 3.5m。坡屋顶屋架距地面 6m，屋顶最高处为 10m 左右。水球馆旁边是一露天游泳池。游泳池宽 25m，长 50m。据游泳场负责人介绍，他们计划给外面的游泳池做一个可开合的屋顶。

水球馆内目前未做声学处理，墙面为砖墙抹灰，上有玻璃窗，铁屋面。地面为瓷砖，其他为水面。馆内混响时间长，背景噪声高，语言清晰度差。

水球馆侧墙边有一与之体型近似的训练房，长边约 13m，短边约 6m，高约 3m，顶下悬挂透气织物。训练房语言清晰度尚可。

（8）华南理工大学体育馆（大学城）

广州大学城华南理工大学体育馆总建筑面积为 12377m²，设 5000 个座席，将作为大型运动会的乒乓球比赛馆。体育馆屋顶形状由四个扭壳组合而成。

目前室内各界面情况如下：

墙面：水泥抹灰；

地面：光滑的水泥地面；

场地：木地板；

屋顶：吸声喷涂。

此馆混响时间长，语言清晰度差。需进行建筑声学改造。

（9）暨南大学体育馆

暨南大学邵逸夫体育馆于 1991 年 12 月落成。该馆占地 17000 余平方米，建筑面积 7000 余平方米，设置 3000 固定座席。

馆内有 10 个室内羽毛球场地，为架空木地板。桁架上弦杆上吊挂菱形空间吸声体，场地两侧墙除玻璃窗外，墙面布置穿孔吸声构造，观众席侧墙为石膏板。走道两侧的墙体为穿孔吸声构造。端墙为玻璃窗，窗前设窗帘。观众席为塑料座椅，主席台设软包座椅。

体育馆网架内空间吸声体已陈旧，应加以更换。侧墙穿孔吸声构造的穿孔率低，降噪系数小。

2. 各体育场馆扩声系统现状调查

项目组总计对 30 个体育场馆的扩声系统现状进行了现场调查，其中只有部分体育场馆安装了扩声系统。

（1）大学城中心体育场

该体育场建成于 2006 年，是目前已建成场馆中最新的体育场。该扩声系统采用分散式扬声器的布置方式，系统设备比较新、比较齐全。

（2）天河体育中心体育场

作为六运会的主场，该体育场建成于 1986 年。原音响系统采用集中和分散相结合的方式布置。在九运会前，曾于 2000 年间进行过一次音响系统改造，更换了原来的系统，采用号角式高频扬声器和低频音箱。其扩声系统不能满足多达 6 万人的体育场的扩声要求。

（3）天河体育中心体育馆

为六运会主要比赛场馆之一，其音响系统采用 JBL 的号角和低频音箱，并采用集中和分散相结合的布置方式，迄今为止已工作超过 20 年。期间，曾于 2000 年进行了系统全面检修，但未补充新的设备。

（4）天河体育中心游泳馆

为六运会主要比赛场馆之一，其音响系统采用 EV 的号角和扬声器，并采用分散布置方式。曾于 2001 年进行过改造，更换了系统。系统运行正常，部分水下扬声器损坏。

（5）越秀山体育场

该体育场原来的音响系统还是"文化大革命"

期间配置的,采用国产的高音号筒。2001年改造时,原系统已不能工作,但采用的替代系统只有4只全频音箱,放置于主席台两侧,其他音响设备配置也较差,不能满足日常比赛的扩声要求。

(6) 华南理工大学体育馆(大学城)

该体育馆于2007年建成投入使用,扩声系统使用Community扬声器,集中式布置于体育馆中央视频吊篮的下方,系统工作良好。但由于该体育馆建筑声学环境较差,使得扩声系统的清晰度效果很差。缺少内部通信系统。

以上场馆,除大学城中心体育场和华南理工大学体育馆(大学城)外,其余各场馆均配置有公共广播系统,但都有将近20年的工作时间,设备和线路都已老化。

其他广州市现有的体育场馆中,只有少量配置了规格很低、数量很少且不能满足日常比赛使用要求的音响系统,其余大多数场馆都没有配置音响系统。

(7) 结论

1) 天河体育中心体育场、天河体育中心游泳馆扩声系统必须按照亚运会的要求进行改造,补充、完善系统功能,维修损坏的设备。

2) 对设备和线路都已经老化,完全不能满足亚运会比赛和训练要求的场馆扩声系统,建议重新设计安装新的扩声系统。

3) 对原来就没有扩声系统的场馆,建议设计安装新的扩声系统,以满足亚运会的比赛和训练要求。

4) 大学城中心体育场、华南理工大学体育馆(大学城)的扩声系统应按照亚运会的要求增加内部通信系统、小型流动音响系统、体育展示音视频系统等配套设施,以完善其功能。

3. 声学改造及建设

所调研的体育馆(游泳馆)均已建成多年,大部分未作建筑声学设计,根据体育比赛场馆和训练用场馆的各项声学要求,建议对所有场馆进行建声改造。训练用体育馆(游泳馆)应具备与比赛馆近似的建声环境,为运动员训练提供良好的声环境。

(1) 对于已建场馆:

1) 首先需委托专业的建筑声学设计单位详细了解场馆的室内外声学环境,进行严格科学的现场测量。

2) 在完成测量后,在分析测量数据以及考虑场馆的基本条件、使用功能等的基础上,制定建声改造方案。

3) 工程设计及施工单位需严格遵照建筑声学设计要求,进行设计施工,不得任意改动建筑声学设计。施工中所用到的声学材料需提交建筑声学测试报告。

4) 最后,对改造后效果进行评估验收,测量场馆改造后的声学特性。竣工文件应包括最终声学测试结果。

对改建场馆,若由于资金投入、现场施工条件等因素限制,声场条件无法达到声学规范要求,则设计时应作充分论证,允许非规范处理,通过扩声系统设计与建筑声学设计的优化组合,使声场达到清晰度要求。

(2) 对于新建场馆

1) 应根据场馆的使用功能要求,制定建筑声学设计目标。

2) 委托专业的建筑声学设计单位进行建筑声学设计。建筑声学设计单位需与装修设计、扩声系统设计相配合,并向有关设计和施工单位进行技术交底。

3) 装修设计及工程施工单位需严格遵照建筑声学设计要求,进行设计和施工,不得任意改动建筑声学设计方案。施工中所用到的声学材料需提交建筑声学测试报告。

4) 最后,对建设效果进行评估验收,测量场馆的声学特性,竣工文件应包括最终声学测试结果。

2.2.5 广州亚运城市政规划专项研究

1. 概述

为"高标准、高水平、高质量、高效率"地建设广州亚运城，市政规划专项研究是十分必要的。市政规划原则为：

（1）充分利用现有工程管线，在满足现行规范和不影响施工的前提下，尽可能保护现有工程管线不作迁移以节约工程投资。

（2）合理利用地下空间，规划与迁移的工程管线尽可能安排在道路的人行道和绿化带中，工程管线尽可能避免敷设道路的快车道中。

（3）结合远、近期规划和建设情况，为近期实施管道提供建设条件，为远期建设的工程管线预留走廊的位置。

（4）依据周边地区的土地开发和利用，提出道路交叉口及横跨道路的工程管线接驳口的预埋合理方案。

（5）本路段排水体制为雨污分流制。

（6）广州亚运城工程管线采用地下敷设。

（7）工程管线的平面位置和竖向位置均应采用城市统一的坐标系统和高程系统。本次规划规定坐标系统为广州城建坐标系统，高程系统为广州城建高程系统。

（8）管线之间及其与建（构）筑物之间的最小水平净距应符合《城市工程管线综合规划规范》上说明的规定。当受道路宽度、断面以及现状工程管线位置等因数限制难以满足要求时，可根据实际情况采取安全措施后减少其最小水平净距。

（9）地块竖向设计遵循安全、适用、经济、美观的原则；充分发挥土地潜力，节约用地；合理利用地形、地质条件，满足各项建设用地的使用要求；同时注意保护城市生态环境，增强城市景观效果。

2. 排水工程规划研究

（1）排水现状

广州亚运城选址位于广州市番禺区石楼镇。石楼镇区排水系统基本上为雨污合流，排水管道没有统一规划，管网布置分散，村民住宅多沿河涌而建，雨水和生活污水直接排往河涌和鱼塘，合流污水排入区内官涌、三围涌，最终排入砺江水道、莲花山水道。

番禺区前锋净水厂是距广州亚运城最近的污水处理厂。选址石基镇前锋村，总规模60万吨 m^3/d。服务范围包括番禺区市桥、沙湾镇、石基镇、石楼镇。一期10万吨 m^3/d 已建成并投产运行，二期10万吨 m^3/d 扩建工程正在筹建阶段。前锋净水厂收集污水的主干管沿清河路东西向敷设，管径 $D1350\sim D2000$。

（2）排水体制

合理地选择排水体制，是城市排水系统规划中一个重要问题，关系到整个排水系统是否实用，能否满足环境保护要求，同时也影响到排水工程的总投资、初期投资和运营费用。

排水体制的选定必须与排水系统终端的雨水和污水处理方式和环境质量要求相结合，同时受现实排水系统状况的限制。

根据调查，广州亚运城排水中污水将收集输送到前锋净水厂处理；广州亚运城乃至广州新城河网众多，雨水将就近排入河道，从外围排水关系上需要实行分流制排水体制。此外，广州亚运城属于新建设施，有完全实行分流制的条件。

（3）污水规划

根据《广州市污水治理总体规划修编》，广州亚运城范围属于前锋污水收集系统。

根据对广州亚运城周边区域污水规划和实施情况的调查，与广州亚运城污水规划密切相关的是"石楼镇污水规划"、"前锋系统主干管布置于规划"等。

在石楼镇污水规划中，广州亚运城段清河东路主干管预留了近期广州亚运城的污水过流能力，在清河东路布置了一条 D1200~D1350 污水管，满足石楼镇和广州亚运城的污水输送要求，并且在石楼镇与石基镇交接地段设置污水提升泵站，因此广州亚运城的污水收集系统规划中不必在设立污水提升泵站，并且管网的走向需要与石楼镇规划的污水提升泵站协调。

但是，根据清河东路污水主干管设计规划，其没有考虑远期广州新城的污水收集要求，远期广州新城规划中需要单独考虑。

根据前锋系统污水主干管设计清河东路污水主干管进泵站的管底标高为 0.434 左右（1985 年国家高程系统）。石楼镇泵站、清河东路污水管与广州亚运城的位置关系如图 2-36 所示。

根据前锋污水处理系统规划和可研报告，石楼镇污水通过清河东路主干管输送到前锋净水厂处理，在石楼镇与石基镇交界处，需要设置石楼泵站，用于转输石楼镇全部污水，服务面积 15.6 km^2，泵站远期设计规模为 1.51 m^3/s，扬程 H=7.0m，建议泵站控制用地在 2000 m^2 以内。泵站近期设计规模考虑了广州亚运城的近期污水转输要求。

根据前锋二期工程建设计划，石楼 3 号污水泵站的建设需要与前锋二期工程同步建设。计划近期建成投产，目前正在协调建设用地的问题。

此外，建议广州亚运城污水规划中考虑标高的计算，每条管道需要表明起止点的管底标高，从而对整个污水系统的合理性与可行性进行综合论证。

根据前锋净水厂目前的设计，预留了污水深度处理回用设施，但是仅考虑了污水厂本身的回用水

图 2-36 规划的石楼污水泵站

需要，没有考虑广州亚运城的远期回用水需要。从水质方面来看，污水处理厂出水经适当深度处理后是能够满足回用要求的。因此，广州亚运城规划远期拟用前锋净水厂的出水为回用水源，需要与番禺前锋净水厂协调统一。

（4）雨水规划

雨水规划必须结合河涌水利规划成果进行设计，于水利规划一致。由于广州亚运城占地面积较小，规划范围内河网发达，雨水采取就近排放的原则。

广州亚运城雨水工程规划遵循"二级排水，蓄排结合，分散出口，就近排放"的原则，结合广州亚运城防洪排涝规划和道路竖向规划进行雨水管网的布置。根据广州亚运城总体规划，广州亚运城建设用地地面高程不小于 7.00m。规划排涝最高水位 6.86m，排涝标准为 20 年一遇 24 小时暴雨遭遇外江洪潮水位不成灾，广州亚运城用地范围雨水以自排方式先汇入内部河涌，再经河涌排入外江，规划用地水面率 4.76%。

排水管线规划：做到 40m 以上主干道下敷设的管线。雨水系统需与排涝规划有机结合。

3. 给水工程规划研究

（1）供水方式分析

城市供水方式有统一加压供水、分区分压和分区分质供水等，由于广州亚运城面积仅 $2.73km^2$，地势平坦，不需要考虑分区分压，但建议采用分质供水，城内建设两套供水管网系统，供给不同水质的用水，一套供水系统满足广州亚运城内与人体直接接触的用水，供水水质满足用户直接饮用的要求；另外一套供水系统供给广州亚运城内不与人体直接接触的用水，包括冲厕、道路与场地浇洒、洗车、绿化与河涌补水等用水。

（2）水源方案

广州亚运城周围主要有两个水厂，沙湾水厂和南洲水厂。沙湾水厂目前没有深度处理系统，经常规处理工艺处理后沿清河东路现有 DN1000 至广州亚运城附近。针对广州亚运城，拟在沙湾水厂增加一套 20 万 m^3/d 的深度处理系统，铺设专用

DN1400 输水管至广州亚运城。南洲水厂目前有深度处理系统，供水管网已至新造水厂，拟沿京珠高速铺设 DN600 和 DN800 管至广州亚运城。因此，在通过四种水源方案比较后，考虑到广州亚运城的高标准高起点要求，对供水水质、供水安全可靠性要求很高，推荐以下方案，并在广州亚运城内部设置循环水处理加压站。

推荐方案：广州亚运城高质水仅由番禺区沙湾水厂新建深度处理系统及配套的专用 DN1400 管网供给，原清河东路现有 DN1000 给水管自来水作为备用水源。

优点：

1）沙湾水厂现状制水能力 100 万 m^3/d，新建一套 20 万 m^3/d 的深度处理系统后，通过供水调度可以满足广州亚运城供水水质、水量要求；虽然供水距离较远，但通过加压方式可以满足水压要求。

2）从供水管道施工的角度看，管线铺设需要与番禺区市政园林等相关政府部门协调，由于沙湾水厂位于番禺区，协调比较有利，可以保证施工进度。在施工时间紧张的前提下，采用该方案具有一定优势。

3）采用现有的 DN1000 供水管作为备用水源，节省投资。

缺点：

1）由于沙湾水厂没有深度处理系统，现有的水处理设施不能满足广州亚运城的供水水质要求，需要新建深度处理系统。

2）沙湾水厂需新建深度处理系统，厂内需要施工，时间比较紧张，需要尽快开展工作。

3）沙湾水厂距离广州亚运城距离有 16km 左右，铺设大管径管道，水在管网中停留时间较长，影响水质，需要在广州亚运城内设置处理系统，防止水质不达标。

4）采用的备用水源仅通过常规处理，水质相对较差，满足不了广州亚运城用水要求，对广州亚运城内设置的水处理站要求较高。

4. 电力工程规划

（1）用电负荷分级

根据《供配电系统设计规范》GB 50052－95，负荷等级的划分标准如下：

1）一级负荷

中断供电将造成人员伤亡的负荷；中断供电将在政治、经济上造成重大损失的负荷；中断供电将影响有重大政治、经济意义的用电单位的正常工作的负荷。

2）二级负荷

中断供电将在政治、经济上造成较大损失的负荷；中断供电将影响重要用电单位的正常工作的负荷。

3）三级负荷

不属于一级和二级负荷者应为三级负荷。

根据广州亚运城的重要性及相关设计规范要求，广州亚运城的用电负荷等级主要为一级负荷和二级负荷。按规划资料，分析团组内用电负荷等级，具体见表2-6。

团组内用电负荷等级　　　　　　　　　　表 2-6

名称	用电负荷等级	备注	
媒体村	媒体中心	一级	
	媒体公共区	二级	
	媒体酒店	一级	
	媒体居住区	一级	
	停车场	三级	
运动员村	公共区	二级	
	国际区	一级	
	居住区	一级	
	停车场	三级	
志愿者居住区	居住区	三级	
技术官员居住区	居住区	一级	
	公共配套	二级	
	停车场	三级	
比赛场馆区	比赛场馆	一级	
	停车场	三级	
综合医院		一级或二级	视医院内部不同使用功能，分一级或二级计算
村民预留用地		暂按三级	
亚运公园区	比赛场地	一级	
	公园	三级	

赛后主要为居住小区，在比赛过后，"广州亚运城"居住区的电力负荷则为三级负荷，酒店、购物中心、医院、超高层办公大楼、体育馆、沙滩排球馆等则仍为一级负荷。

（2）电气节能

亚运项目提倡低能耗、节能及绿色生态示范建设，分别就变压器的选用、电动机及变频技术，提出电力方面的节能措施。

1）变压器的选用

为满足社会可持续发展和保护生态环境的需要，国家发展和改革发展委员会已将非晶合金变压器列为重点推广的节能产品。非晶合金干式变压器具有低损耗、低噪声、阻燃等优点。非晶合金干式变压器有环氧浇注式和敞开式两种，在国内通过试验产品样机最大容量为1250kVA。它采用非晶合金来制作铁心的新型节能变压器，它比用硅钢片作为铁心的变压器空载损耗下降70%以上，空载电流下降约80%，是目前节能效果较理想的配电变压器。非晶合金干式变压器比普通变压器价格高出30%，节能所产生的直接经济效益在6～10年内可以全部收回增加的投资成本，该型式的变压器使用寿命为30年。

在系统设计中应注意能在负荷低谷时切除部分变压器或由小容量变压器带平时负荷，尽量加大变压器运行负荷率，降低能耗。

2）电动机节能

在亚运会的新建项目中，应选择高效节能的电动机；功率在200kW及以上的电动机，当系统短路或变压器容量相对较小时，大容量交流异步电动机宜采用恒频变压器压软启动器启动，改善启动特性。在电动机空载时还可以根据功率因数的大小，控制晶闸管的导通角，提高功率因数，达到节能效果。

我国新近推广使用的YX2系列电动机达到了规范规定的节能评价指标，与Y系列电动机相比，节能约13%。

3）变频调速

常用的变频调速装置有两种，一种为交流（交流变频调速装置），其平均节电为30%～60%。另一种为交流（直流－交流变频器），节能频率段为5～45Hz，其节电率为20%～60%。亚运会场馆和广州亚运城中的电梯、水泵、风机、制冷机组、空调机组、电动卷帘门等动力设备可以采用变频调速技术。

（3）道路照明规划

1）照明设施布置

道路照明设施的布置一般位于道路两侧人行道上或中央绿化带中，布置方式有双列对称、双列交错、居中和单列等，间距应根据工程的不同需要而定。在绿化景观中，还应布置适当的景观照明，包括庭院灯、地埋灯、草坪灯和泛光投射灯等等。另外，在下穿道路需在上层桥底设置吸顶灯补充照明。

照明灯具的选择应遵循以下基本原则：

① 采用高效、节能、寿命长及高利用率灯具。

② 造型新颖独特且美观、大方的灯具。

③ 具良好抗震能力、防风性能、自重轻、易于保护的灯具。

④ 采用配光效果好的灯具。

⑤ 采用高防护等级，要求灯具防护等级达到IP65。

⑥ 灯具发光室密封要好，较好材质及涂层，电器室有足够的空间散热。

⑦ 电气部分含有单向补偿电容，功率因素能达到0.9。

⑧ 灯杆造型选择及技术加工要配合道路周围的各种设施。

2）照明供电系统

道路照明用电为二级负荷，接10kV市电变压输出380V供电。广州亚运城不设室外箱专变供电，建议在单体建筑设计中考虑预留电房的位置和容量。

建议在低压侧进行无功功率自动补偿，保证高压侧功率因数达0.9。关键位置可采用两路电源供电或采用UPS提供紧急电源。

道路照明专用箱式变压器除提供道路照明用电负荷外，还需预留交通、景观等公共设施用电。道路照明用电计量方式应独立自成系统计量。交通、景观等公共设施用电应分开独立计量。

道路照明供电线路采用三相四线供电制式，灯具接线方式采用ABC三相顺序接线，达到系统稳定、负载平行的要求。单回路供电范围严格控制在500m以内，并合理选择导线截面，将线路电压损失控制在 5% 以下。

广州亚运城内的交通信号、交通智能监控、赛时电子系统指引、公共交通等，纳入照明供电系统，应综合考虑市政公用设施配套的用电负荷。

3）照明控制系统

照明控制系统应采用当地供电局及路灯管理部门日常普遍使用的设备，以便于日后维护。建议采用三遥路灯控制系统，附以路灯智能节能调控器，根据不同环境、场地的要求和特点，考虑各种实际情况，有选择地进行道路照明调控，从而达到节能及环保的要求。此系统应包括光控、时控、选控、手控四种手段相结合的控制方式。

4）照明节能设备

节能控制方式应要求达到以下效果：

① 可编程的智能控制器，可根据每天日升日落的时间，控制线路的开闭时间。

② 独立的节能时间设定专门用于后半夜节能控制。

③ 对于特定场合能设定多个照明场景进行控制，特别针对运动比赛场馆的特殊性要求。控制方式可通过开关灯、加减亮度等方式实现。

④ 稳压功能，可绝对保证负载在额定工作电压上工作，瞬间的超压不会传输到负载，瞬间的电压跌落也不会使气体放电灯熄灭。

⑤ 软启动、软过渡功能，保证光源不受冷启动大电流冲击，可大幅度减少光源损坏率。

⑥ 再启动功能，当负载故障或因供电等故障造成的电光源端电压跌落时，可使熄灭的光源再次点亮。

5）节能设备的选择

节能设备应优先选用具有良好性能、运行稳定、有良好使用记录的厂家产品。具体方式推荐采用集中式终端节能方式和末端单灯节能方式，不推荐采用间隔路灯开关的方式。

在有条件的地区、路段，可部分采用太阳能、风能路灯。绿地景观照明推荐采用太阳能灯具、LED 光源等新产品新技术。

5. 通信工程规划

（1）电信需求

根据省城乡提供的"广州亚运城"赛时的电信需求量，其中电话需求量为 1.4 万门，数据需求量为 1 万点，电视需求量为 1 万点。无线通信用户按照有线用户的 100% 考虑为 1.4 万户。根据以上的需求，现状的石楼机楼可以满足广州亚运城的使用要求，不需要进行扩容。

"广州亚运城"内设置电信模块局 1 个，容量为 2.5 万门，与数据机房统建，机房建筑面积 300m²；设置电视分前端机房 1 个，机房建筑面积 150m²。机房采用附属式建设，机房设在地下层，要求不应设在厨房、卫生间等容易渗水场所的下方和高压电房附近，且应有进出线的井道。

（2）管道建设规模

通信电缆管道的路由应符合广州亚运城地下管网的总体规划的要求（包括断面的分配等），通信管道必须有全面的规划，适应将来市政建设和发展的需要，并较好地解决与周边设施和其他地下管线间的相互矛盾。

区域内的管网应与广州市或番禺地区通信管道网在所有市政道路上连接，确保传输有两个以上的物理路由。光纤的两个物理路由为：市桥东城机楼 - 清河路 - 长南路 - 广州亚运城 - 石楼机楼 - 石基机楼 - 市桥东城机楼。广州亚运城内，电信主管群主要布置在亚运东路和亚运西路，至规划机楼。

管道的位置尽量布置在人行道或绿化地带，有利于施工和维护，同时，管道位置应选择在和其他管线埋深差别较小的地段，不宜建筑在埋深较大的其他管线附近，以免在施工时互相造成地基下的土壤变动，影响管道的安全。

电信管道必须予以统一布置，统一规划，统一建设，综合考虑各通信运营商的管道进行统一安排。清河路有的架空的通信线路，建议全部迁改为埋地电缆。除保留现状的联通电信管道外，清河路的电信管道总规模建议不少于 34 孔控制，其中中国电信 16 孔 + 移动 4 孔 + 宽带 2 孔 + 有线电视 4 孔 + 联通 4 孔 +4 孔备用。从清河路接入亚动村的电信管道，主要集中在亚运东西两条主干道上敷设。

亚运东西两条主干道电信管道的规模建议不少于24孔,其中:中国电信12孔+移动2孔+宽带2孔+有线电视2孔+联通2孔+4孔备用,合计24孔。

(3) 有线电视系统

建设有线电视宽带综合信息网,除了模拟、数字电视节目外,还可提供高速上网、电子商务、小区智能化、证券交易、远程教育、远程医疗、视频点播等等多功能业务,满足广州亚运城远近期发展对信息的需要。

(4) 多媒体通信

根据公众电信网的发展情况和广州亚运城电信需求,广州亚运城内设置数个交换机,并设置若干个电信综合设备间,以安装交换机的远端模块或接入设备,通过接入网的形式覆盖到各接入点,为用户提供先进的、成熟的、多功能的通信手段,可以实现话音、数据、图像等综合业务;另外,为保证大学城内部分重要设施通信的安全性、可靠性,可在公众电话网选取另一个交换母局,通过接入网的形式,重叠覆盖到重要的接入点,提供双物理路由。

(5) 移动通信

对于广州亚运城区域内的无线覆盖规划,仍考虑室外宏蜂窝与室内微蜂窝配合完成。

1) 室外宏蜂窝完成广州亚运城区域室外主体的无线覆盖,如亚运公园、亚运广场、居住区、地面停车场、公共区、中低层建筑物、道路等。考虑到广州亚运城区域整体美观与和谐的要求,在基站建设时要根据周边环境选择适当的机房、天线及支撑杆美化隐蔽措施。

室外宏蜂窝基站仅能解决部分建筑物室内的无线覆盖,在楼体厚度较大及高层建筑内,仍有建设室内覆盖的需求。对于居住区,可选择室外宏蜂窝基站拉远方式来解决覆盖需求;对于办公及商务楼宇,考虑到后期话务需求较大,则应采用独立的微蜂窝基站来实现。

2) 室内覆盖系统主要考虑比赛场馆、办公/调度区域、酒店、地下停车场等。广州新城体育场在赛事举办期间话务量大,力争在场馆内租用单独的机房,并建设室内分布系统,合理选择天线点数

量,初期应充分考虑到2G/3G双系统天馈共用的发展需求。对于广州亚运城非比赛场馆及区域,如国际广播中心(IBC)、主新闻中心(MPC)、制服与制证中心(U&A)、交通调度中心(MOTORPOOL)、酒店等。

(6) 交通监控通信

控制方法:

在周边市政道路区域的所有受交通信号灯控制的路口和行人过街路段设置SCATS控制机,对整个区域实行自适应协调交通控制;

使用光缆将每个路口(路段)SCATS信号机及CCTV设备与交警相应的区域机和CCTV矩阵连接起来,以实现对周边市政道路实施远程控制。

光缆的建设采用购买网络营运商的光纤使用权(20年),每个点连接1条主用和1条备用光纤。

周边市政道路区域交通信息采用光纤作为传输媒介,番禺交通控制指挥中心与该区域各交通检测点、视频监控点之间的数据信息、视频均通过光纤网络传输,传输光缆采用分缆方式。光缆从监控区域传至交控中心。

(7) 按区域内安装安全防范子系统配置的不同,分为Ⅲ、Ⅱ、Ⅰ三档

通过区域内的周界、重点部位与住户室内安装安全防范装置,并由区内物业管理中心统一管理。目前可供选用的安全防范装置主要有:闭路电视监控系统、周界防越报警系统、电子巡更装置、可视对讲装置与住宅报警装置等。应依据区域的定位、当地的社会治安情况以及是否封闭式管理等因素,综合考虑技防人防,确定系统,提高安全防范水平。

信息网络子系统由居住区宽带接入网、控制网、有线电视网、电话交换网和家庭网组成,提倡采用多网融合技术。建立区网站,采用智能终端与通信网络配线箱等。

6. 燃气工程规划

(1) 供气方案

经设计单位与业主单位多次方案讨论及研究,

最终在市政府办公会议上明确，广州亚运城天燃气由广州市煤气公司供应。具体方案如下：

北由金市路阀室开口，沿东门—南门高压管线（即金山大道）一路向东至京珠高速（约 2.0km），沿京珠高速向南新建一条 5.0MPa 高压管（约 9.0km），同时南由南沙黄阁门站接驳，亦沿京珠高速一路向北新建一条 5.0MPa 高压管至广州新城规划高中压调压站（含 LNG 储配站用地）实现上下游对接后供应广州亚运城及广州新城；目前金市路阀室正在进行设计，已考虑了向广州亚运城及广州新城供气的规模。

从近期与远期结合分析考虑，今后的几年内西气东输（二线）来气、珠海来气将与深圳来气接通，共同保证广州地区的所有管道气用户的用气；供应广州亚运城及广州新城的高压管道在珠海 LNG 项目范畴内属于珠海 LNG 项目的一个子项，并对广州市整个高压管网工程建设进行统筹考虑。

作为广州亚运城及广州新城供气的新建高压管线即为广州市煤气公司规划深圳大鹏 LNG 来气接收门站与珠海 LNG 来气接收门站间待建 5.0MPa 高压管工程的一部分，这样供应广州亚运城及广州新城仅需要在新城内规划高中压调压站位置处开口即可实现，可减少采用其他压力级制专门对广州亚运城及广州新城的供气的重复性建设。再则此高压管实现南北对接后对广州亚运城及广州新城的供气可靠性上了双保险。

（2）管网布置

经估算，赛时高峰小时用气量为 3474.1N·m³/h，赛后高峰小时用气量为 2497.8N·m³/h。

中压管网布置

1）首先考虑沿广州新城的中环主干道敷设闭合的大环状 25km 的 DN400 管网；即沿长南路向西经金龙路、滨河大道，向东沿平南高速西侧规划路至滨河大道形成环状供气格局；

2）在此闭合主环内主要道路、居住密集区及重要用户集中分布地段敷设 DN250 干管 14km 组成多层次的网格状管网；

3）在环状管网沿途及各次要道路采用支状管向用户供气；

4）在管网中合理设置控制阀门，最大限度地在运行过程中减少因意外抢险、维护造成停气，保证各重要用户用气的安全连续稳定。

中压燃气管道经亚运东路及亚运西路进入广州亚运城，经调压设备调压后沿区内路网支状供气到用户。

7. 综合管沟研究

（1）综合管沟的必要性

综合管沟是城市高度发展的必然产物，一般来说，建设综合管沟的城市或地区都具有一定的规模和重要性，且地下设施也比较发达，如地下通道、地铁或其他地下建筑等，可以说地下是一个复杂而密集的空间，需要在设计上进行统一和全面的考虑。主要是平面布置和标高布置以及与地面或建筑的衔接，如出入口、线路交叉、综合管沟管线与直埋管线的连接等。设计中应尽量考虑到合建的可能性，并兼顾各种地下设施分期施工的相互影响。

广州亚运城是广州市重要的、全新的、大型的基础设施项目，不管是总体布局规划还是市政设施建设都有较高等级，因此建设综合管沟是必要的。并且，广州亚运城建设综合管沟，其优点在于：

1）减少或避免了道路的重复开挖。

2）方便今后各种管线的敷设、维护、管理。

3）提高了管线运行的安全性和可靠性，并大大延长了管沟内管线的使用寿命，提高了城市地下管线的管理水平。

4）综合经济指标良好。

5）规范地下空间的利用并节约城市用地。

6）减少甚至取消了道路上的各种井盖，改善了路面质量，提高通行速度，美化了城市景观。

（2）综合规划原则

1）广州亚运城工程管线综合管沟规划应根据城市建设远景发展规划合理确定容量，同时要考虑近期建设的需要，满足城市的可持续发展；

2）综合管沟规划应结合城市的发展合理布置，充分利用城市地上、地下空间，因地制宜、合理规划；

3）综合管沟的建设应与道路交通、城市居住区、城市环境、给水工程、排水工程、热力工程、电力工程、燃气工程、电信工程、防洪工程、人防工程等专业相协调，使规划更趋科学合理。

（3）综合管沟结构设计要求

1）结构设计使用年限按 50 年设计，结构安全等级为二级。结构设计力求技术先进，经济合理，安全适用，方便施工。

2）抗震设防

综合管沟属于城市生命线工程，构筑物。根据国家有关标准，划属为乙类根据地质勘察报告，所在场地为Ⅳ类场地，综合管沟按 7 度烈度进行抗震设防。

3）荷载取值

综合管沟结构承受的主要荷载有：结构及设备自重、土压力、地下水压力、地下水浮力、地面活荷载。在小区的出入口及横穿马路处，汽车荷载按所在道路设计汽车等级考虑。

4）抗浮设计

采用结构自重及覆土重量抗浮设计方案，在不计入侧壁摩擦阻力的情况下，结构抗浮安全系数 $K_f > 1.05$，地下水最高水位取地面下 0.5m。

5）结构防水设计

在进行综合管沟结构防水设计时，严格按照《地下工程防水技术规范》GB 50108 – 2001 标准设计。防水设防等级为二级。

按极限状态及承载能力极限状态进行双控方案设计，裂缝宽度不得大于 0.2mm，并不得贯通，以保证结构在正常使用状态下的防水性能。

综合管沟细部构造防水：在变形缝、施工缝、通风口、投料口、出入口、预留口等部位，是防水设防的重点部位。变形缝的防水采用复合防水构造措施，中埋式橡胶止水带与外贴防水层复合使用。施工缝中埋设遇水膨胀止水条。通风口、投料口、出入口设置防地面水倒灌措施。预留口采用标准预制件预埋。

6）地基处理

由于综合管沟结构为箱涵结构形式，结构自重及综合管沟内设备自重小于其替代的土重，所引起的附加地基应力较小，淤泥厚度较小时采用碎石砂换填，淤泥厚度较大时采用水泥搅拌桩处理地基。

7）变形

根据经验，建议采用整体现浇结构形式，以减少接缝数量。每节箱涵长度为 30m，在节与节之间设置变形缝，内设橡胶止水带，并用低发泡塑料板和双组分聚硫密封膏嵌缝处理，此外在缝间设置剪力键，以减少相对沉降，保证沉降差不大于 30mm，确保变形缝的水密性。

（4）综合管沟的配置与监控

根据综合管沟的总体分布和周围环境情况，在相对中心的管沟位置设置综合管沟控制中心。在控制中心设有监控计算机、火灾报警控制计算机、视频监视器、网络交换机、电话交换设备以及打印机等，同时还设有背投式大型显示屏，可实时显示各系统的相关信息和报警情况。

8. 管线综合平衡相关技术要求

城市工程管线种类很多，其功能和施工时间也不统一，在城市道路有限断面上需要综合安排、统筹规划，避免各种工程管线在平面和竖向空间位置上的互相冲突和干扰，保证城市功能的正常运转。

工程管线综合规划与城市道路交通、城市环境、给水工程、排水工程、电力工程、燃气工程、电信工程、防洪工程、人防工程等专业规划相协调。在满足各专业容量功能等方面的要求和城市地下空间综合布置的要求下，使工程管线正常运行。

工程管线综合规划要综合安排，发现并解决各项工程管线在规划设计中存在的矛盾，使之在用地空间上占有合理位置，以指导下阶段单项工程设计，并为工程管线施工及规划管理工作创造有利条件。使得规划更趋科学、合理。

市政工程管线根据土壤性质及地面承受荷载的大小确定管线的覆土深度后，再按工程管线的性质从道路红线向道路中心线方向平行布置。为减少工程管线对道路的影响，管线尽量布置在人行道、非机动车道和绿化带下面。工程管线之间及其与建筑物之间保留一定的水平和垂直间距。

管线最常见为直埋式和架空两种敷设方式，考虑到广州亚运城对景观的要求，广州亚运城内的工程管线的敷设方式考虑为地下敷设，地下敷设分为直埋式敷设和综合管沟敷设两种。建议主要路段或管线集中敷设的道路采用管沟的敷设方式，其他道路采用常规的直埋敷设方式。各主要管线的输配支管采用在人行道或绿化带下直埋式敷设。

广州亚运城内的工程管线的平面位置和竖向位置均应采用城市统一的坐标系统和高程系统。本次规划规定坐标系统为广州城建坐标系统，高程系统为广州城建高程系统。

9. 竖向规划及土方平衡研究

（1）总体思路

1）地块竖向规划应与城市用地选择及用地布局同时进行，使各项建设在平面上统一和谐、竖向上相互协调；

2）用地竖向规划应有利于建筑布置及空间环境的规划和设计；

3）地块竖向规划应满足各项工程建设场地及工程管线敷设的高程要求；

4）地块竖向规划应满足城市道路、交通运输、广场的技术要求；

5）地块竖向规划应满足用地地面排水及城市防洪、排涝的要求；

6）地块竖向规划在满足各项用地功能要求的条件下，应避免高填、深挖，减少土石方、建（构）筑物基础、防护工程等的工程量。

（2）道路竖向规划

道路竖向规划原则：

1）道路竖向规划应与道路的平面规划同时进行；

2）道路竖向规划应结合城市用地中的控制高程、沿线地形地物、地下管线、地质和水文条件等

作综合考虑；

3）道路竖向规划应与道路两侧用地的竖向规划相结合，并满足塑造城市街景的要求；

4）步行系统应考虑无障碍交通的要求。

（3）用地竖向规划

用地高程与坡度规划（表2-7）：

1）区内各地块标高按高于周边道路15～30cm设计，以有利场地的排水。对于局部特殊地段，地坪标高可高于或低于道路1.2～1.5m，并设计成绿化草坡形式以减少地块的挖填方。

2）居住及科研用地场内标高结合原有地形自然起伏，规划按保持原有地形控制，根据需要可在详细规划设计中提出设计方案。

3）广场竖向规划除满足自身功能要求外，尚应与相邻道路和建筑物相衔接。广场坡度控制在0.3%～1.0%之间。

4）规划自然的地形地貌加以保护，对现有河涌的保护应尽量做到保持自然河涌的完整性，避免做大河涌改道。

主要建设用地适宜坡度要求　　　　　表2-7

用地名称	最小坡度（%）	最大坡度（%）
道路用地	0.2	8
居住用地	0.2	25
公共设施用地	0.2	20

（4）场地土方平衡

1）填挖土方量估算

目前广州亚运城规划控制区内的地面标高除了少量村落部分（约为0.13km²）约为7.0左右外，其余部分地块的地面标高均在约5.0～6.0左右。

根据现状地形图统计得出广州亚运城地块中河涌面积为116024m²，其余为陆地面积。根据广州亚运城修建性详细规划中广州亚运城平面设计图广州亚运城按规划建成后河涌面积为162846m²，其余为陆地面积其中地下建筑结构有285781m²。

根据地块前后标高差、扣除增加河涌及地下建筑部分所减少的填土方数量后整个广州亚运城场地共需进行的填方工程约376.9万m³。

整个广州亚运城场地的挖方工程主要由以下三部分组成：河涌开挖清淤、地下建筑开挖、道路清表（按50cm考虑）。其相应产生的挖方工程数量见表2-8。

广州亚运城挖方工程数量表　　　表2-8

编号	项目	开挖土方数量（m³）
1	河涌开挖清	154964
2	地下建筑	553907
3	道路清表	198218
4	合计	907089

由上述数据计算可知整个亚运场地内填方数量远大于挖方数量，而根据初步工程地质质量揭示，在工程场地区域内从地表往下5m范围内主要为耕土、杂填土及淤泥，因此场内开挖土方不能为一般建筑与路基填方工程所使用，但是可以用于公园、绿化等场地的填方工程。在广州亚运城范围内有亚运公园及大量的绿化用地且都需要借方，因此场内的挖方基本上可以在场内调配使用，按照场内挖方80%的利用率（扣除树根等不可利用部分）考虑，则用于场内调配的土方为725671m³，需要外运弃方的土方为181418m³，广州亚运城场地仍缺土方376.9-72.6.=304.3万m³。

2）土方来源

根据上述计算可知整个亚运场地需从外调运土方约304.3万m³，由于广州亚运城所处的广州市番禺区属于土源缺乏地区，如全部填土土方采用车载填土方式解决，由于所需土方巨大很难从周边地区寻找土源，考虑到地块周边河道众多，水网密集，水路运输十分便利同时结合番禺区相关工程经验，及本工程在时间安排上的要求，建议采用车载填土吹填砂方法解决土源问题。

为了能配合广州亚运城项目工程的建设时间要求，同时尽可能利用场内挖方，土方施工安排建议按以下顺序进行：

① 道路路基土方工程；

② 地下建筑及河涌土方开挖工程；

③ 其余场地土方工程。

10. 主要结论及建议

1）广州亚运城采用雨、污分流制排水体制。

2）广州亚运城污水通过清河东路污水泵站和污水主干管输送到前锋净水厂处理，广州亚运城内污水管网在现有条件下有条件自流排入泵站。

3）石楼污水泵站和清河东路主干管考虑了广州亚运城的污水输送要求，但没有考虑广州新城的污水输送。

4）广州亚运城雨水遵行"二级排水，蓄排结合，分散出口，就近排放"的原则。

5）广州亚运城赛时收集、储存、利用屋面雨水作为杂用水水源，不足部分采用市政自来水补水；广州亚运城赛后收集、储存、利用屋面雨水作为杂用水水源，近期不足部分采用市政自来水补水；远期不足部分采用市政中水补水；不设以建筑优质杂排水为原水的建筑中水系统。

6）广州亚运城建设综合管沟是必要的，综合管沟规划容纳的管线包括：给水、电力、电信、燃气、垃圾真空管道。

7）由于广州亚运城的路网也是日后广州新城的通道，因此亚运东和亚运西两条主干道上管线的规模应考虑广州新城的容量。

8）电力的10kV双电源分别由现状110kV石楼变电站及220kV亚运变电站提供。

9）电信业务接入点由现状石楼机房提供。

10）燃气外管网由清河路接入。

11）广州亚运城内的主干道路路幅的设计，应充分考虑管线的布置要求，尽量扩展人行道的宽度，尽可能把市政管网布置在新建人行道或绿化带内，以达至改善路面的效果，提高行车效果。

12）清河路作为广州亚运城外管的主输道路，且有大量新建或规模大的管线途径该路，可以考虑建设综合管沟，以减少对该路的开挖，及整合大批新建管线的竖向空间，更合理科学地利用城市的空间，更好地解决交通与建设管网的关系。

13）在下一步的工程设计过程中，需要对设计范围内的现状管线进行测量，更好对现状和新建管线的整合、利用、迁改进行方案论证。

14）在城市建设中一定要重视地下管线资源，做好项目前期的分析和准备工作。

15）城市管网建设，应与城市景观相结合。

16）广州亚运城地块的最低控制标高应不低于7.0m，所缺土方可以通过吹填砂及车载填土予以解决。

2.2.6　广州亚运城交通规划与管理专项研究

1. 概述

（1）研究背景

交通拥挤和交通事故是全世界所有大中城市，甚至每一区域面临的主要交通问题，由其引发的交通安全、运输效率、环境污染和能源消耗等问题已经得到了越来越多的关注。在解决上述问题的情况下针对广州亚运城赛时和赛后不同要求的特点，根据亚奥理事会和广州亚组委制定的《第16届广州亚运城规划建设亚运要求》和广州亚运城的设计思想——在亚运期间能够很好地体现广州亚运城的功能，在赛后把"广州亚运城"作为"广州新城"的重要组成部分，改造成为高尚的住宅区。我们对广州亚运城的交通管理进行了专项研究。

（2）研究目标

根据第16届广州亚运会亚运城的交通组织管理要求，分析广州亚运城各功能区及村外各大比赛区的交通需求，结合周边地区的交通情况和各类村民的特点，在满足亚运交通总体目标的前提下，合理地进行广州亚运城的交通管理，力求获得符合亚运盛会需求和今后该地区发展需求的交通综合管理研究成果，构筑"畅达、和谐"的广州亚运城交通，确保2010年广州亚运会成为一届最成功、最具魅力、最出色的综合性亚洲体育盛会。

进行交通规划与管理研究的主要目的之一是在广州亚运城修详规出台之前把交通的设施设计和建设要求融入到该规划中，在建设的初始阶段充分考虑交通需求，把赛时和赛后两方面有机结合起来，使得广州亚运城建设满足亚运及未来发展的交通要求。

（3）研究方法

本研究采用定性、定量分析相结合的方法。在亚奥理事会和广州亚组委制定的《第16届广州亚运城规划建设亚运要求》的基础上进行大量调查和预测，研究2010年亚运会期间广州亚运城的对内和对外交通需求与供给，结合亚运会的特殊情况，利用交通管理现代技术，开展广州亚运城交通组织管理的研究，并采用路网交通基本特征指标和村民与外来人员在广州亚运城交通出行的潮汐性特点进行交通组织管理措施和方案的分析与设计。

2. 广州亚运城交通概况

（1）广州亚运城交通基础设施

1）广州亚运城周边道路网

广州亚运城周边将建成东西横向道路、南北纵向道路、轨道交通和水路交通的市政综合路网。

东西横向交通：清河路和原长南路是广州亚运城南北两侧的城市主干道，可以作为广州亚运城以及地铁海傍站的主要交通疏解通道，提供了广州亚运城基地与京珠高速路、南沙港快速路、沙湾干线、平南高速的接口。

南北纵向交通：地铁四号线、京珠高速公路、平南高速路、石清公路。一个综合交通点－海傍站点，位于广州亚运城西侧。

轨道交通：在广州亚运城西侧已经建成地铁四号线海傍站，在南北向建立了南沙港、汽车城、广州新城、大学城和奥林匹克中心、地铁三号线延长线在广州亚运城南侧提供了两个站点，有效衔接了基地与番禺市桥、珠江新城、天河体育中心、广州东站、天河客运站以及白云机场的联系。通过地铁换乘，广州亚运城内的居民可以方便到达广州的主要区域。

水路交通：莲花山水运作为广州亚运城的东面边界，为广州亚运城带来了极大的交通潜力。

2）广州亚运城道路网

广州亚运城内道路按城市快速路（100m）、城市主干道（40～60m）、城市次干道（30m）、城市支路（18～20m）和小区道路（9～18m）五级控制，形成六纵四横的主要交通网络，如图2-37所示。北区道路结合生态簇团居住区形成较为自由的曲线路网，南区道路为适应将来的商业开发，采用网格式路网布局，并沿东西向的城市支路和运动员居住组团设置连接亚运东路两侧的自行车线路。在海傍枢纽站设置100m宽的二层步行平台，可由枢纽站直接步行到达广州亚运城主场馆区。

3）交通枢纽

海傍站交通枢纽总用地2.74hm²，如图2-38所示，主要功能是解决外部交通与内部交通的接驳，以广州亚运城体育馆赛事结束时的最大交通量需求（短时间内疏散8000名观众）为设计标准，赛后作为轨道交通集散枢纽，主要为广州新城、广州亚运城及其周边公共服务中心提供与轨道交通之间的无缝衔接。

4）广州亚运城停车设施

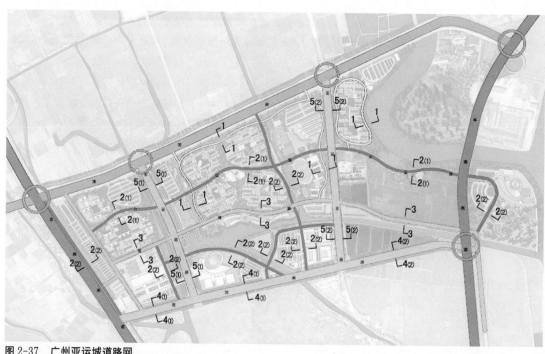

图2-37 广州亚运城道路网

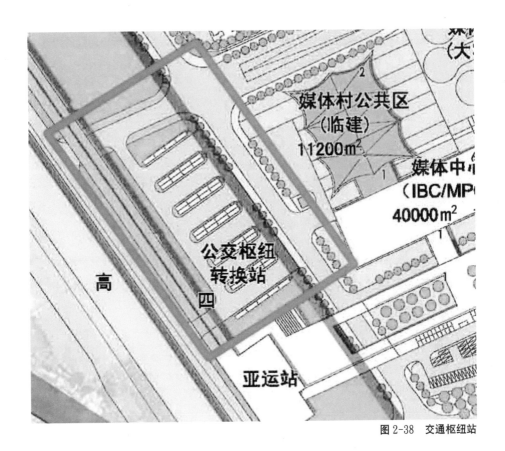

图 2-38　交通枢纽站

图 2-39　广州亚运城修详规停车场布局

广州亚运城停车场总占地面积约 25hm^2，设置不少于 2000 个小汽车泊位，1710 个中巴泊位和 760 个大客车泊位，修详规中各个停车场位置如图 2-39 所示。

（2）两大交通运行体系

广州亚运城交通运行体系主要分为亚运专用交通和公共交通两大体系。

1）亚运专用交通体系

亚运专用交通体系的服务对象是运动员和技术官员、贵宾、赞助商、行政人员、媒体工作者和工作人员。

2）公共交通体系

公共交通体系的服务对象主要是持票观众，持票观众指到广州亚运城内各场馆观看比赛的观众，他们在广州亚运城内有比较严格的交通路线，使用的交通方式主要是轨道交通和公交，进出广州亚运城有比较明显的潮汐现象。

（3）广州亚运城交通出行方式

广州亚运城交通出行分为城外出行和城内出行两种方式。

1）城外出行方式

城外出行要充分考虑广州亚运城与地铁、公交汽车、水上交通等交通系统之间的联系。安排足够的换乘点，满足交通便利、快捷和安全的要求。运动员村要为运动员提供前往比赛和训练场地、市中心、飞机场的便捷的专线交通。媒体村需要为媒体人员提供前往主新闻中心和国际广播中心及各竞赛场馆的便捷交通。城外出行方式主要有轨道交通、公共交通、五大赛区专线巴士、出租车、水上巴士。

① 轨道交通：地铁四号线到达广州亚运城的海傍枢纽站，亚运观众可乘四号线或由地铁一、二、三号线和其他公交线路换乘四号线到达广州亚运城。

② 公共交通：亚组委在亚运会期间根据亚运特殊情况合理安排到达亚运站的公交线路，主要是广州亚运城与几大赛区和市区中心的路线。

③ 五大赛区专线巴士：根据广州亚运城与五大赛区距离是历史之最的特殊情况，为了在亚运会期间合理地安排运动员、技术官员等的交通需求，亚运组委会开通广州亚运城与五大赛区的专线巴士，专线巴士的特点是保证运动员和技术官员等可以快速、安全的在广州亚运城与五大赛区间的交通运作。

④ 出租车：出租车方式比较灵活，在村外出行方式中起到一定的辅助作用。

⑤ 水上巴士：水上巴士有以下三种用途：

运动员和技术官员的旅游观光；

广州亚运城的应急通道；

贵宾从白天鹅宾馆到达广州亚运城的水上路径。

2）城内出行方式

广州亚运城的城内出行方式主要有穿梭巴士、电瓶车、自行车和步行。

穿梭巴士：广州亚运城的穿梭巴士有规定的出行时间和站点，载客量大概 35 人。

电瓶车：电瓶车的出行时间比较灵活，一般根据各类人员的具体要求实行预定方式运行，载客量大约 10 人。

自行车：自行车是城内出行辅助方式，需求是根据运动员和工作人员的个人的选择而定，为运动员和工作人员提供自行车免费租赁服务。

步行：步行是在赛余时间和赛会没有统一安排出行方式下，城内各类人员根据个人的需求而选择的一种交通方式。

3. 交通组织方案

在对广州亚运城的交通要求进行解读以及对交通量进行预测后，讨论提出了详细的交通组织方案。

（1）交通组织原则

1）功能性原则：广州亚运综合交通系统应具备高效安全的客货运输功能，满足不同对象的要求。

2）安全性原则：遵循人流、非机动车流、机动车流分离原则；遵循客货分离原则。

3）应变性原则：广州亚运城综合交通系统应具备一定的应对突发事件的能力，保证紧急事件发生时仍能满足交通需求。应变体系的研究在亚运观众交通规划中有着重要的意义。一个应变性较强的交通系统是亚运正常运行的重要保障。

4）保证优先兼顾公平原则：亚运会期间，应根据出行者的优先级，制定相应的交通政策和管理措施，来保证高优先级群体出行的便利。在此原则前提下，对不同出行群体的公平性加以考虑。

（2）广州亚运城交通流线设计

根据广州亚运会各成员交通需求和安保等级，广州亚运城赛时交通流线设计如下：

1）运动员交通流线

亚运西路作为运动员入村的主要道路。运动员村公共区为运动员抵达广州亚运城的主要入口，这里提供入驻广州亚运城的办证服务；亚运期间运动员利用运动员村西侧的城内巴士站场提供的穿梭巴往返于广州亚运城内各功能节点；运动员还可利用电瓶车、自行车作为辅助交通工具；运动员居住区东侧的往返赛场专线大巴站场为运动员提供往返于几大赛区场馆的专线大巴。运动员进出广州亚运城及在亚运城内的交通流线，如图2-40所示。

2）进入广州亚运城的主要入口；技术官员抵、离广州亚运城时都要到技术官员区服务中心

图 2-40　广州亚运城运动员交通流线

图 2-41　广州亚运城技术官员交通流线

图 2-42　广州亚运城贵宾交通流线

办证、退证；赛时技术官员在广州亚运城内可乘坐穿梭巴士到达各个功能节点，进出广州亚运城可选择自备车或搭乘专线巴士往返各赛场。技术官员出入口和流线如图 2-41 所示。

3）贵宾交通流线

贵宾由亚运西路进出广州亚运城，这部分人员在广州亚运城的主要流线如图 2-42 所示，但具体行走流线应根据贵宾需求再做调整。

4）行政官员交通流线

行政官员进出广州亚运城有两种方式，一种从清河路依托亚运西路进入广州亚运城，亚运东路离开广州亚运城；另一种是平南高速南端的匝道进入广州亚运城的莲湾南路。其在广州亚运城使用自备车出行，流线如图 2-43 所示。

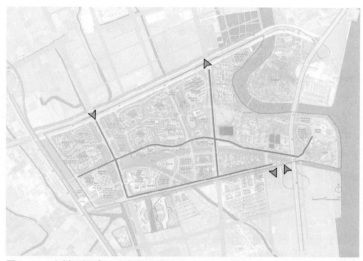

图 2-43　广州亚运城行政官员交通流线

5）工作人员交通流线

工作人员分为志愿者、保安和后勤人员。由于保安和后勤人员每天的工作地点基本固定在某一功能节点，只需在一天中三次换班时段为其提供广州亚运城内的穿梭巴到达各功能区即可，而志愿者除了使用穿梭巴外，还可以利用停靠在城内自行车，到达各功能节点。工作人员在广州亚运城的工作地点分散在整个广州亚运城，主要流线如图 2-44 所示。

图 2-44　广州亚运城工作人员交通流线

6）媒体交通流线

媒体人员进出广州亚运城有两种方式，一种是从清河路，从亚运西路进入，京珠高速公路东侧的 30m 辅道离开；另一种是从

图 2-45　广州亚运城媒体人员交通流线

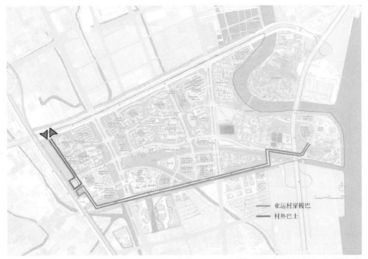

图 2-46　广州亚运城持票观众交通流线

图 2-47　广州亚运城各服务对象流线

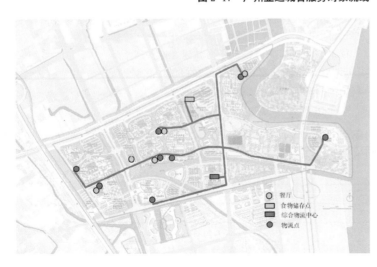

图 2-48　广州亚运城物流交通流线

平南高速南端的匝道进入广州亚运城的莲湾南路。媒体村公共区提供入城证件办理服务；媒体人员的城内交通靠自备车或穿梭巴士往返于功能节点；对外交通主要靠自备车到达其他赛区。

7）观众交通流线

由于亚运会的特殊要求，赛时广州亚运城只向持票观众开放。观众只能选择轨道交通和常规公交到达和离开广州亚运城。观众可搭乘地铁四号线到海傍站，经由连接地铁站与广州亚运城西区主场馆的平台进入场馆，平台将设置自动步梯以提升通过速度；观众也可乘坐公交车到达广州亚运城的公交枢纽站，京珠高速公路东侧的 30m 辅道作为常规公交进出广州亚运城的主要道路。公交枢纽站设置对外公交区和对内公交区，前者提供普通公交和往返于五大赛区的专线巴士，后者提供城内穿梭巴士到比赛场馆。观众在广州亚运城的流线如图 2-46 所示。

8）亚运成员交通流线综合

广州亚运城七大服务对象在广州亚运城的交通流线，构成了广州亚运城各服务对象流线图。由图 2-47 可见，各流线分布均匀，等级清晰，布局覆盖广州亚运城的整个道路系统。对于一些交通流量较少，目的特殊的交通需求，可以采用城内电瓶车和自行车等交通工具加以完善。

9）物流交通流线

物流交通流线是专指广州亚运城所有物资运输线。在亚运东路西侧安排临时广州亚运城综合物流中心，与二级物流点组成两

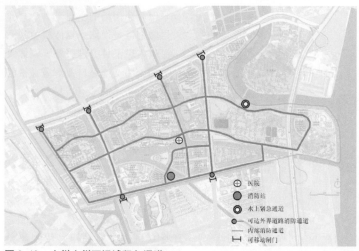

图 2-49　广州广州亚运城紧急通道

级物流系统。综合物流中心直接接收物流公司提供的货物，这些货物必须经过安检；二级物流点为接收综合物流中心提供二级物流配送的基层服务单位，包括各分区物流点、食物储藏点、餐厅、医院等。其中，2000+5000人餐厅承担将食物性物资配送到各餐厅物流点。

物流车从亚运东路进入广州亚运城，直接将货物运送到综合物流中心，再由内部物流车将货物配送到二级物流点。进入亚运各物流点都有各自独立的物流出入口，实现人货分流。物流车进入广州亚运城提供服务的时间规定为23点到次日的7点。具体的物流流线设计如图2-48。

10）紧急事件交通流线

紧急事件处理的交通流线设计如图2-49所示。图中的红色路线构成了广州亚运城的紧急通道，其与消防站、医院、水上通道等相连。七个对外联络通道的可移动闸门由保安进行24小时监控，在发生紧急事件时可以打开。

11）对外交通流线

运动员、技术官员和媒体前往比赛场馆，除了广州亚运城的五个赛场外，全部需要经过城外高速公路。广州亚运城的对外交通采取通道管理模式，如表2-9，且对于在奥林匹克体育中心比赛项目的运动员、技术官员，优先安排走平南高速（这些属于车辆调度问题，暂不在本专题详细论述。）沿途由高速公路和地方道路的DSRC设施全线监视车辆的行驶和到达。亚运车辆一旦进入广州亚运城封闭区域预警地带，将会产生一系列控制和监视动作，以提供优先通道控制和安检措施，如图2-50所示。

通道管理模式　　　　　　　　　　　　　　　　　　表2-9

通道	交通工具	交通构成
平南高速	小车、大巴	运动员、技术官员、贵宾、媒体
京珠高速	小车、大巴	运动员、技术官员、贵宾、媒体
金光大道	小车、大巴	运动员、技术官员、贵宾、媒体
南沙快线	小车、大巴	运动员、技术官员、贵宾、媒体
地铁四号线		媒体、观众
地铁三号线	大巴	媒体、观众

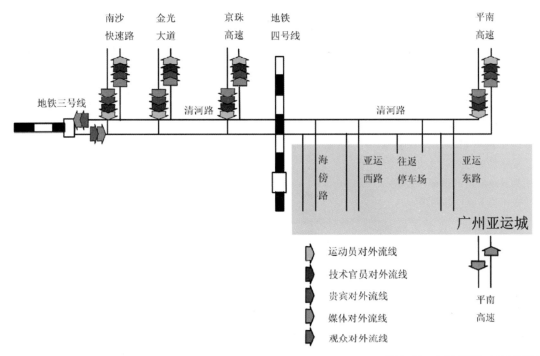

地铁三号线 南沙快速路 金光大道 京珠高速 地铁四号线 平南高速 清河路 清河路

海傍路 亚运西路 往返停车场 亚运东路

广州亚运城

运动员对外流线
技术官员对外流线
贵宾对外流线
媒体对外流线
观众对外流线

平南高速

图 2-50 广州亚运城对外交通流线

（3）道路系统设计

广州亚运城道路系统由机动车道和慢行车道组成。

在广州市亚运会亚运城修建性详细规划方案下，我们对机动车和慢行车的道路系统进行断面设计，并分析在亚运会比赛期间满足交通需求的服务水平。

1）机动车道路设计

广州亚运城的道路断面设计不仅要满足赛时亚运会交通特殊要求，同时应根据远近结合的原则，满足赛后广州亚运城及附近居民出行需求。并遵循慢行交通（人行与自行车系统）与机动车交通有效分离的原则，道路断面设计应有利于交通运营的安全、有序、舒适。

本次研究在进行广州亚运城道路横断面设计时，其步骤如下所述：

① 首先根据广州亚运城《2010 广州亚运会亚运城修建性详细规划方案意见征求稿》（广州市城市规划勘测设计研究院、广东省城乡规划设计研究院、美国 SWA 设计集团，2007.9.29）推荐的广州亚运城道路控制性红线宽度，遵循上述原则，提出道路横断面设计的原始方案；

② 根据方案进行广州亚运城道路路段的通行能力分析，运用赛时、赛后广州亚运城交通需求预测的结果，对原始方案进行路段服务水平评价；

③ 利用评价结果对横断面设计原始方案进行针对性调整，并对修正方案重新进行路段服务水平评价。

如此反复，最终得到道路横断面设计方案（图2-51～图2-55）。

2）广州亚运城道路等级及规划

根据《2010 广州亚运会广州亚运城修建性详细规划方案意见征求稿》（同上）广州亚运城的道路分为城市快速路、城市主干路、城市次干路、城市支路与小区道路五个等级控制，其道路红线宽度分别为100m、40～60m、30m、18～26m、9～18m。广州亚运城北区的道路网结合生态簇团居住区形成较为自由的曲线路网布局，而南区为适应将来的商业开发，采用网格式路网布局。

3) 广州亚运城道路断面设计

① 主干路断面设计

广州亚运城内城市主干路道路红线宽度分为60m与40m两种。

a) 规划红线60m

设计速度60km/h。亚运东路、亚运西路红线均为60m，连通广州亚运城南北区域，构成广州亚运城主干路网的两纵。

双向八车道，设置宽8m的中央分隔带。

机动车道与非机动车道间设置2m宽的边分带，保证慢行系统的安全运营。

非机动车道与人行道布设于同一板块。

中央分隔带、边分带种植灌木丛，以高大乔木点缀其间；在人行道与非机动车道间布置高大乔木，并于道路两侧布设高台绿化带（0.6m）便于人们步行休憩，从而形成错落有致的道路空间，并为行人营造出类似于林荫道的步行空间。

人行道与非机动车道路面采用彩色沥青铺设。

b) 规划红线40m

设计速度50km/h。位于广州亚运城南侧的莲湾南路红线为40m，是广州亚运城南面棋盘式路网布局的骨干道路。采用双向四车道，中央分隔带＝1.0m双黄线。

机动车道与非机动车道为一幅路面。因为靠近海傍站公交中转枢纽，人行和自行车流量较大，采用非机路面＋人行道＋绿化为

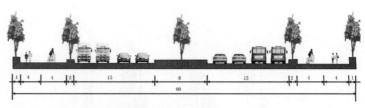

图 2-51　城市主干路横断面设计图（60m 红线）

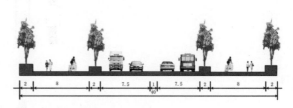

图 2-52　城市主干路横断面设计图（40m 红线）

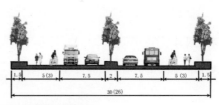

图 2-53　城市次干路横断面设计图

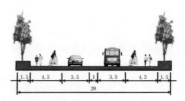

图 2-54　城市支路横断面设计图（20m 红线）

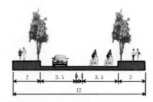

图 2-55　小区道路横断面设计图（12m 红线）

同一幅路面，且与机动车道同一平面。机非隔离绿化带种植高大乔木，与路旁高大乔木相映构成天然绿荫带。路侧绿化采用高度为30cm宽沿花台缘石，与周边绿化形成通透性景观。

规划红线40m＝中央分隔带1.0+机动车2×2×3.5+侧向净空（含排水沟）2×0.5+机非隔离绿化带(高大乔木)2×2.0+自行车/电瓶车(含排水沟)/人行道2×8.0+花台缘石2×0.25+花台（高大乔木+低矮灌木/草皮）2×1.75。

② 次干路断面设计

广州亚运城内城市次干路的道路红线宽度分为26m、30m。

设计速度40km/h。

双向四车道。

采用机动车+非机动车道+人行道为同一幅路面，用高大乔木作为非机动车与行人隔离。

排水沟在花台缘石下方。

规划红线30m＝中央分隔带2.0+路缘带宽度2×0.5+机动车道2×2×3.5+非机动车道/人行道2×5.0+花台缘石2×0.25+花台2×1.25。

规划红线26m＝中央分隔带2.0+路缘带宽度2×0.5+机动车道2×2×3.5+非机动车道/人行道2×3.0+花台缘石2×0.25+花台2×1.25。

③ 支路断面设计

广州亚运城内城市支路的道路红线宽度为20m。

设计速度30km/h，为运动员村主流线和谐路，以及南岸路和纵向支路。

采用机动车+非机动车道为同一幅路面，用彩色沥青加0.20cm虚线隔离。

双向二车道，取相向净空为1.0m。

中央分隔带为单黄实线（不允许穿越），机非隔离为单黄虚线。

排水沟在花台缘石下方。

规划红线20m＝中央隔离带1.0+机动车2×3.5+非机动车道2×4.5+花台缘石2×0.25+

花台2×1.25。

④ 小区道路断面设计

红线宽度12m，设计速度20km/h。位于运动员村、技术官员村内部小道。

双向二车道，为混行车道，取相向净空为0.50m。

中央分隔带为单黄虚线（道路较窄，允许穿越），机非隔离为单黄虚线。

人行道及绿化带与混行车道布置于不同平面，使用路缘石将人行道抬高25cm。

绿化带采用树冠较小的高大乔木，将人行道于混行车道隔离，充分保障行人安全。

规划红线12m＝中央隔离带0.5+混行车道2×3.5+路缘带2×0.25+人行道及绿化带2×2.0。

（4）赛时交通流量分析

1）分析与建议

① 往返赛场停车场前的交通拥挤分析

广州亚运会开闭幕式期间的高饱和度只有0.68，它主要发生在运动员往返赛场的和谐路上，这与我们事先的估计完全一致。

路段通行能力可以满足要求，但是，运动员的上下车将造成该区域的严重堵塞和延误。

高峰时间是开闭幕式时的出村和进村。全部流线呈潮汐峰值。为此，村内穿梭巴必须采用潮汐客运线路。

交通拥挤点：所有的潮汐线路都将把全部客流压在和谐路－往返赛场停车场的路段（桥）。

停车时间＝20人下车时间：开闭幕式无行李下车时间取为2.0s，比赛期间有行李取3.0s，则下客停车时间＝t1进站刹车停车时间+t2开闭门+t3乘客上下车+t4起动离站时间＝8s+3s+20×2.0s+8s＝40s≈60s，停车车道通行能力＝3600/60=60辆/h，设计通行能力＝0.8×60＝48辆/h，因此，需要停车位＝840/48＝17.5停车位≈18个停车位串联排列＝18x车长12m×进出场系数2＝432m

建议：

a）将和谐路往返巴士停车场处改为停车广场，兼候车／休闲广场。

b）多车道港湾式停车走廊。

c）考虑到 2000+5000 餐厅进餐时间，运动员乘车时间可延长为 2h。

d）开闭幕式进村可增开往返运动员村国际区、休闲区、升旗广场、亚运公园等多处的穿梭巴士，有意识地分散客流。

e）潮汐交通穿梭巴线路优化。

② 海傍路的交通拥挤

观众交通短时聚集造成饱和度 >0.9，这是亚运体育馆等五个赛场所致。

建议：

在条件允许的情况下，建议将广州亚运城内六个比赛项目分散进行。

③ 清河路出入口的堵塞

该封闭路出入口已经达到交通堵塞，饱和度 >1.0。

建议：

a）亚运会比赛期间，平南高速公路一定要开通；

b）将运动员往各赛场的交通出行线路严格管理，尽可能地将京珠高速公路、南沙快速路和平南高速公路的交通流量保持一定程度的动态平衡。

④ 运动员村内部交通的服务水平低下

和谐路是运动员村内部的主干道，服务水平 >0.50。

建议：

采用大容量穿梭巴，最好是双面开门的机场大巴（奔驰等公司均有性能良好的多款车型）。

2）对外交通通道分析

赛时广州亚运城运动员、技术官员等相关人员将往返于广州亚运城与各大赛场之间，专项研究主要考虑清河路与沿线的南沙港快速路、京珠高速

图 2-56　南沙港快速－清河路立交匝道

图 2-57　京珠高速－清河路立交匝道

图 2-58　南沙港快速－清河路立交收费

及待建的平南高速三条高速公路之间的互通立交构成赛时广州亚运城对外交通的通道。在赛时交通需求高峰时，广州亚运城对外交通的交通量达到 3201pcu/h（见表 5.45，广州亚运城赛时高峰道路服务水平），饱和度达到 0.93，因此应当分析这三个互通立交的通行能力，并采取相应的措施保障赛时广州亚运城对外交通的安全与畅通。

① 互通立交设施及通行能力分析

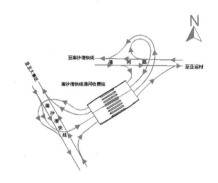

图 2-59　南沙港快线－清河路立交交通组织示意图

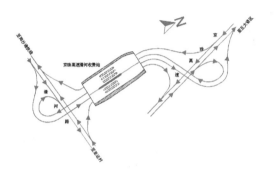

图 2-60　京珠高速－清河路立交交通组织示意图

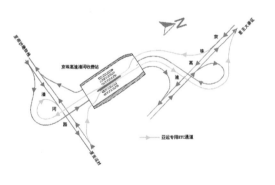

图 2-61　京珠高速－清河路立交亚运专用 ETC 通道

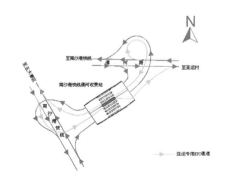

图 2-62　南沙港快线－清河路立交亚运专用 ETC 通道

赛时广州亚运城的对外交通通道包括清河路与平南高速、京珠高速、南沙港快线的三个立交。其中，待建的平南高速－清河立交为单喇叭型立交，位于广州亚运城东北侧；京珠高速－清河路立交为双喇叭型立交，位于广州亚运城西北侧，匝道均设置为单车道，设计时速 40km/h；南沙港快线－清河路立交位于广州亚运城以西约 4km，为双喇叭型立交，匝道设计时速 40km/h，单车道设置。京珠高速－清河路立交、南沙港快线－清河路立交的交通组织如图 2-56 ～图 2-60 所示。

不考虑收费站停车收费的影响，匝道及匝道－主线连接处决定了立交的通行能力。当南沙港快线－清河路立交、京珠高速－清河路立交及平南高速－清河路立交各匝道均以 30km/ 通过时，每条匝道的通行能力为 1400pcu/h。而影响匝道－主线连接处的立交通行能力因素较多，主要包括驶向高速公路合（分）流区的最大总流量、驶出高速公路合（分）流区的最大总流量、驶入合（分）流影响区的最大总流率、驶入合（分）流影响区的主线最大总流率、匝道车行道的最大流率、距上游匝道的距离、距下游匝道的距离等，为计算简便并考虑赛时针对亚运交通所采取的优先措施，取定匝道－主线连接处的通行能力为 1200pcu/h。

② 亚运专用 ETC 通道

由上文分析可知，对清河路出入口的交通流量进行适当的分流，将其较均匀的分配至广州亚运城三个对外交通通道，能够较好的解决广州亚运城的对外交通需求。其前提是在各收费站上下行方向各设立 1 至 2 个亚运专用 ETC 通道。具体见图 2-61、图 2-62。

（5）赛时广州亚运城慢行系统

赛时广州亚运城慢行系统应以保证各亚运城成员的安保等级完整性为前提，因此亚运城各类成员的慢行交通设计应以各功能区的安保等级为基础，结合成员的出行目的进行。赛时运动员、技术官员以及观众对慢行交通的要求与其他交通用户相比具有特殊性，应对其分别阐述。

1）运动员慢行系统

运动员可以通过自行车免费租赁、电瓶车以及步行完成赛余的各种出行，如往返餐厅就餐、至运动员村国际区参加休闲体育活动、至亚洲广场参加升旗仪式以及到体能恢复训练中心、技能训练场地完成训练等。同时为保障慢行交通的安全，赛时运动员村应通过设置完整的交通标志标线，对村内的各种机动交通如穿梭巴士进行限速管理。

赛时广州亚运城运动员村的慢行系统如图 2-63 所示。

2）技术官员慢行系统

由于广州市亚运会组织委员会为技术官员提供专用车辆及驾驶员，同时为了保证技术官员与运动员的有效分离，技术官员的慢行系统集中在技术官员村内，以及往返技术官员停车场与技术官员村。赛时广州亚运城技术官员慢行系统如图 2-64 所示。

3）观众慢行系统

赛时观众通过地铁交通以及专线巴士达到位于广州亚运城内的地铁四号线海傍站及公交换乘枢纽。乘坐四号线至广州亚运体

图 2-63　广州亚运城赛时运动员慢行系统

图 2-64　赛时广州亚运城技术官员慢行系统

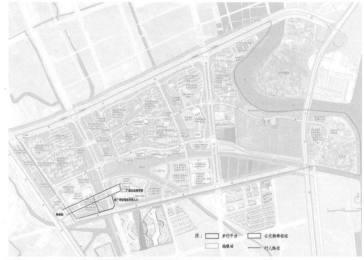

图 2-65　广州广州亚运城赛时观众慢行系统

图 2-66　青岛海滨大道图

图 2-67　烟台游乐园人行道自行车道

图 2-68　澳大利亚公交车道图

图 2-69　奥地利不同功能车道

育馆观看比赛的观众可以通过搭设有自动步梯的步行高台直抵广州亚运体育馆入口，而抵达广州亚运城海傍站公交换乘枢纽的观众则可以通过专用通道步行至比赛场馆入口，如图 2-65 所示。为保证专用通道的安全，应采取相应的交通管理措施，如在广州亚运体育馆比赛开赛前一小时及赛后 45 分钟对位于体育馆旁边的亚运西路路段进行管制。

当位于亚运公园的场馆进行比赛时，考虑到海傍站公交换乘枢纽到该场馆的步行长度，应向观众提供专线穿梭巴士。同时为鼓励观众乘坐穿梭巴士，不向观众提供行人专用通道。

4）慢行系统工程设计

本研究在进行横断面设计时，将慢行系统（自行车与非机动车）设置在同一平面，采用彩色沥青加以区分，既可美化道路景观，又提高了慢行系统的安全性，效果见图 2-66～图 2-69。

4. 停车场规划与设计

（1）停车总需求研究

根据历届大型运动会的交通组织经验和修详规的部分结论，结合本次广州亚运城整体交通需求研究，获得广州亚运城内各停车场的停车需求，见表 2-10。

赛时广州亚运城内各停车场停车需求 表 2-10

编号	停车场名称（对应小区编号）	峰值对应时段	大车位	中车位	小车位	备注
1	专线大巴停车场	开闭幕式	252～336	0	0	发车次数为420辆次，需要调度；建议预留绿化面积，转弯半径按至少20m设计
2	运动员村停车场	旅游高峰	20	160	110	不用调度
3	技术官员区停车场	开闭幕式	20	112	90	不用调度
4	媒体村停车场	所有车辆返回广州亚运城	162	243	180	大车位包括媒体的专用设备车，建议部分大车可以停在媒体中心停车场
5	媒体中心停车场	比赛高峰	49	73	30	不用调度
6	沙排停车场	比赛高峰	20	25	40	不用调度
7	体育馆旁参观者停车场	未知	100	80	60	不用调度
8	工作人员停车场	上班高峰	55	100	100	不用调度
9	物流中心停车场	未知	50	70	150	不用调度
10	参观者停车场	未知	40	20	0	

注：备注栏中不用调度是指依靠停车场面积可以直接停放，不需要通过调度手段循环使用停车位，考虑调度则是指依靠停车面积无法解决这么多车的停放问题，需要利用调度手段和方法循环使用车辆和停车位。

明确需求后，在对上述每个停车场进行具体深化设计研究时，主要原则包括：

① 需求最大化满足原则：根据亚运要求可以看出，亚组委提出的泊位要求普遍大于我们预测的需求，根据需求最大化满足原则，尽可能满足亚组委提出的停车泊位要求，同时兼顾本方案预测数据中超过亚组委要求的部分。

② 考虑停车场布局特征和占地面积，在面积允许范围内尽可能多地设计泊位。

该专项研究主要是以修详规提供的停车场分布和面积规划为依据，在充分研究了赛时交通出行特征的基础上，获得了各功能区停车场的详细需求，对比亚运要求提出的停车需求，按照需求最大化满足原则作出的停车规划。与亚运要求相比，在数据上、布局规划上、具体的车位和流线设计上都有所不同或做了更深入的研究。研究结果如图 2-70。

（2）提出以下建议

1）停车场布局和管理上的建议

在停车场布局和面积核实方面，针对修详规中的方案，提出以下建议：

① 在最新的修详规提供的方案中，取消了运动员巴士总站的车辆停放功能，目前其只有停靠功能，建议在广州亚运城内部为村内巴士设立一个停放站场，以便在用车高峰期进行调度。

② 工作人员停车场（南）与物流中心停车场在一起，安保等问题难以解决，建议

媒体村停车场
中巴车 256 辆
大巴车 152 辆

运动员村停车场
小汽车 138 辆
中巴车 177 辆
大巴车 84 辆

专线大巴停车场
中巴车 88 辆
大客车 291 辆

技术官员区停车场
小汽车 100 辆
中巴车 155 辆
大客车 80 辆

工作人员停车场
大客车 98 辆

媒体交通枢纽
大客车 72 辆

沙排比赛区公众停车场
小汽车 91 辆
中巴车 74 辆
大客车 93 辆

沙排参观者停车场
大客车 40 辆
中巴车 20 辆

工作人员停车场
小汽车 145 辆
中巴车 111 辆

媒体中心停车场
小汽车 309 辆
中巴车 90 辆
大巴车 51 辆

体育馆参观者停车场
小汽车 85 辆
中巴车 91 辆
大巴车 112 辆

物流中心停车场
小汽车 167 辆
中巴车 61 辆
大巴车 50 辆

图 2-70　赛时停车场布局及规划图

增加物理隔离，并配合以相应的安保设施。

2）其他建议

① 建议广州亚运城内设立统一的车辆调度管理中心，对所有车辆进行统一管理，统一调度，有利于车辆和停车位的综合利用，但在综合利用的过程中必须满足各级安保要求。

② 车辆调度管理中心应根据赛程和训练日程提前安排预约车辆，优先满足比赛和训练需求的前提下再满足不确定的车辆预约需求。

③ 建议在京珠高速和地铁四号线之间的立交桥下的空地开拓出临时停车场，以满足现有需求和不可预计的停车需求。

四号线海傍站高架桥至京珠高速公路隔离栅距离约 30m，京珠高速公路与海傍站地面高差约 3.0m，海傍站场长度约 100m，如果开辟成临时停车场，海傍站可增停车面积约 30×100=3000m²，若将长度延伸为莲湾南路至清河路间的距离，可增停车面积 30×800=24000m²，考虑到该地距离媒

体村太远，建议将海傍站场长度以北的面积作为外来观众小汽车临时停放场地，共 24000 − 3000 = 21000m²，可提供大约 700 个小车位。

如果采纳本建议，通过合理布设车位，可使本方案设计的小车位增加到 2231 个，满足亚组委停车要求。

5. 公交系统规划与设计

（1）城内公交系统规划与设计

村内公共交通规划与组织进行研究的主要原则是：不同的安保级别设置相互独立的公交系统；不同公交系统之间提供穿梭循环巴士进行衔接；针对不同高峰情况下的不同需求进行独立设计；赛时同时提供穿梭巴士和预约巴士等模式，便于使用者选择。

1）观众公交系统规划与设计

广州亚运城内将举办篮球、体操、沙滩排球、

台球、壁球、棋类六类项目，共有 5 个场馆：1 个广州亚运体育馆（可容纳 6000～8000 观众）、壁球馆（9 个赛场）、台球馆（20 张台同时比赛）、棋类比赛馆（国际象棋、围棋）和沙滩排球比赛场馆（1 个比赛场，1 个副场，6 个训练场）。

比赛期间观众流线见图 2-71。观众流线的需求高峰将出现在 5 个比赛场馆同时举行比赛的情况，如果赛时能满足这一需求，则必将能满足比赛不同时进行情况下的公交需求。

为此，设计海傍站与各体育比赛场馆之间的衔接公交线路为 2 条，见图 2-72。

1 号线：由海傍站出发，途经壁球馆-棋类馆。仅在壁球馆、棋类馆之间设一个站点，该站点需按港湾式车站设计。该线路全程长度约 0.74km。

2 号线：由海傍站出发，途经壁球馆-棋类馆-停车场-消防站-综合物流中心-桥南（北）-亚运公园-沙滩排球馆。仅在壁球馆和棋类馆之间，沙滩排球馆附近设两个站点。该线路全程长度约 3.11km。

各站点均需按港湾式车站设计。

2）城内其他公交线路规划

城内其他公交方式主要分为两种：穿梭巴士和预约巴士，其中穿梭巴士是指定点定线的中巴，主要承担运动员、技术官员和少量工作人员在村内部日常出行、前往比赛场馆、训练场以及前往大巴停车场换乘大巴出行等的需求。预约巴士是随时待命，

图 2-71　赛时观众流线

图 2-72　赛时观众公交线路

等待运动员和技术官员预约，满足他们前往特定比赛场馆或其他集体前往村内某地的出行需求。

（2）海傍公交枢纽站规划与设计

1）需求分析

① 公交需求

修详规在对赛时需求进行分析时是以广州亚运城体育馆赛事结束时的最大规模（短时间内疏散8000人）为出发点，评估枢纽站用地满足情况。实际上，如果广州亚运城内的6座场馆同时进行比赛时，最大规模应该约15000人，当然这种情况出现的概率很小。地铁四号线满载按每班1000人，最小发车间隔2min，每小时可运送30000人，即使按3min一班，1h也可以承担近20000人的运量，考虑到地铁覆盖率不足、观众等待耐心不同以及换乘三号线的需求等情况，预计约11000人采用地铁方式离开，4000人需要在赛后由公交车在约1h的时间内疏散出去，按修详规的算法，如果1辆公交车按满载人数50人计，需要80车次，由于回程道路很可能要走高速公路，不能有超出座位数的乘客，因此基本不应考虑满载70人的情况。这样占地面积需要 $0.80hm^2$。

按照亚运要求，赛时海傍站将开通5～8条常规公交线路，包括开往广州市内（建议3条，分别往海珠、天河和越秀）、市桥方向、黄埔方向、南沙方向以及与三号线的衔接巴士线路等，按8路车计，平均每路车每5min发一班，每小时每路车可发出12辆车，8路车共可发出96辆车，可运送4800人；如果5路车，平均每路车每3min发一班，每小时每路车可发出20辆车，5路车共发出100辆车，可运送5000人，也可满足要求。因此，总运力应该在96～100辆之间。

此外，该公交站场不仅要起到疏散人流的作用，还要为广州亚运城内的观众提供来往于各场馆的穿梭巴士，因此，还要为广州亚运城内的观众公交提供场所。根据广州亚运城内公交规划研究成果，赛时将开通2条临时线路，这两条临时线路高峰时1分钟发一班，最多时共需要车辆48辆左右。海傍站需要提供24辆车的临时停车位。

这样的发车频率势必对外围道路造成相当大的压力，届时可以在周边道路上采取交通管制措施，禁止其他车辆通行，保证公交车辆顺利疏散人流。

② 出租车需求

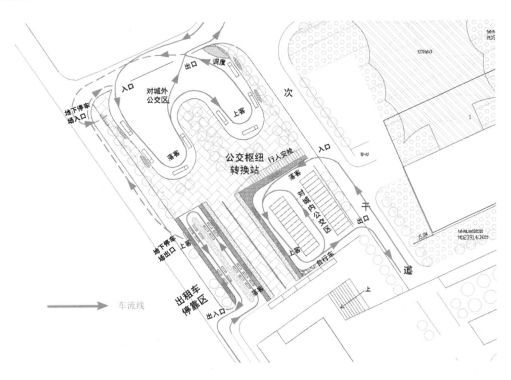

图 2-73　海傍站赛时一层平面布置及车辆流线图

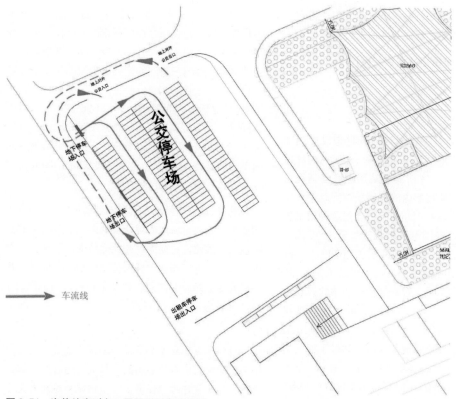

图 2-74 海傍站赛时负一层平面及车流线图

亚运要求中指出：提供出租车服务站，保持30～50台出租车备用。尽管亚运会不主张观众采用私人交通工具前来，但在比赛结束后或紧急情况下，还是允许使用出租车疏散人流的，但建议采用集中等候，统一调度的模式，禁止站外上车，对出租车实行严格的安检。目前2.74hm²的站场面积中除去0.8hm²的公交用地以外，必须能提供足够的出租车停车和等候区。

③ 车辆停放需求

赛时的公交供给比较特殊，需要在短期内发出大量的车辆，因此不能像常规时间一样依靠调度手段减少车辆数，必须同时储存大量的公交车辆，这就造成了车辆停放的需求。

根据赛时的公交线路情况，总运力在96～100辆之间，这些车不可能都停在发车通道内，必须有足够的缓冲区停放，同时，考虑到赛后该站场将最多有30路车，按公交枢纽站的要求，每路车应同时有2～3辆车在场内，这样总停车规模也将达到60～90辆，因此，无论是赛时还是赛后，

都要为公交车留出足够的停放场地。

此外，该站场还应该提供少量自行车停放场地，供广州亚运城居民平时在海傍站换乘公交出行而用。

2）站场规划和设计

根据上述需求，要在2.74hm²的平面上满足公交和出租车以及停车需求，显然是不可能的，考虑到赛后该站将成为连接广州亚运城和外部的主要枢纽站场，规划有30路公交路线，建议将该公交枢纽站场设计为上下两侧。赛时上层主要承担利用公交线路疏散人流的作用，同时设置出租车候车区以及自行车停放区，下层主要是车辆停放等候区，主要停放公交车，赛后上层功能不变，下层除停放公交车外，还可提供部分小汽车泊位，方便小汽车拥有者停车换乘公共交通工具。

① 站场规划方案

根据安保系统设计方案，村外公交和村内公交之间必须严格隔离，其间的换乘必须通过安检系统，

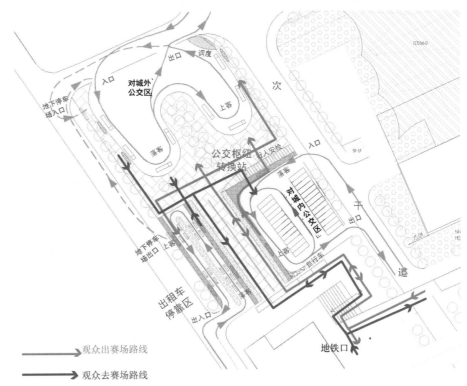

图 2-75 海傍站赛时一层平面及人流流线图

这样会在短期内聚集大量的人流，必须留出足够的人流缓冲区，对人车分离的要求非常高。

亚运要求中给出的公交站台布局概念是一种非常适合人流量高度集中，人车分离要求高的概念，适合海傍站赛时的站内交通组织特征，因此可以采用这种概念指导下一步规划和设计。

根据上述需求分析结果，对于赛时的情况本章按最多 8 路车进行设计。具体的站场上层平面设计见图 2-73，下层平面设计见图 2-74。

② 站场规划流线设计

上述规划方案的最大优点在于能与安检方案实现有效衔接，同时实现了人车的严格分离，并留出了足够的人流缓冲空间。缺点是对于赛后来讲，在不需要考虑短时间内大量人流集中的情况下，原有的人流缓冲空间浪费很大，只能开发其休闲性质，而留出的车行空间不利于今后 30 路车时的车流组织。

具体的车流流线见图 2-73 和图 2-74，人流流线见图 2-75。

3）方案特征

该方案考虑了赛时和赛后的需求，表现在几个方面：

上下两层空间可有效利用占地面积：由于广州亚运城必须进行软基处理工作，使得将海傍站设置成上下两层空间成为可能，这样将可用面积拓展了一倍，为解决赛时、赛后的停车问题提供了空间；同时上下层的分离使得各功能区能有效隔离开来，便于各功能区的交通组织。

采用亚运要求中提供的公交站台布局概念指导内部规划和设计，可以有效实现人车分离，充裕的人流缓冲区特别适合大型赛事开始和结束期大量人流的集散需要。

赛时的交通组织特别配合了安检系统的设计，能和安检系统有效衔接。

规划研究过程中充分考虑了赛后海傍公交枢纽站场的需求，预留了充裕的发车和停车空间。

2.2.7 广州亚运城及场馆信息化系统建设专项研究

1. 概述

为实现信息化智能化满足广州亚运城及各场馆在亚运会及亚残会期间的各项相关需求，在赛后作为高档社区及配套，为人们日常生活提供高质量的信息服务与智能管理，进行此项专项研究。

2. 需求分析

(1)（赛时）亚运会信息化应用的需求分析

参考历届奥运会和亚运相关信息系统建设资料，充分借鉴 2008 北京奥运会信息系统建设经验，考虑 2010 广州亚运会的实际情况，参考亚组委信息技术部在 2007 年 4 月 9 日广州亚运会信息系统总体框架介绍暨标准化工作座谈会上提出的广州亚运会信息系统总体框架，给出了亚运会信息系统结构图，如图 2-76 所示。

1) 亚运会信息系统 AGIS

保障亚运会竞赛的正常进行，并面向各国运动员、官员、参赛团体、媒体人员、志愿者、游客、观众提供综合、全面、多语种的信息服务窗口，实现任何人、任何时间、在任何场所通过多种交互手段多角度获取亚运的相关信息。由于面向几十亿用户，必须保证业务连续、可靠和准确。

2) 亚组委信息系统 Admin

面向广州亚运会组委会进行亚运组织、管理、筹备和举办工作的综合管理系统。它是亚组会高效、有序、公正、公开运作的有力保障。亚组会管理系统主要包括亚组

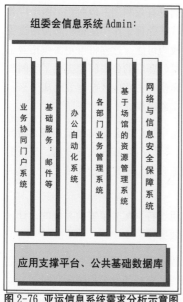
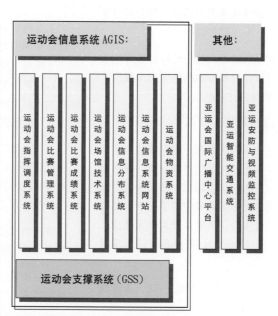

图 2-76 亚运信息系统需求分析示意图

会协同办公（OA）、项目管理、活动管理等公共子系统及亚组委各部分的业务管理系统等。它是亚运会高效运转的 IT 中枢。

3）安防与视频监控系统

安防与视频监控系统是亚运会正常运转的重要保证，在亚运会主办期间，必须保证安防与视频监控系统各子系统能够正常、安全可靠地运转，亚运会安防与视频监控系统能够对火灾、对亚运设施的非法闯入、骚乱、犯罪、亚运会关键服务系统技术风险、交通安全、自然灾害、其他灾害以及恐怖活动等各突发性事件进行实时有效的响应，保证亚运会安全举办，并为亚运会的所有参赛者提供与安全问题相关的优质服务，以一流的社会治安秩序和严密细致的安保措施，保障广州亚运会开幕之前及举办期间的社会安全。这对通信网络、指挥调度、应急处理等系统的快速、协同工作提出了很高的要求。

4）智能交通系统

智能交通系统（Intelligent Transport System，简称 ITS，如图 2-77）是在较完善的道路设施基础上，将先进的信息技术、通信技术、自动控制技术以及计算机技术等有效集成构造的地面交通系统。它能使交通基础设施发挥出最大的效能，提高服务质量，使社会能够高效地使用交通设施和资源，从而获得巨大的社会经济效益。

由于在亚运期间人流量、车流量非常大，对本来已经拥挤的广州交通系统是一严峻考验。广州市亚运 ITS 的发展目标是：以"智能亚运，畅通广州"为主题，为 2010 年亚运会提供方便、快捷、安全、经济、环保的智能化交通运输服务和综合交通信息服务。

这些庞大的信息系统直接面向组织者、1 万多名运动员、40 亿观众、45 个代表团、1 万多媒体人员、10 万多名志愿者、上千家商家，需要上千台服务器、上万台 PC 终端、上千台终端显示器，没有完备的规划、有效的管理、优质的服务很难保障每一个环节万无一失。除了应用系统本身需要考虑各类复杂因素带来的问题外，还特别要在基础设施规划和建设过程中详细地考虑亚运会的需求，从而构筑良好的运行支撑环境。

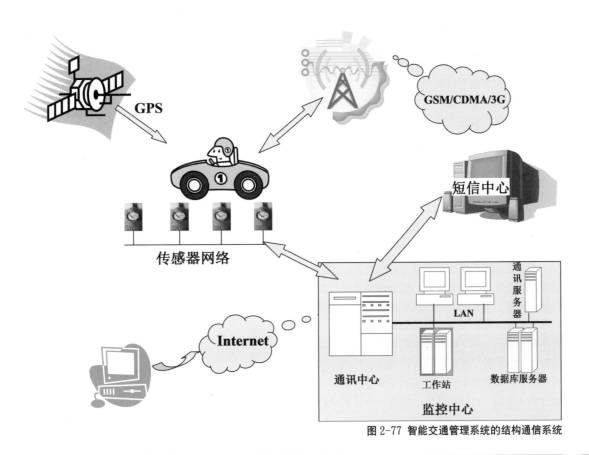

图 2-77 智能交通管理系统的结构通信系统

（2）（赛后）数字化社区信息化应用的需求分析

1）赛后广州亚运城信息化建设应充分转换赛时信息化建设的成果

根据广州亚运城建设的总体规划，广州亚运城是在 2010 年举办亚运会及亚残会期间，供各参赛国或地区官员及运动员居住、生活、训练、休闲和娱乐的场所，应满足他们的功能和使用要求，在赛时是高科技的智能化体育城。广州亚运城设施赛后将作为中高档居住社区物业投放市场，将是一个高科技的智能化居住社区。因此，赛后广州亚运城信息化系统的建设，应转化赛时广州亚运城及亚运会信息化建设的基础设施和应用系统成果，做到信息基础设施不重复建设，并得到充分利用。赛后，绝大部分设施都能转化使用，少量不用的设施可以拆除。

2）信息化系统支撑广州亚运城高档智能化居住社区建设

赛后广州亚运城信息化系统建设将在赛时信息化系统（特别是信息基础设施）的基础上，主要着重于体现社区共性和特色的信息化应用系统（即数字社区系统）的建设。数字化社区通过数字化的网络和信息系统将社区的各种管理和服务的提供者与每个社区居民实现有机链接，使社会化信息提供者、社区的管理者与住户之间可以实时实地进行各种形式的信息交流，社区的管理、社区的文化建设、社区提供的服务都统一在一个数字化的平台上，提供有效的管理、丰富的文化、全面的服务，构建一个环境幽雅、设施齐全、生活方便、居住安全、社会和谐的广州亚运城高尚社区环境（图 2-78）。

3）综合网络系统建设是社区信息化建设的基础

数字社区建设的核心是建设以信息网、控制网、通信网和电视网为中心的社区综合网络系统，通过高效、便捷、安全的网络系统实现信息高度集成与共享，实现环境和设备的自动化智能化监控。社区数字化建设是一个不断改进和完善的过程。随着信息技术进步和管理体制改革，目前由监控网、信息网和电话、电视网组成的社区数字化综合网可逐步融合为一个统一的社区网络，将进一步提高社区数字化水平，进一步实现资源信息共享和设备配置优化。

4）赛后广州亚运城数字社区信息化系统主要内容

赛后广州亚运城信息化应用系统将按照高尚智能化居住社区的要求来建设，主要内容如下：

① 社区综合信息服务系统：基于社区的宽带互联网络和无线互联网络，通过社区门户网站，为广州亚运城社区居民用户提供社区基本信息、社区电子指引信息、公共信息、社区生活服务信息、社区物业管理信息以及互联网服务信息等综合信息服务。也为社区外互联网用户提供了解广州亚运城信息的一个窗口。

② 社区智能卡管理系统：基于社区的专用 IP 网络和专用控制网络，建立社区一卡通系统，为社区居民提供社区身份认证、社区通道 / 门禁控制、消费 / 收费、停车场、社区医疗、社区设施租用 / 使用、社区管理等卡服务。实现"一卡在手，走遍社区"。也为临时进入社区的人员提供访客身份登记、停车管理等服务。

③ 社区智能管理系统（BMS）：通过社区的专用控制网络、专用数字网络、视频监控网络、通信网络，建立社区智能管理系统（BMS），实现全社区的建筑自动化系统（BAS）、安全自动化系统（SAS）、消防自动化系统（FAS）、智能交通系统（ITS）、公共照明（路灯和夜景装饰灯）自动化、电子停车系统以及视频监控系统的集中控制管理。系统应与广州市的相关系统（如应急指挥、安防、视频监控、智能交通等）建立互动关系。

④ 社区智能家居系统：以家庭为单位，建立家庭网络和无线网络、家庭控制网络，并通过入户光纤接入社区宽带网。为社区家庭提供互联网接入、家庭管理信息、家庭安防、家电控制、远程抄表等服务。智能家居系统应与数字社区的其他系统建立互动关系。

⑤ 与数字城市系统关联：广州亚运城信息化系统应与有关广州数字城市系统建立关联，享受数字广州的丰富信息服务资源和与广州数字城市各专项业务系统进行互动，这些系统包括（但不限于）如下：城市电子政务系统、城市综合信息服务系统、

图 2-78　广州亚运城数字社区信息化应用系统体系架构

城市应急指挥系统、城市公共安全系统、城市视频监控系统（"平安广州"）、城市智能交通系统、城市市政管理系统、城市地理信息系统等。

（3）区域用户对信息化应用服务的需求（表 2-11）

区域用户对信息化应用服务的需求　　　　　　　　　　表 2-11

区域	适用人群	规模	主要应用
运动员村	运动员、组委会管理人员	14000 人	互联网服务、固定电话服务、移动电话服务、广播系统、IIS 系统
媒体村	媒体人员、组委会管理人员	10000 人	亚运信息系统、亚组会管理系统、互联网服务、固定电话服务、移动电话服务、广播电视服务、IIS 系统
官员村	技术官员、组委会管理人员	3000 人	互联网服务、固定电话服务、移动电话服务、广播电视系统、IIS 系统
体育馆区	所有人	400 万人	亚运信息系统、亚组会管理系统、互联网服务、固定电话服务、移动电话服务、IIS 系统、电视转播系统
亚运公园	所有人	500 万人	亚运信息系统、互联网服务、固定电话服务、移动电话服务、IIS 系统、电视转播系统
市属场馆	所有人	300 万人	亚运信息系统、亚组会管理系统、互联网服务、固定电话服务、移动电话服务、IIS 系统、电视转播系统

3. 信息基础设施建设研究

（1）亚运信息化系统总体框架

广州亚运城及场馆信息基础设施建设研究包括广州亚运城及亚运场馆的信息基础设施建设，信息基础设施的建设应满足日常信息化与智能化建设需要，满足赛时对信息基础设施的需求，满足赛后作为数字化社区对信息基础设施的需求。

结合赛时及赛后的不同需求进行分析,总结出亚运信息化系统的总体框架如图 2-79（赛时）与图 2-80（赛后）所示。

结合亚运信息化系统框架图,根据赛时与赛后的不同用户,总结亚运信息化系统功能如图 2-81（赛时）与图 2-82（赛后）所示。

1）在赛时

媒体村：媒体人员使用公共通信与互联网服务。

运动员村：运动员使用公共通信与互联网服务。

志愿者区：志愿者使用公共通信与互联网服务。

技术官员村：技术官员使用公共通信与互联网服务。

媒体中心（IBC/MPC）：媒体人员主要使用运动会信息系统,广播中心和媒体中心系统,公共通信与互联网服务。

比赛场馆区：各种人员使用运动会信息系统,组委会信息系统,数字与高清电视系统,公共通信与互联网服务。

亚运公园：各种人员使用运动会信息系统网站,数字与高清电视系统,公共通信与互联网服务。

亚运配套设施（体能恢复中心、商业服务、交通中心、物流中心、综合医院……）：

图 2-79　亚运信息化系统框架图（赛时）

各种人员使用运动会信息系统，运动会信息系统网站，数字与高清电视系统，公共通信与互联网服务。

2）赛后

各居住小区：居住用户使用数字与高清电视系统，智能家居，公共通信与互联网服务。

各商务办公区：商务用户使用数字与高清电视系统，公共通信与互联网服务。

体育场馆区：各种人员使用数字与高清电视系统，公共通信与互联网服务

亚运公园：各种人员使用数字与高清电视系统，公共通信与互联网服务。

广州亚运城新城配套设施（商业服务、交通中心、综合医院......）：各种人员使用数字与高清电视系统，公共通信与互联网服务。

通过对赛时与赛后系统框架图以及系统功能图的比较，可以发现，虽然针对不同的用户以及不同的功能需求，但对于大多数支持基础环境的要求是共同的。

所以在研究过程中，充分考虑了赛时与赛后的需求的结合与应用的转换。尽量使所建的系统既满足赛时的需要，也能通过转换，在赛后也得到充分利用。有效节约建设成本与使用成本。

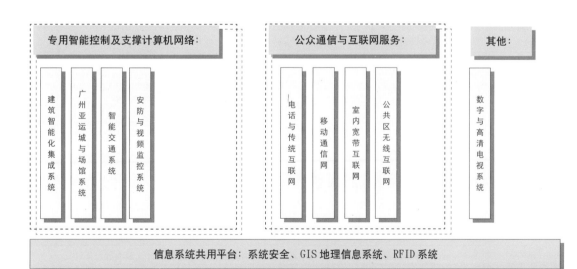

图 2-80　亚运信息化系统框架图（赛后）

媒体村	运动员村	志愿者区	技术官员村
媒体人员使用公共通信与互联网服务	运动员使用公共通信与互联网服务	志愿者使用公共通信与互联网服务	技术官员使用公共通信与互联网服务

亚运配套设施（体能恢复中心、商业服务、交通中心、物流中心、综合医院……）
各种人员：运动会信息系统，运动会信息系统网站，数字与高清电视系统，公共通信与互联网服务

媒体中心（IBC/MPC）	比赛场馆区	亚运公园
媒体人员主要使用：运动会信息系统，广播中心和媒体中心系统，公共通信与互联网服务	各种人员：运动会信息系统，组委会信息系统，数字与高清电视系统，公共通信与互联网服务	各种人员：运动会信息系统网站，数字与高清电视系统，公共通信与互联网服务

图 2-81 亚运信息化系统功能图（赛时）

居住小区 A		商务办公区 A	
数字与高清电视系统，智能家居，公共通信与互联网服务	—其他居住小区—	数字与高清电视系统，公共通信与互联网服务	－其他－

广州亚运城新城配套设施（商业服务、交通中心、综合医院……）
各种人员：数字与高清电视系统，公共通信与互联网服务

体育场馆区	亚运公园
各种人员：数字与高清电视系统，公共通信与互联网服务	各种人员：数字与高清电视系统，公共通信与互联网服务

图 2-82 亚运信息化系统功能图（赛后）

（2）广州亚运城及场馆系统建设建议（表 2-12）

广州亚运城及场馆系统建设建议   表 2-12

系统框架	子系统名称	建设与赛时建议	赛后建议
物理环境	综合管沟	政府统一建设、政府统一运行	政府统一运行
	信息系统专用管道	政府统一建设、政府统一运行	政府统一运行
	网络中心（备份数据中心）	政府统一建设、政府统一运行	政府统一运行
	机房	政府统一建设、政府统一运行	招标独立运营
传输线路	光纤	政府与各家分别建设	分别运营

系统框架	子系统名称	建设与赛时建议	赛后建议
信息系统公用平台	系统安全	政府统一建设、政府统一运行	可部分转为平时使用
	GIS 地理信息系统	政府与各家分别建设	分别运营
	RFID 系统	政府统一建设、政府统一运行	可部分转为平时使用
专用智能控制及支撑计算机网络	建筑智能化集成系统	政府统一建设、政府统一运行	招标独立运营
	广州亚运城与场馆系统	政府统一建设、政府统一运行	招标独立运营
	亚运智能交通系统	政府统一建设、政府统一运行	可部分转为平时使用
	亚运安防与视频监控系统	政府统一建设、政府统一运行	可部分转为平时使用
	组委会信息系统 OA	亚组委建设并运行	
	运动会信息系统	亚组委建设并运行	
公众通信与互联网服务	电话与传统互联网	独家赞助商建设并运营	独家赞助商运营
	移动通信网	赞助商建设并运营	赞助商运营
	室内宽带互联网	政府统一建设、政府统一运行	招标独立运营
	公共区无线互联网	政府统一建设、政府统一运行	招标独立运营
	运动会信息系统网站	亚组委建设并运行	
其他	数字与高清电视系统	独家赞助商建设并运营	独家赞助商运营
	亚运会国际广播中心平台	亚组委建设并运行	

(3) 研究亮点（图2-83）

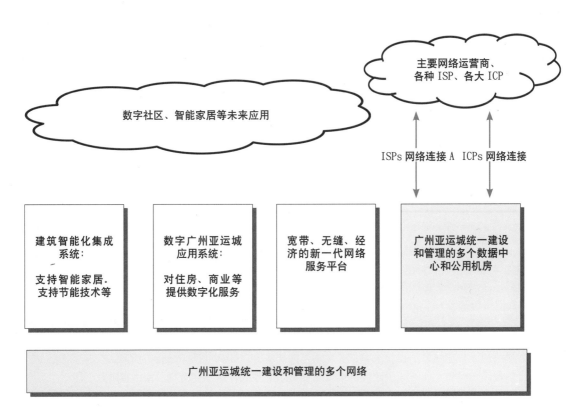

图 2-83 亚运信息化系统研究亮点

2.2.8 广州亚运城及亚运场馆节能环保新技术应用专项研究

1. 概述

为将"激情盛会、和谐亚洲"的亚运理念，与资源节约、环境友好的建设宗旨有机结合，实现绿色亚运的目标，降低赛前建设和赛后使用中的能耗、污染等负面影响，进行本专项研究，以期在场馆设施建设中更多地采用先进、适用的节能环保新技术，为广州亚运会的成功举办增添亮点。

研究共涉及节能环保领域中近 50 项新技术，其中，自然资源利用技术 11 项、建筑热工技术 7 项（类）、空调节能技术 13 项（类）、电气节能技术 8 项（类）。

2. 围护结构新技术应用研究

广州亚运城新建居住建筑以节能 65% 为目标，公共建筑普遍满足现有节能 50% 的标准，局部可以超过标准的要求，其围护结构按照现行行业标准和地方标准执行；居住建筑以及公共建筑对墙体和屋面提出了相同的热工参数要求。因此，本节阐述的适用技术，既适用于公共建筑，又适用于居住建筑。

（1）墙体隔热新技术

1）墙体材料选择

新型墙体材料采用热工性能好、成本适中的蒸压加气混凝土砌块、普通水泥空心砖、陶粒水泥空心砖等。当单一材料的墙体不能满足热工要求时，采用多种材料的复合墙体。

2）局部热桥构造处理

墙体的传热系数除与填充墙体材料有关，还与墙体中存在的梁、柱等热桥有关。计算时要考虑热桥的影响，计算墙体的平均传热系数满足标准的要求。当外墙的平均传热系数达不到规定时，应采用保温构造加以补足或采用相关措施通过附加相应的当量热阻补足。

此外，结构上应尽量避免热桥的产生，如东西朝向外墙的剪力墙宽度不宜超过600mm，如因其他原因超过限值时，应采取相应的隔热措施。剪力墙的隔热材料可选择玻璃棉、岩棉和保温砂浆等。钢筋混凝土柱宜采用填充墙体包柱结构，并宜利用封闭空气层降低钢筋混凝土柱热桥效应。

3）浅色饰面隔热措施

采用浅色饰面材料的外墙面，在夏季能反射较多的太阳辐射热，从而能降低室内的太阳辐射得热量和围护结构内表面温度。当白天无太阳时和在夜晚，浅色围护结构外表面又能把围护结构的热量向外界辐射，从而降低室内温度。

4）隔热涂料的选用

反射型绝热涂料在建筑工程领域中主要应用于隔热场合，即在外围护结构的表面采用高反射性隔热涂料，能够减少建筑物对太阳辐射热的吸收，阻止建筑物表面因吸收太阳辐射导致的温度升高，减少热量向室内的传入。如热反射涂料、玻璃空心微珠技术的高效能反射材料（在涂料中加入一定量的玻璃微珠）。在使用了这些涂料后的建筑对太阳光反射率和涂层的隔热效果均有明显的提高。

5）其他需要注意的问题

新型墙体材料的选择宜从热工性能和成本两方面权衡考虑。施工过程中应注意保护填充墙构造，不在外墙开洞、开槽和开沟，对于双排孔空心砌块、单排孔空心砌块和加气混凝土砌块等墙体。在施工过程中应注意不得在外墙开洞、开槽和开沟，以免破坏空气层和降低墙体隔热效果。

蒸压加气混凝土外墙在施工时应注意采取有效措施防止墙面开裂。可采取加钢丝网批荡，或采取其他措施。如使用专用界面剂、合理的砂浆配比、防止因脱水干缩裂缝等防止蒸压加气混凝土外墙开裂。

采用复合墙体，如灰砂砖与加气混凝土砌块混合墙体时，与梁柱缝隙处应在墙体内外侧挂网批荡。

（2）屋顶隔热技术

1）屋顶材料构造选择

屋顶应优先采用成品隔热板材构造技术、免维护型佛甲草隔热屋面技术、屋顶构件遮阳技术、红外热反射涂层隔热技术等，透明屋顶应优先采用外遮阳技术、淋水降温技术等。平屋顶不建议采用开裂几率高、维护难度大的泡沫塑料板现场浇筑钢筋混凝土保护层的隔热屋面。

2）附加隔热措施

基于华南地区的气候特点，考虑充分利用气候资源达到节能目的提出以下附加隔热措施，同时也是为了鼓励推行绿色建筑和生态建筑的设计思想。这些措施经测试、模拟和实际应用证明行之有效，其中有些措施的节能效果显著。

① 采用浅色饰面材料的屋顶外表面，在夏季能反射较多的太阳辐射热，从而能降低室内的太阳辐射得热量和围护结构内表面温度。当夜晚及白天无太阳时，浅色围护结构外表面又能把围护结构的热量向外界辐射，从而降低室内温度。

② 采用带铝箔的空气间层，目的在于提高其热阻，贴敷单面铝箔的封闭空气间层热阻值提高

3.6倍，节能效果显著。当采用单面铝箔空气间层时，铝箔应设置在室外侧的一面。

③ 蓄水、含水屋顶，是适应本气候区多雨气候特点的节能措施。此类屋顶是依靠水分的蒸发消耗屋顶接收到的太阳辐射热量，水的主要来源是蓄存的天然降水，补充以自来水。当采用蓄水屋顶时，储水深度应大于等于200mm，水面宜有浮生植物或浅色漂浮物；含水屋顶的含水层宜采用加气混凝土块等固体建筑材料，厚度应大于等于100mm。

④ 遮阳屋顶，是现代建筑设计中利用屋面作为活动空间所采取的一项有效的防热措施，也是一项建筑围护结构的节能措施。建议两种做法：采用百叶板遮阳棚的屋顶和采用爬藤植物遮阳棚的屋顶。强调屋顶遮阳百叶板的坡向在于，广州地区位于北回归线附近，夏季太阳高度角大，坡向为北向的遮阳百叶片可以有效地遮挡太阳辐射，而在冬季由于太阳高度角较低时太阳辐射也能够通过百叶片间隙照到屋顶，从而达到夏季防热、冬季得热的热工设计效果，屋顶采用植物遮阳棚遮阳时，选择冬季落叶类爬藤植物的目的也是如此。屋顶采用百叶遮阳棚的百叶片宜坡向北向45°；植物遮阳棚宜选择冬季落叶类爬藤植物。

⑤ 种植屋顶，利用植物生长的光合作用和蒸腾作用吸收太阳辐射，减少屋顶得热，是适应本气候区气候特点的有效节能措施。

（3）广州亚运城及场馆建筑外窗隔热、遮阳技术

① 遮阳技术要求：在满足遮阳构件本身及其安装工程安全的前提下，应考虑必要的采光需求，并应使用动态能耗模拟分析工具控制窗墙面积比与对应的遮阳系数。

② 场馆建筑采用有机玻璃、聚碳酸脂板、聚丙烯板等有机类采光材料作为外窗、天窗时，应对其表面做贴膜、涂膜隔热处理，达到可见光透过率高于0.5，遮阳系数低于0.65的基本要求。

③ 场馆建筑当采用硅酸盐玻璃作为外窗、天窗时，优先采用在线Low-E型的单片玻璃及其复合的中空玻璃，考虑到Low-E镀膜遮阳性能耐候的稳定性不推荐采用离线Low-E型玻璃。

图 2-84 太阳囱

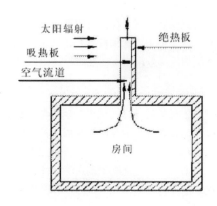

④ 建筑的大面积玻璃围护结构的形式，采取蓄存雨水太阳能泵驱动循环淋水降温技术，降低玻璃围护结构温度和应力。

⑤ 当建筑设计可以确保不存在对周边环境的光污染影响且能够满足室内采光要求时，考虑采用价格较低的热反射玻璃。

3. 自然通风和机械通风新技术应用研究

(1) 自然通风新技术研究

广州地区室内外空气温差不大，为了取得更好的自然通风效果，可以采取的策略是提高风压驱动的贯穿式通风以及热压驱动的"烟囱"效应通风。

"烟囱式"通风为建筑内的暖空气上升并从高处的排风装置排出室外，而室外的冷空气则从低处的入口进入室内。压力驱动的"烟囱式"通风会根据建筑物的不同高度及室内外温度差产生变化。所以，可以通过太阳囱提高自然通风能力，如图2-84。太阳囱是利用太阳能来加热房间的排风，提高排风温度和增加热压，增强室内通风风量，从而达到降低室温的目的。影响房间通风效果的主要是太阳能辐射能量、环境温度及烟囱截面高度。如果想增强房间的通风效果，可以通过增加吸热板对太阳辐射量的吸收以及选择合适的太阳能烟囱截面高度来实现。

① 太阳囱技术、无动力通风帽的采用需要在建筑方案设计阶段予以充分考虑。

② 为满足自然通风的需要，太阳囱、窗的可开启面积（电控开窗器的控制面积）以及风帽的设置应考虑建筑方案、朝向、风速、风向等因素模拟计算后确定。

(2) 建筑空调全新风运行

广州地区适合全新风运行的时间超过5个月，尤其在十二月、一月、二月期间都可以直接采用室外新风为内区房间降温。

如图2-85为十一月至第二年三月期间增加新风风量对建筑供冷的影响。数据显示，增大新风量后，十一月和三月份期间的供冷需求反而增加了。造成供冷量需求增加的原因是由于增大新风量后，虽然有利于减少室内显热冷量需求，但在室外空气湿度较大的时间里，较大的新风量对空调系统除湿需求也大大增加。从而造成该月份全月累计空调供冷量的增加（模拟计算中的设置条件为全月所有空调时刻都增大新风量，实际使用过程中可以通过焓值控制的方法避免该现象的出现）。数据还显示，在十二月及一月、二月，增大新风量空调能耗减少。这说明，广州亚运城大型办公、商业建筑最适合全新风运行的时间在十二月及一月、二月。三月及十月、十一月期间室外空气湿度较低，也能够采取加大新风量的方式降低冷机供冷量需求（图中各月供冷量数据的累计值：有新风利用，按照十一月至第二年三月的所有空调时间内空调系统新风量增大到5次/h；无新风利用：保持新风量固定不变2次/h）。

1) 对于亚运建筑使用率高、有大内区的大型办公、商业建筑来讲，内区房间在冬季也还有供冷需求，可以采用提高新风量，甚至全新风运行来减少冷机供冷量。

2) 广州亚运城大型办公、商业建筑最适合全新风运行的时间在十二月及一月、二月。三月及十月、十一月期间室外空气湿度较低的时间也能够采取加大新风量的方式降低冷机供冷量需求。

3）满足全新风运行的空调系统设计时，应与建筑等专业密切配合、综合协调管道布置，尽可能避免因风管尺寸增加而过分加大所占用的建筑面积或增加建筑层高。

（3）建筑通风窗技术

若居住建筑的空调方式不具有新风供给功能，空调时室内空气品质较差，很多住户就会采取开窗开空调的方式，来获得室外的新鲜空气，这样就会造成大量的无组织新风进入房间，空调能耗大大增加。为了满足空调时间室内空气品质的要求，可以采取居住建筑通风窗的方式。

如图 2-86，该系统在窗户的窗框上设有风口（带有过滤装置），同时，在厨房或卫生间设有排风机，排风机风量可调，室内在排风机的作用下保

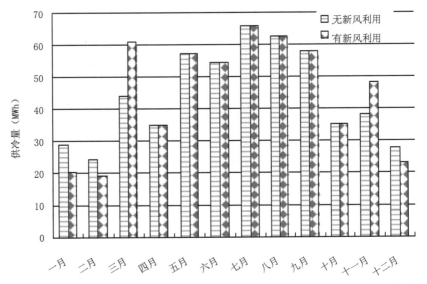

图 2-85　有无新风利用比较

风口

图 2-86　通风窗通风系统

图 2-87　风口样式

持一定的负压，从而使室外新风能够根据室内风机风量的大小进入室内，达到控制风量的新风供给。但需要注意的是，在广州地区夏季高湿的天气条件下，室外空气的露点温度有时会超过室内空气温度，通过风口进入室内，在风口处有结露的可能。

无新风系统的居住建筑、办公建筑宜采用此类有组织通风系统。该系统在应用中还可以根据室内湿度的大小控制风量。其原理是进风口叶片的开启角度可随着室内相对湿度的变化而变化，从而控制进入室内的风量，遇强风或特别潮湿天气系统还可强行关闭。此外，湿度传感器还可根据室内外温差自动修正。如果室内外温差明显，风压足够，各户只安装进风口和排风口（需要设置单独管道）就可进行室内外空气置换，实现自然通风。在条件不具备的时候可以采用机械排风方式。该系统的风口形式有窗式和墙式两种，如图2-87。

建筑通风窗的应用与节能设计标准的要求相一致，在进行居住建筑通风设计时，应处理好室内气流组织，提高通风效率。

（4）CO 控制车库空气品质

车库中空气品质的高低与CO浓度含量有直接关系，可以通过维持车库内适当CO浓度来保证空气品质。

① 设计使用中应将传感器放置在能充分反映车库内空气中CO浓度水平的位置。

② 固定式CO浓度传感器应选用防爆型。

（5）CO_2 浓度控制新风量

CO_2 的浓度不仅代表CO_2本身作为污染物对室内空气的污染程度，而且还能反映室内人员的状况，即人数及活动状况，能体现室内人员对新风的要求。

所以可以利用CO_2浓度作为指标来控制新风量。实验结果显示，与传统的固定新风量的控制方案相比，在保证室内空气品质不变的前提下，这种控制方案有潜在的节能效果，最大可达50%以上，其通过调整风量实现节能的优点得到了公认。目前这种方法适用于人员密度比较大的场合，如体育场馆建筑。

传感器不断地将室内的CO_2浓度（控制对象）信号转换为电信号，并由A/D转换器传送给计算机。监控人员可随时掌握控制对象中的CO_2浓度情况。在计算机中将测得的室内CO_2浓度与给定值比较，由此获得偏差值并由D/A转换器转换为电信号送入控制器，控制器根据此偏差信号，按照设定的控制规律输出电信号并驱动可逆电机（执行器）转动，调节风门的开度，从而实现新风量的随机控制，如图2-88所示。

对于场馆建筑，场内观众人数的不确定性较大，重大比赛可能会有大量观众到场，而某些比赛观众会较少。同样，办公建筑、商业建筑也有利用的价值。

综上所述，CO_2浓度控制新风节能技术，对于人员密度变化较大的人员密集场所，可以很好地适应人员需求、降低运行能耗、保证室内空气品质。因此，可以在亚运场馆和大型办公及场馆附属用房、以及大型商业服务建筑中采用。

4. 空调冷源及水系统新技术应用研究

（1）太阳能制冷技术研究

太阳能空调是指利用太阳能集热器产生热能，再把热能转换为空调冷量或对空气进行除湿的方式。太阳能空调系统的技术关键是实现高效的能量转换，并且能有效的蓄存能量，以在没有太阳能时

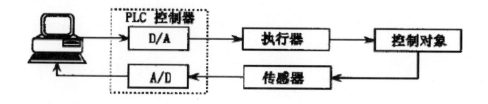

图 2-88　控制系统原理示意图

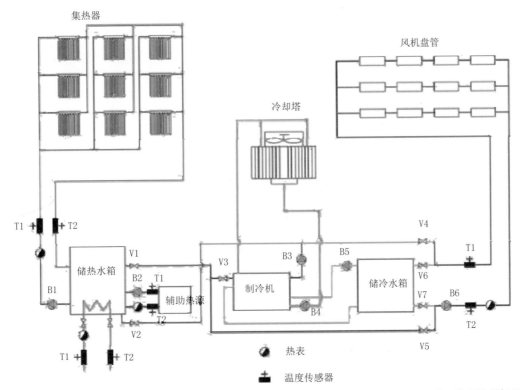

图 2-89　太阳能空调系统示意图

能继续维持建筑的空调环境。太阳能空调的示意图如图 2-89 所示。

① 虽然太阳能＋吸收式制冷机的太阳能空调系统有节能特性，但由于初投资太高、所需的太阳能集热器占地面积较大，因此，不推荐在本工程中大规模采用。

② 太阳能可以作为空调溶液除湿系统的再生热源，具有较高的能效比和较低的运行能耗，节能效果比较明显。但是，该系统的初投资较高。因此，具体项目是否采用，应在下一步设计阶段根据项目需求和空调负荷特性进行技术经济论证后采用在不超过 1 万 m² 的小型建筑中使用。

③ 考虑到初投资的合理性，可以选择在广州亚运城中的小型办公建筑中作为前瞻性技术示范，采用太阳能＋吸收式制冷机的空调系统。

（2）磁悬浮离心式制冷压缩机

磁悬浮离心式制冷压缩机主要由磁性轴承和变频控制器组成综合控制系统，在 0.5μs 内，通过

数字控制，轴承上的 10 个电磁垫片发生作用，使转子在轴承中心位置做悬浮运动，并实现利用高速同步持久磁体直接驱动电机。

该冷制冷机的主要特点：

① 在部分负荷时，能够实现比现有技术高约 30% 的效率（在部分负荷时 COP 可达到 9）。

② 使用磁性轴承，免润滑（无润滑油）。美国 ASHRAE 部门的检测表明：大多数冷却器所需的油是过载的，平均过载 13%，相当于多损耗 21% 的能量。而磁悬浮离心式制冷压缩机由于采用磁性轴承而不存在此类问题。

③ 与常规制冷机相比，振动小、噪声低，在 1.5m 范围内可低至 70dB（A）。

④ 因为轴承基本无磨损，维护费用低，使用寿命长。

⑤ 体积小。（例如：1 台 264kW 的磁悬浮离心式制冷压缩机相当于常规螺杆式制冷压缩机体积的 1/3；而 1 台 528kW 的磁悬浮离心式制冷压缩

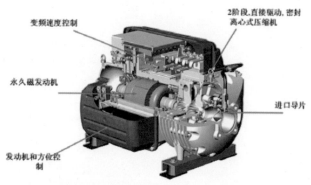

图 2-90　磁悬浮离心式制冷压缩机

机相当于常规螺杆式制冷压缩机体积的 1/5。）

⑥ 制冷剂采用符合环保要求的 R134a。

但是，磁悬浮式离心式制冷压缩机也存在以下问题：

① 产品价格过高，同冷量相比价格约高 70%～90%。

② 受技术制约，单机最大制冷量目前还不能超过 420kW（作为冷水机组品，可以采用多机头组合）。

③ 应用时间过短，国内目前确有已经设计和安装的工程项目，但是，均未投入正常运行。

鉴于磁悬浮式离心式制冷压缩机的优点和缺点均很突出，在设计阶段应由设计单位针对具体项目，根据其负荷特性、运行规律等因素，做详细技术经济论证后确定是否选用。

（3）空调水系统新技术研究

① 由于广州亚运工程不采用区域供冷，且建筑物体量都相对较小。因此，不推荐采用三次泵系统。

② 由于与一次泵系统相比，二次泵系统初投资较高、水泵的装机总功率也较大。因此，只有在系统较大、阻力较高、各环路负荷特性或压力损失相差悬殊、且冷水机组不能适应流量变化要求的情况下，采用二次泵系统。

③ 系统较小、各环路负荷特性或压力损失相差不大，且冷水机组不能适应流量变化要求时，可采用一次泵定流量系统。

④ 一次泵变频变流量系统节能效果较明显，但尚有部分冷水机组产品难以适应变流量要求。因此，建议在经过设备适应性和控制方案等综合论证后，采用一次泵变频变流量系统。对于小型建筑、赛后运行次数很少的场馆，由于其节能的绝对量不大，可以不考虑采用；对于改造场馆中空调机组与风机盘管上采用三通阀调节的定水量系统，不需采用。

⑤ 水泵采用的水系统及控制手段和末端的控制方式有密切关系，对于场馆建筑，如果空调末端都是连续调节的空调箱，几乎没有通断控制的风机盘管时，可以考虑采用二级泵变频系统；如果系统既有连续调节的空调箱又有通断调节的风机盘管，那么可以考虑采用一次泵变频系统。

5. 空调系统新技术应用研究

（1）风冷与水冷集中空调系统节能技术研究

在广州地区的气候条件下，风冷集中空调系统与水冷集中空调系统相比，初投资稍大、运行能耗较高（约高 14%），且风冷式系统的单台主机容量较小、噪声较大、而寿命也相对较短。因此，对于亚运工程中面积较大的项目，建议采用水冷集中空调系统；在面积不大且机房面积受限制的项目中，建议采用风冷集中空调系统。

设计阶段应注意：

① 规划与单体方案阶段，各相关专业即应综合考虑规划布局与建筑造型及景观要求等，以便风冷集中空调系统方案的合理实施。

② 设计方案应充分考虑风冷集中空调系统室

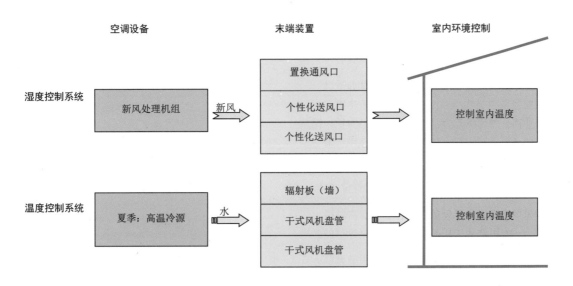

空调设备　　　　　　　　末端装置　　　　　　室内环境控制

湿度控制系统｜新风处理机组｜—新风→｜置换通风口／个性化送风口／个性化送风口｜⟹｜控制室内温度｜

温度控制系统｜夏季：高温冷源｜—水→｜辐射板（墙）／干式风机盘管／干式风机盘管｜⟹｜控制室内温度｜

图 2-91　温湿度独立控制空调系统

外风冷冷凝器所处位置的局部热环境影响，必要时应采用 CFD 等先进技术方法进行详细计算分析，以保证通风顺畅、系统工况良好。

（2）变制冷剂流量多联机节能技术研究

变制冷剂流量多联式空调（热泵）系统（简称：多联机），具有室内机独立控制、使用灵活、扩展性好、安装空间小、可不设专用机房等优点，目前已成为中、小型商用建筑和家庭住宅中较为常见的空调系统形式之一。

虽然变制冷剂流量多联机能够较好地配合建筑形式与室内装修要求、适应房间使用的个性化需求，但是，系统较大时，由于输送管路长度的影响，其节能效果不佳。因此，建议在亚运工程的小型办公建筑中应用。

（3）温湿度独立控制空调新技术适用性研究

温湿度独立控制空调技术的基本思想，是通过不同的系统分别控制室内的温度和湿度，参见图 2-91。可采用的末端装置一般为：以去除潜热负荷为目的的送风系统，和以去除显热负荷为目的的辐射板等干式末端装置。温湿度独立控制空调系统主要由新风处理系统、高温冷水制备设备、去除显热的末端装置组成。

温湿度独立控制空调系统，采用温度与湿度两套独立的空调控制系统，分别控制、调节室内的温度与湿度。其优点是：

① 避免了常规空调系统中因热湿联合处理，而必须使制冷设备在较低蒸发温度下运行所带来的效率损失。

② 由于温度、湿度采用独立的控制系统，可以较好地满足不同房间热湿比不断变化的要求。

③ 克服了常规空调系统难以同时满足温、湿度参数要求的致命弱点。

④ 能有效地避免出现室内湿度过高或过低的现象。

⑤ 过渡季节能充分利用自然通风来带走余湿，保证室内较为舒适的环境，缩短空调系统运行时间。

其主要问题：

① 作为一项新的技术，成型的产品，尤其是经济适用的除温设备种类较少。

② 当没有废热或余热可作为除湿系统再生热源时，需要采用较经济的手段（例如：太阳能、空气源热泵等）提供再生热源。

③ 干式末端设备没有除湿能力，如果在运行中不能很好地控制室外风的渗透，则将直接影响空

调系统运行效果。

鉴于广州的气候特点（高温高湿、且持续时间长），温湿度独立控制空调系统这项新颖技术，虽然初投资较高，但是节能效果比较明显。因此，建议将温湿度独立控制空调系统在广州亚运工程中有选择地予以应用，以便为这项节能技术的推广起到示范与导向作用。由于对室外空气的直接渗入比较敏感，故仅建议在办公等建筑中使用。

（4）排风热回收节能技术适应性研究

提高室内空气品质最简单、最有效的办法，就是加强室内的通风换气，不断向房间补充新鲜空气，同时置换出室内原有的低品质空气。然而处理新风需要消耗大量的能量。相对于室外高温高湿的空气来讲，空调房间的排风温度和湿度都还具有利用价值，即通过室内排风和室外新风的热质交换，将室外新风的温度、湿度降低，以节省空调系统降温除湿的能耗。常用的排风热回收设备，如转轮热回收。同样，前面介绍的温湿度独立控制空调系统中的除湿处理也具有全热回收的作用，它以除湿溶液为循环介质，通过溶液的吸湿和蓄热作用在新风和回风之间传递能量，其价格也相对转轮较低。

从统计数据来看，广州地区空调时间内室内外温差不大，甚至有部分时间室外干球温度低于室内，造成显热回收为负，即使显热回收效果为正，温差很小，回收效果不佳，导致显热回收量占全热回收量比例很小；

根据统计数据，负湿差和小湿差所占比例小于中、大湿差的比例，所以潜热回收量较大；

潜热回收量是显热回收量的近三倍；

总体来看，全热回收的节能量更大。

需要注意的是，排风热回收需要增加风机电耗，如果增加的风机电耗量大于回收冷量的20％，则整体效益欠佳。

① 鉴于广州地区的气候特点，全热回收的节能效果比较明显。但是，因其初投资较大（单位体积风量6～10元）、需占用有效建筑空间、且对运行管理有较高要求，同时采用热回收需要考虑增加的风机电耗，因此，仅在亚运工程的部分建筑中推荐采用全热回收技术，如转轮热回收装置、溶液

全热回收装置等。如果增加的风机电耗大于回收冷量的20％，则不建议采用。

② 采用热回收装置的原则与《公共建筑节能设计标准》广东省实施细则中的规定一致。

6. 自然资源合理利用新技术应用研究

（1）冷却塔直接供冷节能技术研究

蒸发冷却技术即将不饱和的空气和水接触，利用水蒸发吸热的原理获得低温的冷水或冷风，如直接蒸发冷却方式。直接蒸发冷却产生冷风或冷水的极限温度为空气的湿球温度。由于蒸发冷却技术产生冷量的过程，只需花费风、水接触换热过程所需风机和水泵的电耗，和常规机械压缩制冷方式相比，蒸发冷却一定程度上成为免费获取冷量的方式，有着较大的节能潜力。且室外空气越干燥，获得的冷水或冷风的温度越低，设备和系统的能效比COP（设备获得冷量与风机、水泵电耗的比值）越高。

由于广州地区室外空气湿度较大且持续时间长，因此，利用蒸发冷却获得冷风的方法不适用。

如果广州春秋季的室外空气湿球温度低于20℃或更低，则有可能可以利用冷却塔将冷却水降至比较低的温度，然后通过板式换热器冷却冷冻循环水，最后利用末端空调设备，如风机盘管、空调箱，将冷量送到各个需要供冷的房间。利用冷却塔供冷的原理图如图2-92。

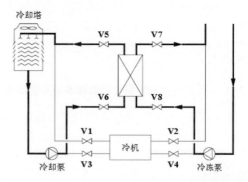

图2-92　冷却塔供冷原理图

冷却塔直接供冷节能技术对于内区范围及热扰很大且设置集中空调系统、采用水冷却方式的大型公共建筑物，经过技术经济比较分析合理，可以采

用。

此技术可以和温湿度独立控制空调系统结合使用，利用冷却塔直接供冷，提供系统所需的高温冷水，节能效果更好。

（2）水源热泵系统

应用水源热泵的关键是找到充足的可用水源和适宜的水温。目前可用于水源热泵的水体及其特点可归纳如表 2-13 所示。

水体特点表 表 2-13

		固态污染物含量(平均，近似)	腐蚀性	可否直接进机组的蒸发器与冷凝器	冬夏季温度范围
1	浅层地下水	很小	弱	可	在当地年均温附近
2	污水处理厂中的二级出水	. 不稳定	弱	可	15～30℃夏季高，冬季低
3	江、河、湖水	0.003%（黄浦江）	弱	不可	接近当时大气湿球温度
4	海水	0.005%	强	不可	略高于当时大气湿球温度
5	城市污水渠中的原生污水	0.3%	弱	不可	当地自来水温度与当时日均外温的平均值

① 污水源热泵投资大，运行管理较为复杂，对于广州亚运工程也不具有明显的运行节能收益，故不建议在广州亚运工程中使用。

② 广州地下水源丰富，利用地下水作为空调水源有一定的节能效果，但初投资较大，同时存在水资源利用方面的监管政策以及地下水回灌等问题。因此，并不建议在亚运工程中大量采用，可以在个别建筑选择使用，作为示范。

国家标准《地源热泵系统工程技术规范》GB50366－2005 第 5.1.1 条中，强制要求地下水必须全部回灌到同一个含水层，并不得对地下水资源造成浪费及污染。

③ 广州地区地表水温度较高且水质难以满足换热设备常年工作的要求，不建议在亚运工程中采用地表水源热泵。但是，个别建筑临近自然水体，经项目设计单位进行技术经济论证合理，可以选择使用，作为示范。

（3）土壤源热泵系统

土壤源热泵系统，是指以岩土体为低温热源，由热泵机组、（地埋管）地热能交换系统、建筑物内系统组成的供热空调系统。

（地埋管）地热能交换系统，是在地下埋设管道（一般采用塑料管），由水泵驱动水经过塑料管道循环，与周围的土壤换热，从土壤中提取热量或释放热量，实现供热或供冷的目的。图 2-93 为土壤源热泵原理图，其中的地下埋管是垂直埋设的。通常，垂直埋管的埋深为 100m 左右，管间距为 5m 左右，每组管（单 U 管）可以提供的冷量和热量约为 20～30W/m。由于一定深度以下的土壤温度较低且稳定，土壤源热泵系统在很多情况下是一种运行可靠且能效较高的系统。

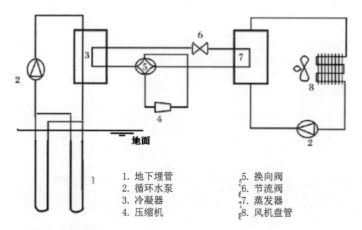

1. 地下埋管　　　　5. 换向阀
2. 循环水泵　　　　6. 节流阀
3. 冷凝器　　　　　7. 蒸发器
4. 压缩机　　　　　8. 风机盘管

图 2-93 土壤源热泵原理图

广州地区全年基本为供冷需求，难以保证冷热量平衡，即使有部分供热需求（如生活热水），也可以通过其他技术（如太阳能，空气源热泵、甚至水源热泵）解决。因此，在广州亚运工程中不建议采用。

（4）空气源热泵系统的适应性研究

空气源热泵以环境空气作冷热源，通过热泵夏季制冷，冬季制热。空气源热泵机组安装方便、无需专用机房。但它也有明显缺点，环境温度越低，机组供热量越小。特别是当换热器翅片表面温度低于 0℃，还会结霜，必须停止供热进行除霜，不仅降低了供热季节的能效比，而且造成机组出水温度的波动。

鉴于广州地区的气候条件，如果有供热（尤其是生活热水）需求，空气源热泵可以用于亚运工程各类建筑。但是，如果供冷与供热需求相差很大时，其冷、热负荷相当的部分建议采用空气源热泵系统；而超出热负荷较大的冷负荷部分，其系统选用原则，仍应按风冷集中空调系统对待。

设计阶段应注意：

① 规划与单体方案阶段，各相关专业即应综合考虑以下因素，以便空气源热泵方案的合理实施：根据具体建筑使用需求、负荷规律、运行特点等所做的技术经济论证合理。符合规划布局与建筑造型及景观要求。

② 设计方案应充分考虑空气源热泵所处位置的局部热环境影响，必要时应采用CFD 等先进技术方法进行详细计算分析，以保证通风顺畅、空气源热泵工况良好。

7. 生活热水热源新技术应用研究

（1）太阳能生活热水节能技术

太阳能热水器是目前太阳能热利用的最成熟和经济性最好的方式。我国是实际上太阳能热水器安装面积最大的国家。截止到 2005 年，我国太阳能热水器保有量7500 万 m^2，占世界 76%，为 4000 万户家庭，1.5 亿人提供生活热水。随着人民生活水平的提高，生活热水的需要量将持续上升。发展太阳能热水器作为居民制备生活热水的主要方式，将降低生活热水消耗量增长对能源供应和环境保护带来的巨大压力。

利用太阳能生产热水是一种节能环保的热水生产方式，完全适合广州地区建筑使用，尤其是为场馆建筑提供洗浴热水和为广州亚运城提供生活热水。

① 广州地区，建议优先考虑太阳能制备生活热水的方式。

② 对于亚运场馆建筑，集热方式建议采用集中式。

③ 广州亚运城的居住建筑，既可以采用集中式也可以采用分散式；其中，分散式适用于6层以下建筑（含6层）。

④ 就供水方式而言，建议优先考虑直接供水的方式；如果亚运会赛会对运动员、官员等重要人员的洗浴用水水质有特殊要求时，应采用间接供水形式。供水系统的设计中，应注意太阳能热水与生活给水（冷水）在用水点处的压力保持平衡。

⑤ 集热器的建筑一体化方案，应协同建筑、结构、给水排水等各相关专业综合考虑各方面因素后确定；其中全玻璃真空管不应用于建筑立面，平板式集热器可用于建筑物的立面、屋面等处。

⑥ 太阳能生活热水的辅助热源，不宜采用电辅助加热，宜优先考虑采用热泵作为辅助热源。

⑦ 太阳能热水系统如果在改建场馆中使用，需要经过建筑结构安全复核，以满足建筑结构的安全性要求。

（2）热泵生活热水节能技术

热泵技术目前较多地应用于冷暖空调机。但因热泵制热在节能降耗及环保方面的良好表现，卫生热水供应系统也越来越多的采用热泵设备作为热源，如图2-94。其中以室外空气为热源的空气源热泵，结构简单，不需要专用机房，安装使用方便，在卫生热水供应方面具有较大优势。

① 热泵技术适用于亚运场馆和建筑广州亚运城的公共建筑的生活热水系统。

② 如果有太阳能利用的条件，宜优先采用太阳能供生活热水、热泵作为辅助热源的方案。

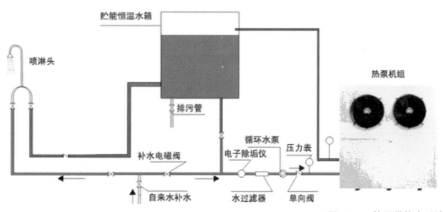

图 2-94　热泵供热水系统

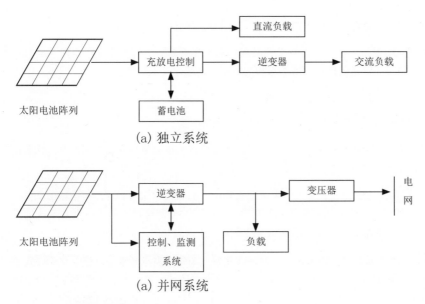

図2-95 光伏发电系统构

8. 太阳能发电新技术应用研究

（1）太阳能光伏发电新技术研究

太阳能电池工作的基本原理光伏效应（Photovoltaic Effect 缩写PV）是1839年被发现的。由太阳光的光量子与材料相互作用而产生电势，从而把光的能量转换成电能，此种进行能量转化的光电元件称为太阳电池（Solar Cell），也可称之为光伏电池。

光伏发电系统是利用太阳电池组件，将太阳辐射能直接转换为电能的新型发电系统，其运行方式基本上可分为独立系统、并网系统和混合系统，如图2-95所示。

① 目前国内光伏并网发电的造价还是比较高，成本在40元/W左右，一次性投资成本较大。

② 单/多晶硅光伏组件适用于通过支架安装在建筑已有屋顶，直接充当屋顶或立面并起到遮阳作用；单独以遮阳板的形式出现在建筑外立面。

③ 非晶硅光薄膜电池更适合直接应用于建筑围护结构的立面、屋面、中厅的屋面等部位。

④ 考虑到经济、技术成本的因素，在亚运场馆建筑中应该选取代表性的局部使用该技术，而不建议大规模采用。

⑤ 独立系统可以应用在广州亚运城住宅建筑群内的水景的水泵驱动（或建筑淋水的水泵驱动）、居民区路灯、标志灯和电网公共照明系统。光伏系统可以白天储能，夜晚供电，但存储修复损耗和维护费用很高。对于重要路段可以考虑市电作为备用方式。

⑥ 对于可以实施建筑屋顶、立面等大面积光伏发电的体育场馆或其他建筑，建议采用并网系统。太阳能并网光伏发电系统所发出的电能供建筑内用电负荷使用，当太阳能发电不足时由市电补充。

⑦ 对于分散在体育场主体建筑物四周、非主要设施、平时没有赛事的用电设备，也建议采用并网系统。

（2）风光互补路灯节能新技术研究

太阳能与风能在时间上和地域上具有一定的互补性，使风光互补发电系统在资源上具有较佳的匹配性，风光互补发电系统可以作为自然资源条件较好地区的独立电源系统。

风电和光电系统都存在一个共同的缺陷，就是资源的不确定性导致发电与用电负荷的不匹配，风电和光电系统都必须通过蓄电池储能才能实现稳定供电，由于发电量受天气的影响很大，常常导致系统的蓄电池组处于亏电状态，这是引起蓄电池组使用寿命降低的主要原因之一。由于太阳能与风能的互补性强，风光互补发电系统在资源上弥补了风电

图 2-96　风光互补系统

和光电独立系统各自在资源利用上的缺陷。风电和光电系统在蓄电池组和逆变环节是可以通用的。

亚运场馆及广州亚运城地区都处于城市，路灯的输电半径不会很大，利用常规电网电力的投资较少。考虑到蓄电池、太阳能电池板、风力发电机的使用寿命，虽然风光互补路灯系统使用过程节省电耗，其附加的初投资很难收回。

风光互补路灯系统属于前瞻性技术，从经济性考虑，其投资难以通过运行费用的节省回收，但可以在广州广州亚运城局部使用起到示范作用。

9. 绿色照明新技术应用研究

（1）自然采光新技术研究

广州地区日照资源丰富，日照时间长，所以，自然采光新技术应用的潜力大。当前可能应用于广州地区亚运场馆及广州亚运城建筑的自然采光技术有光导管技术、太阳光导入器技术、采光搁板技术、棱镜折光技术等。

① 光导管可用于单层、多层建筑或地下室。它不仅可以照亮整个房间、某个局部，还可以作为发光天棚的光源，适合于层高较高的体育馆建筑的应用，其缺点是使用不够灵活，尤其是需要穿层时，光的传输转换效率有较大的降低。

② 使用的光纤截面尺寸小，所能输送的光通量比光导管小得多，但它最大的优点是在一定的范围内可以灵活地弯折，而且传光效率比较高。所以太阳光导入器可以应用在不具备其他自然采光的条件的房间，如场馆建筑的地下室等。目前其造价很高，产品基本依靠进口。

③ 采光搁板技术的光反射效率较低，尤其当房间进深较大时，采光搁板的结构就需要变得复杂。所以，采光搁板一般适用于进深较小的房间，例如体育馆建筑的附属用房等。

④ 棱镜折光在国内体育馆建筑中有过使用案例，该技术适合于对光照要求较高的场馆建筑。

⑤ 建筑方案，尤其是场馆建筑，建筑立面、屋顶的设计要充分考虑自然采光的设计。

（2）绿色照明节能技术研究

① LED 适用于小环境和局部照明，不适用亚运建筑广场照明、建筑物外墙以及公园景观灯等强光照明任务。LED 与光伏结合是一项照明新技术，可以在亚运场馆局部采用。

② 高大空间的场馆内金属卤化物灯为首选；直管荧光灯、紧凑型荧光灯可广泛应用于一般办公、医院等建筑。

③ 场馆建筑根据专业比赛以及电视转播对灯

具的特殊要求选择节能型灯具；办公建筑、商业服务宜采用格栅式灯具。

④ 按室形指数（RI）或室空间比（RCR）选择灯具的配光。

⑤ 积极应用 SELB 和 EB 镇流器。荧光灯选择自镇流荧光灯镇流器，金属卤化物选择 SELB 镇流器。

⑥ 路灯可以采用单灯变频降流节能技术。

⑦ 广州亚运城和亚运场馆建筑，绿色照明智能控制系统属于实用性技术。系统的设计应充分考虑赛时和赛后使用的不同需求，兼顾两者的特点。

10. 室内外环境新技术应用研究

（1）室内环境保障技术

由于各种污染源的存在，室内空气环保问题得到重视，通过改善通风和消除污染源可以提高室内环境。关于通风技术已经在前面给出相关的论述，这里主要关注其他提高室内空气质量的手段。

1）光催化技术

光催化是指某些半导体材料在紫外光照下，产生具有强氧化作用的活性氧和羟基，甲醛及有机挥发性气体被活性氧和羟基吸附后，被氧化分解成二氧化碳、水、氧气等无机物，且本身无毒，作用过程中也不产生二次污染，适用于各种类型和各种场合的室内空气净化，因而受到了科技界及产业界的极大关注。

当前，国外研发了纳米光催化产品，相关研究表明：将该产品涂覆在陶瓷、玻璃表面，经室内荧光灯照射即可起到杀菌作用。目前有抗菌瓷砖和卫生洁具，以及抗菌塑料产品已经进去市场。

2）电磁辐射污染控制技术

电磁波是电场和磁场周期性变化产生波动通过空间传播的一种能量，也称作电磁辐射。它是高压线、变电站、电台、电视台、雷达站和电子仪器、办公自动化设备，家庭微波炉、收音机、电视机、电脑以及手机等家用电器工作时所产生的各种不同波长、频率的电磁波。如果人类作业和生活的环境

中的电磁波超过一定强度，人体受到长时间的辐射，就会产生不同程度的伤害，这就称作电磁波的污染。电磁辐射的污染又称电子雾污染、电磁波污染。电磁辐射污染的控制主要从两方面入手。

首先，最大程度减少电磁波对建筑的影响。各类电磁波辐射源发射的电磁波符合国家或地方政府相关规定。如电磁波发射装置要符合《电磁辐射防护规定》BG 8702 -88 和有关无线电干扰的规定；高压送变电设施符合国家《500kV 超高压送变电工程电磁辐射环境影响评价技术规范》。

对各种电器的使用应保持一定距离，距电器设备越远所受电磁波侵害越小；搞好绿化，减少电磁污染，高大树木对电磁能量具有一定的吸收作用；电磁屏蔽的目的在于防止射频电磁场的影响，使其辐射强度被控制在允许范围之内；射频接地的作用，就是将在屏蔽体（或屏蔽部件）内由于感应生成的射频电流迅速导入大地，以便使屏蔽体（或屏蔽部件）本身不致再成为射频的二次辐射源，从而保证屏蔽作用的高效率。

再有，采取措施最大限度地消除存在的电磁波影响。吸波涂料是功能性涂料品种之一，其目的是在不改变普通涂料的装饰性前提下，吸收室内外空间广泛存在的电磁杂波，使置于环境中的人及各种电子设备免受辐射污染并得到有效的保护。吸波涂料能够吸收电磁辐射杂波，是因为在胶粘剂中加入电损耗或磁损耗填料，利用电损耗物质在电磁场作用下产生传导电流或位移电流受到有限电导率的限制，使进入涂层中的电磁波转换为热能损耗掉；或是借助磁损耗材料内部偶极子在电磁场下运动受限定磁导率限制而把电磁能转换为热能损耗掉。

提高室内环境质量的重要手段是改善通风和控制消除污染源，通风能力的改善在前面的自然通风相关内容已经有了论述；光催化技术、电磁辐射污染控制技术也是在亚运建筑中可采用的技术。

（2）室外环境新技术研究

建筑室外环境是室内空间的伸展与延续，室内外空间的结合，使大自然渗透到居住空间之中。提高室外环境质量的手段很多，其中包括噪声污染的控制技术，垃圾、废水的处理技术；以及采用科学的技术评价手段对新建或改建的建筑或小区环境的

微气候进行评价，继而通过调整优化方案使室外环境得到改善。改善居住环境的微气候可以通过热环境、风环境的评价以及对周边环境的影响评价等技术评价手段来实现。

广州亚运城新建建筑的空调制冷设备和消防设备中不采用含CFC（氟氯化碳）的制冷剂，采用对臭氧层无害的替代产品。减少在新建建筑的空调制冷设备中HCFC工质的比例。

天河体育中心、广州大学城、广州亚运城、广州体育职业技术学院等布局集中的场馆，污、废水排放可采用集中排放方式，预留将来集中处理回用的条件；其他场馆污、废水建议由市政污水处理设施统一处理。

建议在采用模拟技术对广州亚运城的热环境、风环境、声环境以及热岛效应、光污染进行评价。

（3）采光、通风、遮阳、照明节能综合控制新技术研究

对于整个建筑考虑采光、通风、遮阳、照明综合影响因素的控制技术是指可以通过室外风速、风向、太阳辐射强度、雨水等状况，调节遮阳设备、室内照明设备以及空气调节和通风设备的工作状况从而实现不同的控制目的。该技术的实现可以根据不同的立面朝向、不同的楼层、不同的控制要求等等，将所有产品划分为多个区域。根据各个区域不同的要求实现不同区域的不同控制。

首先，在室内、外安装传感器箱可接多种不同传感器以及带有控制功能的遮阳设备、电控窗等。例如，可以根据阳光传感器的测量值与设定对比来控制遮阳设备的动作，当阳光照度超过预设的门槛值时〔对于写字楼、医院（不包括手术室）来说，一般认为的舒适照度值为500Lux左右；对于体育馆来说，在不使用的情况下，室内照度在350Lux左右即可，如果在使用的情况下，需根据体育馆不同的功能来决定需要的室内照度值〕，对应区域内的窗帘统一落下，以实现遮阳效果。

与此类似，风速、风向和雨水传感器的工作原理也基本相同，当风速或雨水信号起作用时，对应区域内的遮阳产品可能会统一收起，以防止风或雨对遮阳产品造成损害；当检测系统在中午休息时间检测到房间无人的时候，控制系统会调整遮阳设备

的开启关闭、室内人工照明的关闭、空调设定温度的调整等一系列动作（空调设定温度的门槛值：夏季一般为室温不低于26℃；冬季不高于18℃）。

同样，关于通风的控制，可以通过定时设置建筑物内所有的通风窗或指定几扇特定的通风窗一天之中自动开启的次数，每次持续通风的时间，如30min。或根据室内外温度，如果在夏季或过渡季非空调时间，室外温度比室内低，并且室外空气含湿量小于15g/kg，即可通风。当然，这些控制参数都可以在控制系统中根据用户不同的要求调整。在中央控制中心对整个建筑采取自动控制的同时，也会根据设定将控制权交给本地控制，从而实现控制的个性化。据管理者对"用户舒适度"和"建筑节能性"的需求平衡，通过赋予或制约本地控制的权限，可使用操作定不同的工作模式。

由于综合控制系统的初投资较高，该技术的应用非常适合功能相对复杂，房间人员、设备工作随机性大的办公建筑。模拟计算表明其节能效果、投资回收效果较好，所以适用于大、小型办公建筑，以及使用率较高的场馆建筑。

11. 建筑电气节能新技术应用研究

亚运场馆及配套设施的建筑电气节能与新技研究是针对广州亚运会前亚运场馆和广州亚运城的供电电源、配电系统、用电设备以及亚运会期间对亚运场馆、宾馆饭店、大型医院、会场会所等重要客户的供电工作进行描述的研究性内容。重点突出亚运会比赛期间供配电系统的应用新技术、节能措施、供电可靠性能力和应急供电能力。

（1）电源

1）太阳能发电技术

① 建议柴油发电车可作为亚运会比赛场馆、广州亚运城、IBC/MPC等场所的供电应急后备保障。作为柴油发电车的配套设备，建议增加后勤保障车，其中客货两用车作为燃油运输车，另外工程车作为故障抢修车。发电车采用"车机一体"的工程救险车，不受道路行驶限制，可以迅速前往指定的工作场所（社会上的发电车多数为牵引车）。

② EPS适用于没有第二路市电，又不便于使

用柴油发电机组的场合。

③ UPS 专门用于计算机类负荷设计。

④ 快速 EPS 作为场地专用的金属卤化物照明灯的应急电源 PSFL。

2）瞬时启动磁悬浮发电车

在考虑提高发电效率、提高技术含量和投资等因素的基础上，建议在重要比赛赛事（如开幕式）活动，需要瞬时启动动力设备或照明设备的场所配备瞬时启动磁悬浮发电车。

3）箱式变电站

在亚运会配套设施、非集中大型场所、一些改建项目变电所无法再进行增容的场所可以使用箱式变电站。

根据《广州供电局配网建设与改造工程设计技术原则》要求，箱式变电站的应用参照本地要求执行。

（2）供配电系统

1）配电变压器

① 建议广州亚运城新建变电所和改建变电所的变压器选择 SCB10 型干式变压器。

② 季节性负荷可以采用专用变压器。

③ 变压器容量要考虑预留容量。

④ 参照南方电网公司《城市配电网技术导则》和《广州供电局配网建设与改造工程设计技术原则》要求选择配电变压器。

⑤ 体育场馆在非比赛期间经常是处于低负荷阶段，因此使用非晶合金干式变压器其节能效果十分显著。

2）无功补偿

根据南方电网公司 2005 年颁布的《城市配电网技术导则》和广州供电分公司 2005 年颁布的《广州电网规划技术原则》，无功补偿按照分层、分区和就地平衡的原则，采用分散就地补偿和集中补偿相结合、以就地补偿为主的方式。

① 场馆变电所低压侧可以采用三相集中补偿。

② 大型无功动力设备采用三相就地补偿。

③ 低功率因数单相设备（如高大场馆无自动补偿的气体照明设备）采用分相补偿。

3）抑制谐波技术

① 电源变压器选用 D，yn11 接线组别的三相变压器，为 3 次谐波提供环流通路。

② 对晶闸管调光装置选用每一调光回路带有滤波装置的调光设备。为了满足导线载流量和减小电压降取零线截面等于相线截面的 2 倍。

③ 电声、电视转播设备的电源由舞台照明不同的变压器接引。

④ 照明系统电气配电设计时力求三相平衡，可有效地减少 3 次谐波的产生，有利于设备的正常用电，减小损耗。

⑤ 体育馆及医院等安装新型抑制谐波产品或有源滤波器，有源滤波器能从补偿对象中检测出谐波电流，由补偿装置产生一个与该谐波电流大小相等而极性相反的补偿电流，从而使电网电流只含基波电流，它能对频率和幅值都变化的谐波进行跟踪补偿且补偿特性不受电网阻抗的影响。

（3）用电设备节能

1）电动机节能

① 电风扇、风机盘管风机等采用单相交流异步电动机，可用调整电动机定子电压的有级调速方法。

② 电动机变线圈匝数调速方法适用于风量、流量在一定范围内分级变化的场合。

③ 变频调速技术适用于风机、泵类负载风量、流量在较大范围内连续变化的场合。

④ 在生活给水系统中应用变频调速泵供水要比其他非调速泵供水具有明显的优越性，建议采用变频调速技术。

⑤ 在高稳压消防给水系统中，稳压泵与气压罐配合对消防管网增压、稳压，使之处于准备消防状态，稳压泵是长期值班间歇运行。而消防泵在平时是不工作的，仅在发生火灾时才启动工作，而且消防灭火时间只有 2～3h。所以对消防泵来说，

没有必要采用变频调速控制。

2）电气照明设备选择

在满足照明质量的前提下，选用光效高、显色性好的光源及配光合理、安全高效的光源及灯具。

地下车库、一般办公室采用高效发光的荧光灯（三基色 T8 管），显色指数 ≥ 85Ra，发光率 ≥ 901m/W；楼道正常照明采用紧凑型荧光灯，楼梯间照明采用白炽灯，对于高大房间采用金属卤化物灯。

室外照明、泛光照明等拟采用金属卤化物灯等高效气体放电光源，小区道路、景观照明、节日照明及建筑物楼道、楼梯间照明等可考虑采用太阳能光伏系统。

室内采用开敞式灯具；在满足眩光限制的条件下优先选用效率高的灯具以及开启式直接照明灯具，办公室内灯具的效率不低于 70%，灯具的反射罩具有较高的反射比。在满足灯具最低安装高度及美观要求的前提下尽可能降低灯具的安装高度，以节约电能。

采用各种节能型开关或装置，室内采取分区控制灯光，适当增加照明开关。

荧光灯选择电子镇流器，其单灯电流波形的峰值与均方根值之比不得大于 1.7，电源侧功率因数不应小于 0.95；气体放电灯选择节能型高功率因数电感镇流器，单灯功率因数不应小于 0.9，并采用能效等级高的产品。

12. 亚运建筑设备节能监控系统设计标准研究

建筑设备节能监控功能可依托建筑设备自动化网络系统（简称 BA 系统），实现对建筑物或建筑群的供配电、照明、制冷、热源与热交换、空调、通风、给水排水以及电梯等机电设备进行节能控制与优化运行管理，广泛采用了信息处理技术、自动控制技术、计算机网络技术、传感器技术等现代信息技术。由于建筑物和建筑群的机电设备众多、分布地点广泛、科技含量高、监控要求复杂，通常采用分层分散控制、中央集中管理的计算机控制网络方式，可为运动员、观众及其相关用户提供高效、

节能、舒适、绿色而安全的公共亚运环境，并可降低建筑设备的能耗水平和物业管理成本，目前在国内外的公共建筑与高端居住建筑中得到广泛应用。

建筑设备节能监控系统的基本功能可以归纳如下：

自动监控各种机电设备的起停、故障，显示或打印当前运行状态。

自动检测、显示、打印各种机电设备的运行参数及其变化趋势或历史数据。

根据外界条件、环境因素、负载变化情况实时调节各种机电设备，使之始终运行于最佳状态。

监测并及时处理建筑设备各种意外、突发事件。

实现对大楼内各种机电设备的统一管理、协调控制。

对水、电、气、冷、热等能耗的自动计量、收费。

设备管理：包括设备档案、设备运行报表和设备维修管理等。

建筑设备运行能效统计与诊断。

（1）建筑设备能耗自动计量管理系统设计

建筑设备水、电、气、冷、热能消耗量的自动计量管理系统主要包括对传统电表、水表、煤气表加以改进的智能计量表、数据采集显示控制器、数据传输网络、中央管理操作站、能耗信息管理专用软件等部分组成，可以自动完成抄表、统计、打印、收费、自检报警、用户能耗控制等功能。

项目应用设计中能耗计量系统的可靠性在于民用计量表选型，目前除电计量表外其他能耗计量表大都是在原有机械表基础上加装传感器改造而来，外观和准确性还不符合智能计量系统一体化需求，除非选用价格较高的工业计量仪表。

（2）电梯设备监控系统设计

大型建筑物的多组电梯都采用计算机实行群控，以达到优化传送、控制设备平均使用率、节约能耗、优化运行管理的目的。但由于电梯设备的特殊性，这种控制一般都是由电梯厂商提供专门控制系统，建筑设备节能监控系统设计只监测其工作状态、故障报警信号以及其他从电梯电控箱可获得的

触点监测信号。

（3）智能遮阳节能系统设计

智能遮阳节能系统是一套较为复杂的系统工程，它涉及到气候测量、制冷机组运行状况的信息采集、电力系统配置、楼宇设备控制、外立面构造等多方面的因素，是通过对遮阳百叶板角度自动调节或遮阳帘升降电机自动控制的现代计算机集成技术，是从功能要求到控制模式到信息采集到执行命令到传动机构的全过程控制系统，是在设计阶段就应被集成进去的为改善室内环境而设置的高端节能环保产品。采用有效的自动遮阳技术后可更有效地遮挡太阳辐射、减少空调夏季冷负荷、阻挡直射光、防止眩光。

由于各地的地理纬度、气候的差异，各地建筑的遮阳时间不尽相同。对于广东这一类冬暖夏热地区，尽管遮阳技术属于被动节能，但仍旧不失为最佳、最方便和最直接的方式。建议资金充足的项目采用。

（4）停车场设备自动管理系统设计

停车场设备主要是对出入口车辆以及泊位引导的自动管理。此外，室内停车场内的尾气污染监视与通风控制环保问题日益严重，应纳入建筑设备节能监控系统设计之中，监测一氧化碳排放实施排风机诱导控制。

（5）空调设备节能监控系统设计

通风、空调及新风机组既是保障空气质量的关键设备同时又是建筑机电设备耗能大户，也占 BA 系统的监控信息点 50% 以上。因此做好这些设备的优化控制将极大地节约物业运行开支，并延长机组的使用寿命。

① 采用 PID 算法的常规控制具有反应快、调节稳定、准确等优点，但是对于空间宽阔的厅堂馆所，调控对象时间延迟很大、负荷变化较大，就显得无能为力；而对于多变量系统，由于变量之间的相互干扰作用，PID 控制很难获得理想的节能效果。所以常规控制技术只适用于小开间环境，比如小型办公室。

② 焓值控制的投资较常规控制要高，主要用在将风门的电磁阀换成电动阀以及控制器的存储容量、运算速度和算法软件升级，其最大性能优点是充分利用过度季节宜人的室外空气能量调节室内空气环境。

③ 变风量空调系统送风量随负荷的减少而降低，在过渡季节也可以尽量利用室外新风冷量，由于冷量、风机功率能接近建筑物特定环境空调负荷的实际需要，空调系统的总装机容量可以减少 10% ～ 30%，空调负荷减少 15% ～ 30%，大量减少送风动力，因而 VAV 系统可以实现全年的经济运行。同时，避免了冷冻水、冷凝水滴漏造成（霉菌）污染。

虽然理想的变风量系统有很多优点，但是大部分现在运行的变风量系统也暴露出一些问题：

① 缺少新风，室内人员感到憋闷；房间内正压或负压过大导致房门开启困难；室内噪声有时会偏大。

② 系统运行不稳定；调整不好时节能效果不明显。

③ 系统的初期投资比较大；对于室内湿负荷变化较大的场合，如果采用室温控制而又没有末端再热装置，往往很难保证室内湿度要求。

所以，对于一些负荷变化较大的建筑物、需要多区域多参数联合控制的建筑物及共用回风通道的建筑物，采用变风量空气调节系统是合适的，如大开间办公楼、大型会议室（厅）、酒店大堂、室内体育馆、购物商场等。

（6）空调冷、热源设备节能监控系统设计

1）监控仪表设备

温度、压力、流量传感器；冷、热源机组；各种循环泵（变频）；补水泵；换热器；冷却塔风机、各种电动阀门等。

所有冷、热源机组均自带控制系统以及集成接口，通过开放的通信接口接入建筑设备节能监控系统，用于监测机组的运行参数及其机组的群控。

2）监控方法

监视分、集水器供回水总管温度、流量，根据流量及温度计算冷、热负荷，根据负荷的变化决定开启冷、热源机组台数及对应的末端循环泵和二次

水循环泵的台数，同时自动变频控制循环泵，在保证冷冻水系统最不利环路供水末端的回水压差符合系统供水的情况下，自动调节循环水泵的频率或台数，使冷、热源机组运行在最佳工作状态从而达到节能的目的。此外，每次启动累计运行时间最少冷、热源机组，以达到运行时间的平衡，根据负荷的变化，自动控制机组的投入台数，选择的投入时间和顺序，保证机组的定量运行。

冷、热源机组、末端循环泵、二次水循环泵、冷却塔风机、进水电动蝶阀应进行电气联锁启停控制。

测量各冷热水总管供回水压力，根据压差自动调节旁通阀的开度，确保流经每台工作的冷水机组蒸发器的冷冻水流量在任何情况下均不低于设备所要求的最小流量。

检测冷热源机组、末端循环泵、二次循环泵、补水泵、热水循环泵、冷却塔风机、电动阀门等设备的工作状态、运行参数、手自动状态和故障状态，以动态图形或数据表格的界面形式显示所有参数。

监测换热器一次及二次总管的供回水温度，根据二次供水温度调节换热器一次侧阀门的开度，保证供水温度的恒定。

提供中央制冷、换热系统的运行报告，生成日、月报表，可随时或定时打印包括冷热水供／回水温度、流量、压力、机组和水泵运行时间、运行状态、最大负荷等的动态曲线。

（7）给水排水设备监控系统设计

1）给水系统

① 监控仪表设备：水位传感器，变频水泵，浇洒场地用泵及电磁阀，一次／二次加压水泵等接入建筑设备节能监控系统。

② 监控方法：

变频水泵自带就地控制系统，建筑设备节能监控系统只监不控，故障报警。

对于其他水泵，需要监测运行状态、故障报警和手自动状态，并根据时间表程序或液位联锁控制其启停。

对浇洒运动场地用水泵，根据时间表程序联锁

控制室外电磁阀的开关。

当给水箱的水位进行监视，超高和超低报警向中央管理操作站发出报警信号。

2）排水系统

① 监控仪表设备：污水泵，液位传感器。

② 监控方法：

由于污水泵一般自带就地控制系统，建筑设备节能监控系统只监不控。

当污水坑的液位达到超高报警液位时，向中央管理操作站发出报警信号。

监视污水泵的运行状态、故障报警。

（8）雨水、中水回用设备监控系统设计

1）监控对象

水处理系统主要包括雨水调节池、游泳馆的外景水池、戏水按摩池、泳池的水处理循环泵及均衡水池，此外还包括中水处理站的各个水池等。

2）监控原理

由于水处理循环泵自带就地控制系统，建筑设备节能监控系统只监不控。

当各水池的液位达到超高报警液位时，向管理计算机发出报警信号。

监视水处理循环泵的运行状态、故障报警。

（9）园林绿地智能节水灌溉系统设计

园林绿地灌溉的智能化是以自动化技术为基础，自动采集土壤水分、风速、雨量等数据，根据不同植物、不同土壤条件、不同气候时段的需水规律，在灌水数量、灌水时间、供水空间分配上做到对水泵、电磁阀、喷头或滴头精确控制；可自动监测管道漏损、电磁阀、水泵等设备故障并报警；能自动记录、显示，储存各灌溉区的运行时间，达到按需水变量投入水资源，比人工控制要节水得多，减少了随意性。

目前常用的有根据土壤含水量进行控制和根据气象与历史综合信息进行控制的两种智能灌溉技术。后者的技术开发得更全面，使用效果更好，建议采用。

（10）供配电设备监控系统设计

一般来说，建筑设备节能监控系统不能对电力供应系统进行控制，供配电系统的电力设备自带监控系统，并已经提供联网的 RS-485 标准接口，以集成到 BA 系统。只有在对低压侧进行监控和管理的时候，或者在发生电路故障自备发电机投入运行的情况下，才会考虑控制。

（11）智能照明节能监控系统设计

1）体育场馆

体育场的赛事照明控制分三种模式：运动会模式，将光线集中在运动场和跑道上，保持运动场上照度均匀；训练模式，维持运动场地较低的照度，供训练使用；人退场模式，运动场地照明亮度调到最低、看台照明亮度调到最高，供观众入场、退场。

体育场的赛后照明除保留上述赛事模式外还应设置分区域控制模式，以便于赛后其他用途和物业维护时的节能应用。

不管是赛事还是赛后照明，都应同时设置手 / 自动控制模式。

2）酒店和公寓

对于新建酒店项目，应选择有能力的集成商在设计时统一规划客房中各种节能控制功能，使它们集成在尽可能少的控制器上，以节约建设成本。

3）新闻媒体中心

新闻媒体中心除了满足一般公共场所的光控要求，还需要对会议室进行特别的灯光控制。

会议厅中安装人体感应器，可以做到有人开灯，无人关灯。同时会议厅另外安装带触摸屏的电脑和无线液晶触摸屏，可在会场的任意位置通过触摸屏的图形界面进行各种灯光场景控制：会议场景、演讲场景、休息场景、放映场景等，例如用手按一下放映场景，则灯光调暗、投影幕布放下、窗帘放下、投影仪开启、功放 /DVD 开启，一切均自动完成。

（12）室外环境参数监测系统设计

1）监测仪表设备

设置室外温度传感器、室外湿度传感器和室外光照度传感器，其信息通过就近的 DDC 集成进入建

筑设备节能监控网络。如果需要监测室外空气质量，可添加相应参数的传感器接入 DDC。

2）监测方法

室外温度和湿度传感器数据用于空调、新风系统的控制参数设定依据；光照度传感器数据作为室外泛光照明和室内照明的控制参数设定依据。

该技术所需硬件、软件投资很小，建议亚运公共建筑采用，可提升建筑设备节能监控质量。

（13）能效统计与诊断系统设计

应用精密智能分析仪器对于大型建筑物的通风空调设备、冷热源设备和照明设备采用科学的、定量的能耗计量，进行能效统计分析与诊断将有助于查找既有建筑的设备运行能耗缺陷，有针对性的采取节能改善措施，降低物业管理成本。此项技术的实施需要有经验的专家和工程师配合进行。

（14）建筑设备节能监控的集成系统设计

不同层面上的系统集成是今后信息化应用的必然趋势。至于是否进行建筑设备监控系统向上层管理信息网络集成，应视具体项目管理需求而定。范围越大的集成，建设成本越高，维护费用越高，运行风险越大，软件更新周期越短。目前即使在发达国家也不是片面追求大集成，也要以够用为度。

建议广州亚运项目以基层物业管理部门的需求作为建筑设备监控系统的集成平台，因为他们是最需要、最直接、最经常在第一时间了解和解决设备运行状况的机构。

建议广州亚运项目在建筑设备监控系统设计中要求各种智能设备、系统预留向第三方开放的标准通信接口，比如 RS-485 接口、OPC 接口、TCP/IP 接口等，并提供源代码，以备将来集成之需要。

（15）小结

建筑设备节能监控系统属于智能化信息网络管理技术范畴，其功能可依托建筑设备自动化网络系统（简称 BA 系统）实现，可使建筑物的供配电、照明、制冷、热源与热交换、空调、通风、给水排水、停车场环保、电梯以及绿地灌溉、中水回用等机电设备进行集中监视、控制与管理，使之处于最佳节能运行状态，并集成出室内外环境自动监测、

智能遮阳、能耗自动计量、能效自动统计与诊断功能的综合性绿色环保系统。

由于建筑物和建筑群的机电设备众多、分布地点广泛、科技含量高、监控要求复杂，通常采用分层分散控制、中央集中管理的计算机控制网络方式，可为运动员、观众及其相关用户提供优化、高效、节能、舒适、绿色而安全的公共亚运环境，并可降低建筑物的能耗水平和物业管理成本。上述监控子系统均可在广州亚运公共建筑与高端居住建筑项目中酌情选用。

据统计，建设完善可靠、运行维护精心的建筑设备节能监控系统的初期投资可望于几年内从节省的设备运行能耗费用、节省的管理人力费中用逐步回收。

2.2.9　广州亚运城真空垃圾处理系统专项研究

城市生活垃圾收运系统是城市垃圾管理的重要环节。为优化城市生活垃圾收运系统，解决现有小型垃圾压缩站臭味、噪声扰民问题，对国内外多种垃圾收运模式进行了比较研究，认为真空管道式生活垃圾收集系统设计理念先进，自动化程度高，垃圾流密封、隐蔽，与人流完全隔离，有效避免了垃圾收集过程中的视觉、嗅觉污染，代表着垃圾收集的发展方向，技术成熟，先进适用，值得研究和使用。

1. 真空管道垃圾收集系统工作原理

（1）真空管道垃圾收集系统的设备组成

目前国外采用真空管道垃圾收集系统收运城市垃圾的有美国、日本、德国、瑞典等国家。该收集系统由阀门系统、管道系统、分离系统、真空动力系统、压缩系统组成。真空动力系统设备由德国 Vastec 公司生产，其他系统设备由瑞典 Envac 公司生产。

（2）真空管道垃圾收集系统工作原理

在收集系统末端装有引风机械，当风机运转时，整个系统内部形成负压，使管道内外形成压差，空气被吸入管道；同时，垃圾也被空气带入管道，被输送至分离器，在此垃圾与空气分离；分离出的垃圾由卸料器卸出，空气则被送到除尘器净化，然后排放。

每套真空管道垃圾收集系统都包括五个部分：住宅每层垃圾投放口；楼层垂直管道；小区水平管道；城市主干道垃圾水平输送管和中央收集站。在居民楼内，每层楼都将设置一个直径 50cm 左右垃圾投放口，在每一栋楼外，紧靠着垃圾投放口，都将设立一条垂直的垃圾管道。底端设有垃圾排放阀，和预埋于地面下的水平管道相连，通往密封的中央收集站。居民每天产生的各种生活垃圾，用塑料袋装好以后，投入垃圾投放口，进入垂直垃圾管道。当垃圾达到一定的数量以后，中央控制台发出开始工作的指令，垃圾站内的抽气装置自动启动，在水平管道内产生负压气流。电脑遥控打开设置在居民楼垃圾垂直管道底部的垃圾排放阀，储存在阀顶的垃圾会以每秒钟 20m 的速度，被吸入地下输送管网，输送到中央收集站内，实施垃圾气体和固体的分离处理。其中气体部分经过高效处理后排放，而固体垃圾则被压缩输送至垃圾罐体，然后运至垃圾处理厂进行焚烧发电或者填埋处理。

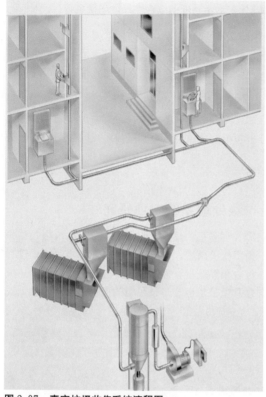

图 2-97　真空垃圾收集系统流程图

这套先进的垃圾自动收集技术无须居民对生活垃圾做专门的分类存放,只要保证垃圾体积不是特别大、或者类似于砖头石块之类难以粉碎的物体就可以了。

2. 真空管道收集系统在广州的应用

根据广州的城市规划,市政府将重点把金沙洲打造成为拥有山林湖泊的广州住宅示范小区,市容环卫局在金沙洲的环卫专项规划中引入真空管道垃圾收集系统,高标准进行建设,彻底解决垃圾收集过程产生的二次污染问题。按照 2004 年 4 月《广州金沙洲居住新城控制性详细规划》,规划区面积约有 9km² 该居住新城的规划总人口为 11.5 万人。据测算,居住区完全建成后日产生活垃圾约 152t。按照市容环卫局的规划,这里将配套建设 4 套居民生活垃圾真空管道收集系统。据初步估算,居民生活垃圾真空收集系统投资约为每万人 2000~2500 万元,广州市金沙洲住宅新城居民生活垃圾真空收集系统规划正在实施之中。

为了推进广州市金沙洲住宅新城真空管道垃圾收集系统建设,借鉴欧美国家大型住宅区垃圾收运的经验,引入尖端的垃圾收集工艺,实现生活垃圾的自动化收运和预处理;同时,由于该系统一次性投资较大,为了保证决策的科学性和正确性,避免投资失误,广州市市容环境卫生主管部门组织有关单位进行了可行性研究、实地考察学习以及系统设备验收工作。经过论证,广州市规划已明确将在金沙洲住宅新城配套建设 4 套真空管道垃圾收集系统,并以此为试点,逐步向全市新建的有条件的住宅区进行推广。该系统采用了德国、瑞典进口设备。该项目建成后,居住区的垃圾收运处理将彻底告别桶装车运以及由此带来的臭气扰民的方式,并解决垃圾清运过程中的二次污染问题。

3. 推广使用真空管道垃圾收集系统的困难和建议

(1) 存在的困难

由于真空气力管道输送垃圾系统设备大部分为进口设备所以建设和运行费用非常昂贵,目前在国内的应用范围十分有限,但它在开发区、奥运村、高层住宅小区、别墅群、飞机场、大型游乐场等地区应用优势明显。

(2) 推广使用既环保又高效的真空管道收集系统的建议

① 面对真空管道垃圾收集系统在国外的应用现状与优势,在国内开发研究势在必行。应加大国内开发研究的力度,使系统设备国产化,降低建设和维护成本,尽早在国内推广使用,将是国内垃圾收集领域的一次飞越性进步。

② 加强与德国、瑞典生产厂家联系和合作,争取在中国设立工厂,将系统设备国产化,将大大降低设备成本,对广州乃至全国大量使用先进的真空管道系统收集垃圾有很好的经济意义。

③ 广州金沙洲首套真空管道垃圾收集系统建成后,国内技术专家应尽快熟悉、消化和吸收该系统设备技术,争取早日能够承担真空管道垃圾收集系统运行设备维修工作,并对非关键技术设备进行国产运行。

4. 亚运城市政道路真空管道垃圾收集系统

亚运城市政道路真空管道垃圾收集系统的组成如图2-98所示。

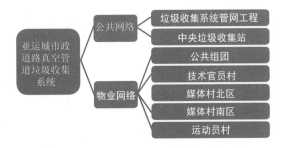

图2-98 亚运城市政道路真空管道垃圾收集系统的组成部分

（1）垃圾收集系统管网工程

亚运城市政道路真空管道垃圾收集系统由物业网络和公共网络组成。

垃圾收集系统管网工程服务范围为整个亚运城区域，服务面积约2.73km²，收集包括亚运城红线范围内所有住宅建筑的生活垃圾和学校、商业、文化、体育中心等非住宅建筑（不含医院等）的商业垃圾和保洁垃圾。

1）设计原则

根据需要，配合传统垃圾箱设置真空垃圾收集系统的垃圾集中投放点（环卫工人专用）；

垃圾集中投放点一般设置2～3个投放口；

直线管段每隔约80m布置一个检修口，在管道转弯段前（或后）及单体建筑接驳口处，设检修口；

垃圾管道上升或下降角度不超过10°。

2）设计参数

1号系统——服务面积1.02km²，日收集垃圾

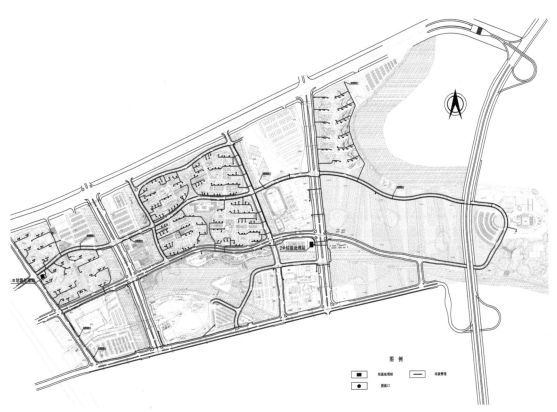

图2-99 真空管道垃圾收集系统总平面图

真空垃圾收集系统技术数据表

系统名称	用地性质	建筑面积(m²)	居住户数(户)	建成区面积(m²)	垃圾产生量(吨/日)	建设规模(吨/日)
1#站	居住区	743496	7463	—	17.16	32
	非住宅建筑面积	436374	—	—	10.9	
	保洁垃圾	—	—	1020213	3.93	
	服务面积	1.02 km²				
	服务人口	2.39万人				

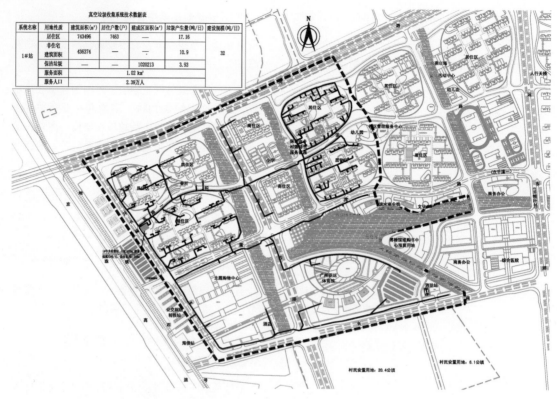

图 2-100　1 号中央垃圾收集站服务范围示意图

量 32t/d，2 号系统——服务面积：1.71km²，日收集垃圾量 4332t/d；

垃圾管道物料输送速度 22～25m/s；

垃圾管道转弯角度不得小于 90°；

垃圾管道工作压力为 40kPa。

3）真空管道垃圾收集系统总平面图

（2）中央垃圾收集站

亚运城真空管道垃圾收集系统设有两个垃圾收集站。

1 号中央垃圾收集站位于亚运城媒体村南区的西北角，收集规模 32t/d，如图 2-100 所示，1 号中央垃圾收集站主要收集媒体村北区、南区、媒体中心区、主场馆区、运动员村 1、3 区及运动员公共区等区域的生活垃圾。

2 号中央垃圾收集站位于亚运城国际区东端，莲花湾北岸，收集规模 43t/d，如图 2-101 所示，2 号中央垃圾收集站主要收集运动员村 2、4 区、技术官员村、后勤服务区、预留用地区域及亚运公园（含沙滩排球区）等区域的生活垃圾。

1）工艺系统设计

1 号站和 2 号站各设置两套工艺系统，并通过切换阀实现互为备用，每套工艺系统由动力系统、分离压缩系统、存储系统三部分组成，实现垃圾与输送载体——空气的

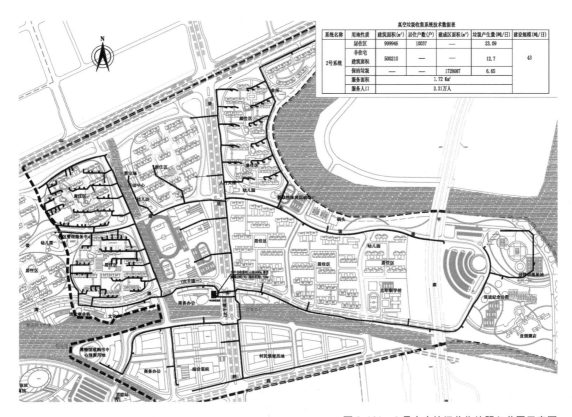

系统名称	用地性质	建筑面积(m²)	居住户数(户)	建成区面积(m²)	垃圾产生量(吨/日)	建设规模(吨/日)
2号系统	居住区	999946	10037	—	23.09	43
	非住宅建筑面积	500210	—	—	12.7	
	保洁垃圾	—	—	1728087	6.65	
	服务面积	1.72 Ka²				
	服务人口	3.21万人				

真空垃圾收集系统技术数据表

图 2-101　2号中央垃圾收集站服务范围示意图

分离、压缩及暂时存储。每套工艺系统采取相同配置如下：

动力系统

该系统是真空管道垃圾收集系统的心脏，配置有 5 台（4 用 1 备）串连运行的离心风机。

分离压缩系统

分离压缩系统负责垃圾与空气的分离及垃圾的压缩，垃圾由气流抽送至收集站后，通过垃圾分离器将垃圾从传输管道的气流中分离出来，并通过与分离器相连的压实机进行压缩，经压缩后垃圾体积减至1/4，主要设备有垃圾分离器和压实机各 1 台。

存储系统

存储系统负责垃圾的暂时存储和转运，包括垃圾集装箱、提升系统。考虑到与市政环卫车辆相结合，避免专车专用，拟选用 5 个 10t 的垃圾集装箱。垃圾集装箱需在气密性及负压状态下操作，设计上需要符合气密性和防止漏水的要求。为方便装卸，箱体需一端设置足够强度的金属环供拉臂操作。提升系统采用1套吊车+地面导轨系统。

2）总平面布置

每个垃圾收集站的用地面积：1628m²。

收集站形式及功能布局：

① 中央收集站采用半地下式形式。

② 抽风机房、垃圾压实区、控制室及除尘室设在负一层。垃圾分离与装卸、高低压电房及值班室设在首层，生物除臭系统设在天面。

3）空气净化系统设计

从分离器分离出来的空气需进行除尘、除臭处理达标后方可排放。空气净化系统包括除尘和除臭系统两部分。

除尘系统设计

每个垃圾收集站采用两套并连运行的脉冲喷吹袋式除尘系统，每套系统由 3 个除尘单元组成，各个单元处理量：$10000m^3/h$。

除臭系统设计

每个垃圾收集站采用一套生物滤池除臭系统，处理量 $60000m^3/h$，原理图如图 2-102 所示。

4）噪声控制系统设计

系统的噪声主要来源于垃圾压实、装卸区和风

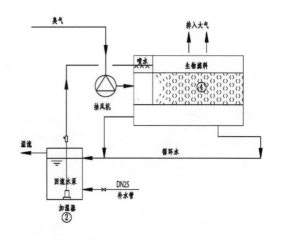

图 2-102　除臭工艺原理图

图 2-103　组团位置示意图

机房，为防止噪声对周边环境的影响，采用以下降噪措施：噪声集中的抽风机房设在负一层，采用不小于 250mm 厚的钢筋混凝土墙。中央收集站地上部分外墙均为不小于200mm 厚的钢筋混凝土墙。所有的窗均为双层固定隔声窗。所有建筑物的外立面开启的门均为钢板隔声门，车装载集装箱的出入门则安装吸声卷闸门。中央收集站外尽量种植绿化隔离带。中央收集站抽风机房内墙安装吸声饰面和吸声吊顶，吸声饰面高度为离地面 800mm 至顶棚处，吸声饰面厚度为 100mm。

（3）物业网络

物业网络的设计分为五个部分。

1）公共组团

亚运城范围内以下公建组团区域的垃圾收集系统，包括垃圾管道系统、垃圾投放系统，对于分近远期开发的组团区域，则同时包括远期预留接口系统。

① 主媒体中心区真空管道垃圾收集系统；

② 运动员村公共区真空管道垃圾收集系统；

③ 国际区、主场馆区及后勤服务区 2 真空管道垃圾收集系统；

④ 后勤保障区及后勤服务区 1 真空管道垃圾收集系统；

⑤ 亚运公园区（含沙滩排球区）真空管道垃圾收集系统。

2）技术官员村

技术官员村位于亚运城东北角，砺江涌西岸区域，分赛时开发和赛后开发两个区域，其中赛时开发区域拟建 12 栋 11 层的中层住宅。

3）媒体村北区

媒体村北区位于亚运城西北角，官涌西岸区域，分赛时开发和赛后开发两个区域，其中赛时开发区域拟建 8 栋高层住宅。

4）媒体村南区

媒体村南区位于亚运城西北角，官涌西岸区域，分赛时开发和赛后开发两个区域，其中赛时开发区域拟建 17 栋高层住宅。

5）运动员村

亚运城物业网络运动员村共包括 1、2、3、4 四个区。其中 1、3 区垃圾排往 1 号垃圾站，2、4 区垃圾排往 2 号垃圾站。

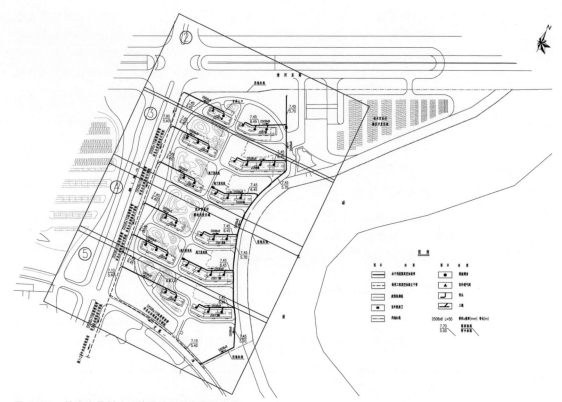

图 2-104　技术官员村垃圾管道总平面布置示意图

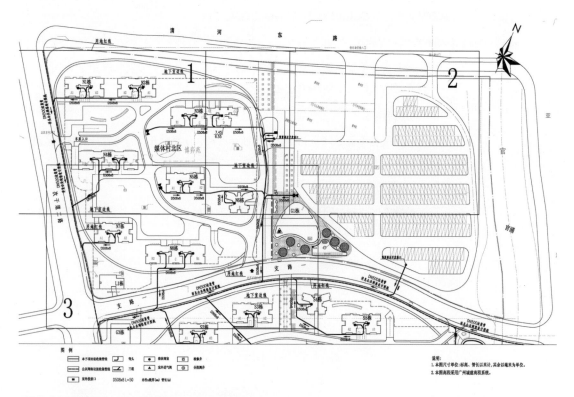

图 2-105　媒体村北区垃圾管道总平面布置示意图

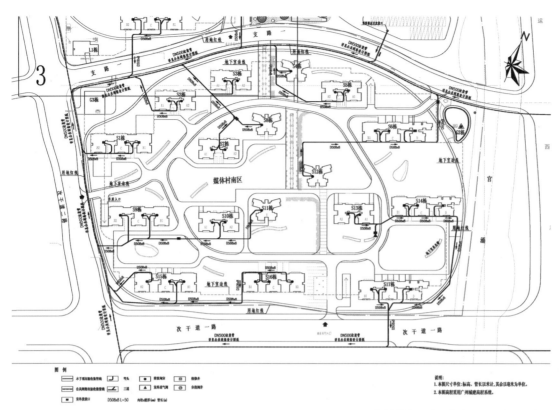

图 2-106　媒体村南区垃圾管道总平面布置示意图

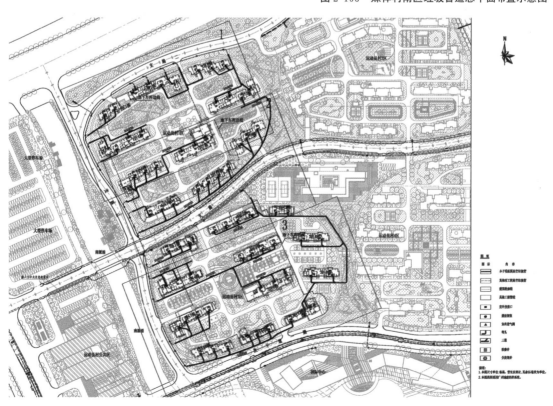

图 2-107　运动员村 1、3 区垃圾管道总平面布置示意图

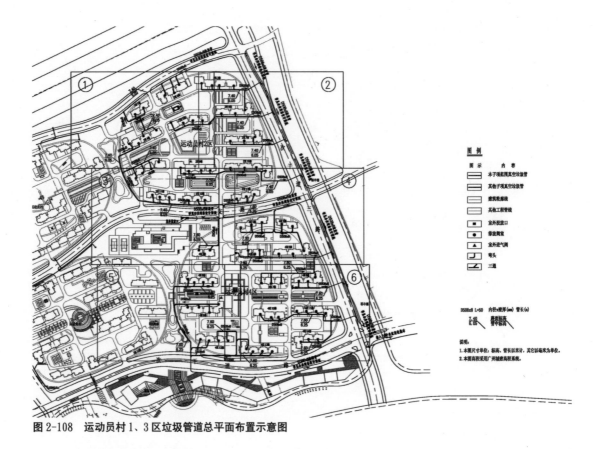

图 2-108 运动员村 1、3 区垃圾管道总平面布置示意图

2.3 绿色建筑与建筑节能技术标准体系建立

2.3.1 标准体系策划

为贯彻执行节约资源、保护环境的法规及国家技术经济政策，改善广州亚运城综合体育馆的室内外环境，提高广州亚运城内居住建筑空调的能源利用效率，确保广州亚运城居住建筑的热环境质量，亚运城各建筑群将按建筑节能率划分为三个层次：

低能耗建筑示范——亚运城居住建筑组团（媒体村、运动员村、技术官员村居住建筑），节能率为 65%，示范建筑面积约 110m²；

绿色建筑示范——广州亚运城综合体育馆（大型体育馆国家级绿色建筑示范），节能率为 60%，示范建筑面积约 5 万 m²；

建筑节能示范——广州亚运城整体，节能率为 50%。

由于现行国家和省的节能标准均是针对 50% 的节能率进行编制，考虑到南方地区气候特点和场馆类建筑绿色建筑设计标准的空白，针对亚运城建筑节能设计，在广州亚运城工程设计前期，广州市重点公共建设项目管理办公室专门编制了《广州亚运城居住建筑节能设计标准》及《广州亚运城综合体育馆绿色建筑设计标准》。用以规范、指导广州亚运城综合体育馆绿色建筑设计和居住建筑的节能设计，为广州亚运城综合体育馆达到绿色建筑三星级的设计目标和居住建筑实现低能耗建筑示范目标提供依据。

2.3.2 标准体系特点

《广州亚运城居住建筑节能设计标准》是夏热冬暖地区第一部全面实现居住建筑节能 65% 的设计标准，通过采用合理的建筑设计方案，强化建筑自然通风降温功能，提高围护结构隔热性能和提高空调设备能效比等节能措施。在保证相同的室内热环境的前提下，与目前建筑外遮阳、建筑自然通风的状况均不良好且采用低效率分体空调方式的空调建筑相比较，全年建筑空调能耗应减少 65%。其中依靠合理建筑设计满足自然通风降温要求节能约 5%；依靠合理设计围护结构隔热和遮阳节能约 45%；依靠合理设计建筑设备节能约 15%。

《广州亚运城综合体育馆绿色建筑设计标准》是结合"城镇人居环境改善与保障示范工程"的要求和"城镇人居环境改善与保障关键技术研究"项目的研究成果，以国家级绿色建筑示范工程为目标，针对广州亚运城综合体育馆编制的绿色建筑设计标准。同时，该标准是我国首个考虑了南方地区气候特点并适用于场馆类建筑的绿色建筑设计标准，为广州亚运城综合体育馆改善室内外综合环境，达到绿色建筑三星级设计目标提供了设计依据。在室内外环境综合改善方面具有创新性，强调了在建筑设计中应充分考虑自然通风、采光、遮阳、建筑声学、室内空气质量等问题，同时从节能、节地、节水、节材、环境保护等各方面提出要求，从而使"绿色亚运"理念充分融入建筑设计。

第三章 绿色亚运 实施历程

3.1 绿色亚运规划为先

3.1.1 场地选址

1. 亚运城区位

亚运城选址于规划中的广州新城启动区，符合广州市城市建设总体规划，符合广州新城发展规划的定位，建设规模符合亚奥会及广州市经济发展的要求。

广州新城位于广州市南部、番禺片区中东部，地理几何中心为北纬 $22°52'$，东经 $113°24'$，位于四条结构性生态廊道之间，地处珠江主航道（狮子洋）、莲花山水道、沙湾水道、市桥水道的交汇处，东部隔狮子洋与东莞市相望；北部边界为广州巨型绿心，距广州大学城约 12km，距珠江新城约 22km，距广州旧城中心区直线距离约 30km；西侧为番禺区政府所在地市桥；南侧距黄阁工业区约 10km，距南沙经济技术开发区约 15km。

广州亚运城是广州新城启动区的主体，位于广州市总体规划（2001～2010）的番禺组团，用地面积约 $2.73km^2$，主要包含运动员村、体育馆、亚运公园等设施。大约能容纳 1.5 万名运动员、教练、官员和记者生活。

图 3-1　亚运城选址区位图

2. 场地环境质量

为确保亚运场地的环境质量，规划前期对场址的大气质量、水环境、声环境和周围环境污染进行了调查与评估。

（1）亚运城空气质量调查与评价

2006年12月26日至31日，以二氧化硫（SO_2）、二氧化氮（NO_2）、总悬浮颗粒物（TSP）、可吸入颗粒物（PM10）为检测对象进行了连续监测。采用单因子污染指数法进行环境空气质量现状评价，检测结果如下。

SO_2 的1h平均浓度值范围为 $0 \sim 0.18m^3$，远低于二级标准限值 $0.50mg/m^3$，最大浓度占二级标准限值的21.6%；日均值的浓度范围在 $0 \sim 0.12mg/m^3$ 之间，低于二级标准限值 $0.15mg/m^3$，最大浓度占二级标准限值的80%；其他日均值的污染指数均在50%以下。

NO_2 的1h平均浓度值范围为 $0.018 \sim 0.052mg/m^3$，远低于二级标准限值 $0.24mg/m^3$，最大浓度占二级标准限值的21.7%；日均值的浓度范围为 $0.018 \sim 0.044mg/m^3$，远低于二级标准限值 $0.12mg/m^3$，最大浓度占二级标准限值的36.6%。

悬浮颗粒物的日测值浓度为 $0.09 \sim 0.12mg/m^3$，小于二级标准限值 $0.30mg/m^3$，最大浓度占二级标准限值的40.0%，悬浮颗粒物的日值污染指数在 $0.3 \sim 0.4$，未超标。

PM10的日测值浓度范围在 $0.07 \sim 0.11mg/m^3$，最大浓度占二级标准限值为73.3%，可吸收颗粒物日值污染指数在 $0.47 \sim 0.73$，未超标。

综上，评价区域 SO_2、NO_2、TSP、PM10小时测值及日均值浓度均符合国家《环境空气质量标准》GB 3095－1996二级标准，建设项目所处区域环境空气良好。

（2）水环境调查与评价

2006年12月27日至29日三天（枯水期），分涨退潮监测，对亚运城附近地表水体莲花山水道的水质情况进行了检测和评价。

监测结果表明，最枯水期，莲花山水道及其周围河涌的水质均达不到相应的环境质量标准的要求，现状呈有机污染。通过调研分析，造成上述水环境污染的原因与莲花山水道上游来水及沿岸石楼镇的生活污水，畜牧水产业排污密不可分。调研结果表明，石楼镇及其周边镇区目前尚未建有城镇污水处理系统，居民生活污水的处理效低，城镇及乡村内居民的日常污水未经任何处理就排入周围河涌。经大致估算，石楼镇该股污水中CODcr排放量约为2258.3t/a、氨氮排放量为216.8t/a；石楼镇畜牧、水产业废水的贡献值非常可观，该类污水多未经处理直接排放入鱼塘、河流、河涌与沟渠，最终流入莲花山水道，或直接灌溉农田和果园，只有少数的废水经过三级化粪池处理，根据《番禺区十一五环保计划》的估算，此类水每年CODcr、氨氮的直排量高达1931t、348t；此外镇区内大部分中小企业污水排放，亦能加重水体污染。以上三类排污达标排放率的污水低均是导致内河涌及河流水质恶化，影响景观及水环境质量的原因，其中以畜牧业及居民生活污水的影响最为显著。目前，该水环境污染不仅存在于石楼镇，而是基本覆盖了整个番禺区，成为制约番禺区个镇社会经济可持续发展的主要因素。为此，广州市番禺区人民政府将其纳入《广州市番禺区环境保护第十一个五年计划》中，根据各镇的自然、社会经济、污染源的状况，番禺区规划建设城镇污水集中处理系统共11个，其中石楼镇应兴建污水处理厂，收集石楼镇的污水，处理达标后排入莲花山水道，由此能在一定程度上缓解莲花山水道目前水质污染较为严重的情况。

（3）声环境调查与评价

根据广州亚运城所在地的环境噪声现状评价执行了《城市区域环境噪音标准》GB 3096－93中2类标准，场址北面临清河东路一侧执行4类标准，场址西边界距离京珠高速公路约200m，该边界执行2类标准，其余边界及场址内部对应划分标准属于2类区，执行噪声2类标准，以监测结果对照2、4类噪声标准值进行分析发现，建设项目选址及其边界环境噪声现状有如下特点：

1）项目四周声环境：

北面：受清河东路过往车辆的噪声影响，昼间噪声在 $72.8 \sim 74.3$ dB（A）之间，超出声环境4类标准要求；夜间因车流量锐减，声压级在

50.7～52.7dB（A）之间，符合4类声环境要求。

东面：东临近砺江涌，有一定的船业运输活动，昼间噪声值在52.2～56.7dB（A）之间，夜间在42.5～45.8dB（A）之间，均能符合2类标准。

南面：目前以香蕉林、水塘、菜地等农业生态系统为主，无明显的噪声污染源，其昼夜噪声测值均较低，符合2类标准要求。

西面：有京珠高速公路及地铁四号线通过。不考虑如上两噪声源的影响，本底噪声值约为50dB（A），如京珠高速公路有大型货车驶过，本底噪声将增加1～2dB（A），如是地铁驶过，噪声将增加2～3dB（A）。在综合京珠高速及地铁的综合影响下，昼间最大声压级值57.8dB（A），夜间为48.0dB（A），符合声环境质量标准要求。

2）内部居住区

亚运城内共有4个居民集中区，主要噪声为人群社会活动引发的噪声，经现场实测，昼间的A声级值51.2～53.8dB（A），夜间A声级值为41.7～44.4dB（A），均小于2类声环境标准。

3）内部交通路

建设项目内惟一的交通主干道为石清公路，道路南北走向，宽约15m，现场观测昼间车流量约为600辆/h，道路两侧的昼夜间声级在62.7～63.8dB（A）之间，超出2类标准要求，夜间基本无车辆通过，声级在44.8～46.7dB（A）之间，满足区域声环境标准要求。

4）农业生态系统

通过网格在亚运城内的菜地、香蕉林、水塘、菜地等农业生态系统集中区设点，因周围无明显噪声源，其昼夜噪声均远低于2类声环境标准的要求。

亚运城声环境主要受北面清河东路和场址内石清公路的交通噪声影响，其中以清河东路的影响最为突出。相关检测表明：亚运城边界的昼间连续等效声压级超出声环境质量标准的要求，夜间尚能达标；场址内交通道路两侧的昼夜噪声符合4类环境标准，生活区声环境能符合2类标准，自然生态系统声环境优于2类标准，基本符合1类标准要求。总体而言，建设项目场址内的声环境质量尚属良好。

（4）周围主要污染源

亚运城用地范围内以农田为主，同时有莎宝丽娜制品厂、骏盛织带厂、良材木业公司、石楼搅拌站等少数工业项目和新兴渔村、东盛渔村等餐厅以及少数商业设施。区内主要污染来源为生活污水，还包括餐饮油烟和少量粉尘。上述工厂和餐饮在亚运城建成已被搬迁。

综上所述，亚运城空气环境良好，噪声小，周边没有严重的污染源，基址内无电磁辐射污染、放射性污染源和土壤化学污染，是十分优良的建筑基址。

3. 建设用地

据广州市房地产测绘所《土地勘测定界技术报告书》统计数据，亚运城土地利用面积 3267230.21m²，用地范围位于新城中心地带，清河路以南，京珠高速以东，东临莲花山水道。选址范围土地资源类型有居民地、道路交通、工业用地及未利用土地等多种类型，以耕地和村镇建设用地为主，有少量城市建设用地。用地范围跨石碁、石楼两镇，包括石碁镇海傍村用地约 650 亩，低涌村用地面积约 30 亩，石楼镇裕丰村用地 2500 亩，南派村用地 560 亩。

建设前村民居住建筑主要集中在石碁镇海傍村、石楼镇裕丰村和南派村。村民住宅主要沿现状河涌建设，建筑层数不高，多为 2～3 层。

亚运城的建设对土地利用类型有较大程度的改变，使原有的农业用地包括园地、养殖水面等使用性质均发生变化，城市建设用地明显增长，人工绿化和防护绿地也相应增加。

广州亚运城在运动会期间主要以服务于比赛和运动员，运动会赛后的建设将以城市功能组团——即居住、体育、文化、卫生以及其他第三产业发展为重点建设方向，带动广州新城的发展。在建设过程中尽可能维持原有场地的地形地貌，减少场地建设投资和工程量、避免对场地原有生态环境与景观的破坏；对场地内有生态及人文价值的地形、地貌、水系、植被等予以保护。

4. 地形地貌

番禺地势由北、西北向东南倾斜，北部主要是 50m 以下的低丘，南面是三角洲平原，境内四周江环水绕，河网纵横。广州亚运城地块位于广州市番禺区中东部，属珠江三角洲冲积平原地貌单元区，地势低平、开阔，一般标高在 2m 以下，地形较平坦，水网稠密，主要为菜田、香蕉林、鱼塘、苗圃及村庄等，地面标高约为 4.10～7.87m 左右（广州高程系），一般在 5.00～7.00m 左右。亚运城周边主要的山体为莲花山和大、小浮莲岗。

5. 生态环境

广州新城位于四条结构性生态廊道之间，亚运城位于广州市番禺区莲花山脚，区内陆地被水网纵

图 3-2 亚运城建设前村民住宅

图 3-3 亚运城建设前的河涌

图 3-4 亚运城原有地貌

横分隔开，堤内有塘，塘边有池，池边有树，树间有村，村里有桥，桥下有河，河中有船，古桥、民居等古建筑群和参天大树合成为多层次、疏密有序的典型岭南水乡空间格局(图3-2～图3-4)。亚运城内河网纵横，蜿蜒曲折，果园繁多，以果园、珠江涌涌水系、潮道生态系统为基础，岭南水乡民居风情融于其中，形成独特的河网堤围生态系统。

在建设过程中尽可能维持原有场地的地形地貌，减少场地建设投资和工程量、避免对场地原有生态环境与景观的破坏；对场地内有生态及人文价值的地形、地貌、水系、植被等予以保护（图3-5、图3-6）。

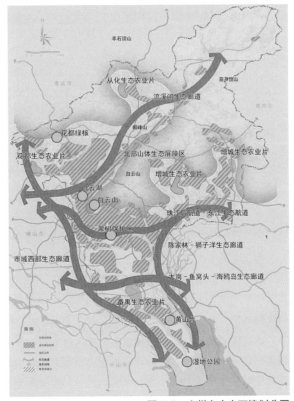

图 3-5　广州市生态环境划分图

现状风貌

现状风貌

现状风貌

图 3-6　亚运城规划选址风貌图

3.1.2 环境影响评价

1. 地质

亚运城选址范围内地质发育演变起始于古生代寒武纪。选址范围北部低丘、台地地质发育较早，岩石较老，其基岩属中生代燕山期形成的花岗岩，上面一层为更新世的红色风化壳；选址范围南部平原（即沙田、围田区）成陆较晚，第四系地层广泛发育，地质构造以沉积为主，有冲积、海积、海陆混合积等类型，平原下普遍存在腐木层、泥炭层及海相蚝壳层，说明亚运城的地质发育过程中曾经历地壳下降运动。

在区域构造上，广州亚运城范围位于珠三角洲新造化龙断隆与东莞白垩纪断陷盆地西端，北部属新造化龙断隆，南部属东莞白垩纪断陷盆地，该断裂在近斯仍有活动。区内基岩为白垩系百足山组（KLB）沉积岩，岩性为泥岩、粉砂岩等。

根据钻孔资料，亚运城所处区域范围已揭露基岩为白垩系百足山组碎屑岩和元古界变质岩，两者呈沉积不整合接触；基岩埋深变化较大。第四系土层沉积分布特征明显，无层间错动或剧变现象。区内钻孔未发现岩石扭曲挤压、断层破碎带、擦痕等断裂构造踪迹。

综合区域地质、地形地貌及岩土分布特征等资料和分析，初步判断选址范围场地是稳定的。但是选址范围场地松软土层较厚，稳定微风化岩埋藏较深，必须得进行地基处理或者采用桩基础，施工难度较大，工程投资较高。但是因为本场地地层的不均匀性，导致总体沉降以及不均匀沉降会较大，处理起来难度较大，投资较大。另外，选址范围内饱和松散砂土强震时会产生砂土液化、地震液化等级为轻微～严重，属对建筑抗震不利地段。根据《广州亚运城工程地质普查报告（工程编号：2007 城勘 27026）》资料显示亚运城场地属珠江三角洲冲积平原地貌单元区，地势开阔，地形较平坦，主要几个小规模的自然村庄，住宅多沿河涌分布。场地内地层由上至下划分为：人工填土层、三角洲相沉积层、冲积土层、残积土层及白垩系百足山组碎屑岩、第三系莘庄村组碎屑岩、元古界变质岩。

2. 地表水系与地下水

（1）地表水

亚运城东面毗邻莲花山水道，东北面有滘边海河道穿过，区内河涌较发达，水网较密集，水系主要分为东、中、西涌三条河涌，南北向贯穿整个地块中，并与东面莲花山水道相通，是区内农业灌溉用水水源。这三条河涌不仅是亚运城主要使用功能的分界，而且与主要交通干道相邻，是亚运城城市景观的有机组成。各河涌之间的间距为：东涌与中涌间距 640～650m，中涌与西涌间距 230～250m。东涌河道宽为 23m 左右，中涌河道宽为 11m 左右，西涌河道宽为 14m 左右。

河涌以接受大气降雨为主，非雨季时则近似干枯。自然排水条件较通畅，不易形成内涝。在亚运城沿江一带，因地势较低，沿珠江岸已建防洪堤，并在周边挖有多条蓄水及导水明渠，起蓄、排水的作用，局部分布鱼塘，起汇集雨水功能。

（2）地下水

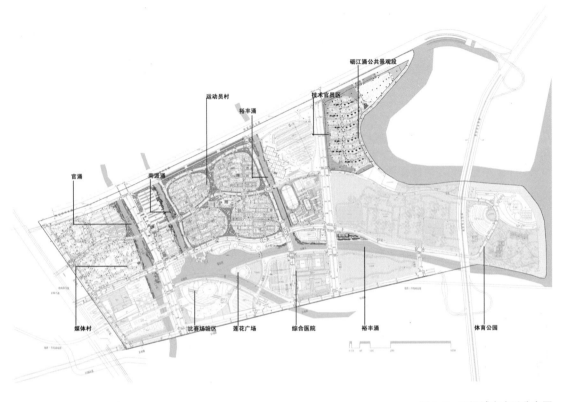

图 3-7 亚运城内水系分布图

按含水介质特征划分，亚运城地下水类型主要为第四系覆盖层孔隙性潜水和基岩裂隙水。粉、细、中、粗、砾砂层透水性较好，透水能力强，地下水水量较大，是亚运城内主要的富水层位，赋存较丰富的孔隙潜水。实测钻孔地下水位埋深为：0.50～2.50m，地下水埋藏较浅。地下水易受地表污染，主要接受大气降水垂直补给和河涌侧向渗透补给，并向河涌排泄，以莲花山水道为最低排泄基准面。

亚运城内北部地区基岩为混合岩，裂隙较发育，赋存一定基岩裂隙水。南部地区碎屑岩，裂隙多呈闭合状态，透水性较差。

根据《岩土工程勘察规范》GB 50021 -2001有关判定标准判定，亚运城地下水对混凝土结构具有弱腐蚀性，对钢筋混凝土结构中钢筋不具有腐蚀性，对钢结构具有中等腐蚀性。地下水主要是氯化物水，氯离子含量较高，可能与海水入侵或砂土层沉积时海水未全部淋滤排水有关。

二、生物多样性

亚运城开发面积为 $3.26km^2$，影响范围小于 $20km^2$。开发区域内主要为人为生态，包括菜地、香蕉林、草地（人工种植）等，不属于《环境影响评价技术导则（非污染生态影响）》HJ/T 19-1997 所指的自然历史遗产、自然保护区、风景名胜区、水源保护区等敏感地区，区域内亦无珍稀濒危物种，根据上述导则中的有关规定，亚运城生态影响评价工作等级为三级。

亚运城用地范围内生态现状以农业为主，区内植被类型包括苗圃、草场、蕉林、水稻田和菜地，均为典型的人工植被群落。其中苗圃内植物种类较多，但由于属于人工短期栽培植物，群落结构不合理，小范围内严重同质化。草场、蕉林、水稻田和菜地等种植品种单一，群落严重同质化、结构不合理。整体上看本区内生物多样性很差，另外地表植被多为作物和商品化植物，绿化覆盖率随季节变化明显，冬季大片水稻田、草场、菜地等植被覆盖率很低。由于亚运城开发，首先造成区域地表植被的破坏，然后在项目建成时区内将形成比较大面积的人工绿地，绿化品种与现状中的苗圃相似，植物种类较多，同时由于公园、绿化小品等的建立，绿化带出现乔、灌、草结合，使群落结构趋向合理化，同时绿化覆盖率将比较稳定。从这一角度考虑，项目营运期间区内生态系统完整性将在一定程度上优于现状。

亚运城建设会在建设期造成一定量的生物量和净生产量损失，但由于亚运城建成后绿地率为35%，可形成良好的植被覆盖和较好的植物群落，生态环境质量得到一定的补偿和恢复；尽管建设前项目区域地表植被、景观类型较大，但其景观资源极少，可利用价值不高，项目建成后，由于人工改造和巧妙布置，增加了景观的舒适性和美感，形成以人工景观为主体的景观类型，提高了景观的利用效率。

4. 噪声污染

亚运城噪声控制执行《工业企业厂界噪声标准》II、IV类（北）标准。施工期执行厂界噪声，执行《建筑施工厂界噪声限值》，详见表3-1。

建筑施工场界噪声限值，单位：dB(A)　　　　　　　表3-1

	施工阶段	主要噪声源	噪声限值	
			昼间	夜间
施工期	土石方	推土机、挖掘机、装载机等	70	50
	打桩	各种打桩机	80	禁止施工
	结构	振捣棒、电锯等	70	50
	装修	吊车、升降机等	60	50
	执行标准	《建筑施工场界噪声限值》GB 12523-90 中各阶段噪声限值		
营运期	声环境功能区类别	噪声限值		
		昼间	夜间	
	2类	60	50	
	4类（北）	70	55	
	执行标准	《工业企业厂界噪声标准》GB 12348-90 II、VI（北）类		

比赛期间主要噪声源包括辅助设备噪声（备用发电机、中央空调、风机、水泵及机动车）、进出机动车交通噪声和人为活动噪声。柴油发电机设在地下室，经过减振、隔声、消声、吸声处理，机房隔声门外噪声可降至55～60dB（A）以下，再经自然衰减和地下室墙体隔声，最终对所在大楼的影响很小；水泵等设备均匀放置于地下室，经过隔声、减振处理后，不会对项目自身产生明显影响；地下室房的引、排风机以及餐厅厨房的排风风机应作消声、隔声、减振处理，排风口应作消声减振处理，经过处理后不会对项目自身产生明显影响。

亚运城人流、物流较大，为此人为活动噪声是亚运城的典型噪声源。由于人为活动区域较大，以至相应的噪声源比较分散，在亚运公园、体育馆及运动员村的公共服务区内均有分布。

亚运城内禁止鸣喇叭、设置必要的交通路障限制机动车进入、设置减速路障限制区内机动车车速等，可有效控制机动车噪声。由于小区内车辆主要是业主出入时驾驶的车辆，基本为小型车，同时车流量也不大，通过一定的控制措施，机动车噪声不会有明显影响。

赛后亚运城内主要噪声污染源与比赛期间基本一致，主要为辅助设备噪声、机动车噪声以及公共场所人为活动嘈杂声。

3.1.3 可再生能源

1. 太阳能热水系统

根据广州太阳能资源情况，亚运城优先考虑太阳能制备生活热水的方式。亚运场馆建筑，集热方式采用集中式；居住建筑，既可以采用集中式也可以采用分散式；其中，分散式适用于6层以下建筑（含6层）。

广州亚运城建筑太阳能适用情况 表 3-2

技术名称		适用场所								
			体育馆		亚运城					
		体育场	典型馆	普通馆	居住建筑	办公建筑及场馆附属用房		酒店建筑	医院建筑	大型商业服务建筑
						大型	小型			
集热方式	集中式	○	○	○	○	—	—	○	○	○
	分散式	△	△	△	○	—	—	△	△	△
供水方式	直接供水	○	○	○	○	—	—	○	○	○
	间接供水	△	△	△	△	—	—	×	×	×

注：●应采用；○推荐采用；△不反对采用；× 禁止采用。

2. 水源热泵热水系统

热泵技术适用于亚运场馆和建筑广州亚运城的公共建筑的生活热水系统，与太阳能相结合时，宜优先采用太阳能供生活热水、热泵作为辅助热源的方案。

热泵供热水适用情况表 表 3-3

技术名称	适用场所								
		体育馆		亚运城					
	体育场	典型馆	普通馆	居住建筑	办公建筑及场馆附属用房		酒店建筑	医院建筑	大型商业服务建筑
					大型	小型			
热泵生产生活热水	○	○	○	△	○	○	○	○	○

注：●应采用；○推荐采用；△不反对采用；× 禁止采用。

3.1.4 资源利用与建设规模

1. 设施数量与规模

亚运城的主要设施为居住建筑群和体育馆，分为媒体中心（媒体村公共区）、媒体村（媒体村居住区）、运动员村、技术官员村、体育馆区、亚运公园（包含沙滩排球赛场）、后勤服务区1（亚运城中学和小学）、后勤服务区2（亚运城医院）。亚运城赛时规划根据亚运要求而定，赛时总建设量：总建筑面积约147.82万㎡（含地下室和架空层面积）。

（1）技术官员村规模

技术官员村用地面积162068.5㎡；赛时计算容积率建筑面积107138㎡；地下建筑面积30483㎡，架空面积6379㎡，天面建筑面积2144㎡。其中，住宅建筑面积107138㎡，共12栋，自编号为1～12栋；1～6栋建筑层数为11层，7～12栋局部12层（局部顶层复式），首层局部架空，建筑高度最高41.30m；配套公建50㎡。地下室赛时为物流中心，赛后为人防设施，部分区域为地下车库。赛时配套建筑服务中心1122㎡，赛后可考虑置换成景观小品或社区服务中心。

技术官员村东北侧，位于服务中心以东设置临时停车场面积26000㎡，设机动车位288个，非机动车位99个。赛后临时停车场按照亚运城赛后规划使用。

（2）运动员村规模

运动员村满足14000名运动员和随队官员的使用要求。运动员村人均居住建筑面积指标按不低于25㎡设置（符合国家及广州市居住区设计相关规范与标准）。总建筑面积控制在约635948.7㎡。其中居住区总建筑面积控制在约572753.7㎡，国际区总建筑面积控制在约33532㎡，公共区总建筑面积控制在约18585㎡，后勤区总建筑面积控制在约11078㎡。

建设内容主要包含住宅、运动员村西停车场区、运动员村公共区、体能恢复与力量训练中心、小餐厅、宗教设施（临建）、地下物流中心及其相应配套功能区。

（3）媒体村规模

广州亚运城媒体村工程，规划总用地面积181577.9㎡，地上建筑面积318701㎡，地下建筑面积105369㎡，总建筑面积424070㎡。分南北区，地下1层，地上共有55单元十五至二十二层住宅楼，首层为住宅大堂、设备房及架空层，二至以上为住宅楼。其中：住宅建筑面积312045㎡，赛时配套建筑面积3628㎡，赛时临时建筑建筑面积3028㎡，地下室面积105369㎡。

（4）亚运体育馆区规模

亚运体育馆用地面积101086.6㎡，总建筑面积65340㎡，其中亚运体育馆（体操）建筑面积约30920㎡，主要承担体操、艺术体操、蹦床三个项目，是为亚运会提供标准的体操比赛和训练的场馆，亚运会赛时为6000座规模的体操馆，赛后改造为篮球馆，是广州新城的中心体育馆；广州亚运历史展览馆是为传播历届亚运会历史和亚运知识而建设的重要配套项目，赛时为亚奥理事会和1～15届亚运会各设立一个独立展示空间，以传扬亚运历史轨迹，建筑面积约 3800m²；台球馆是为亚运会提供标准的台球比赛和训练场地，承担斯诺克、英式、普尔 8 球、普尔 9 球、法式三边五个小项，场地应能容纳 20 张比赛球桌、6 张训练球桌和容纳 1000 名观众；壁球馆是为亚运会提供标准的壁球比赛和训练场地，承担壁球预赛和决赛项目，共设 9 个标准比赛场地，能同时容纳 800 名观众。台球与壁球综合馆建筑面积约 15630m²；室外观众架空平台建筑面积 14990m²。

2. 赛后利用

亚运城体育中心赛后由番禺区政府接管，作为面向番禺区级重要的体育设施中心。主媒体中心赛后改建为区域购物中心；亚运城中学赛时作为志愿者居住宿舍和运动员体能恢复训练中心使用，赛后成为亚运城的配套中学；亚运城小学志愿者宿舍使用，赛后成为亚运城的配套小学；亚运城医院赛时作为志愿者居住区及物流中心，赛后为周边居民提供医疗服务。亚运会之后，亚运城转为娱乐、购物、餐饮、医疗、中小学等各项公共设施一应俱全的高品质生活社区。

配套设施的综合利用表 　　　　　　　　　　　表 3-4

设施	赛时功能	赛后功能	备注
小 / 中学（教育）	工作人员居住	还原	—
会所	行政管理中心	还原	—
酒店	主新闻中心和国际广播中心	还原	主要被选地，规划预留
医疗卫生（含医院）	医疗站	可弹性	临建
商业服务	商业	可弹性	可考虑部分临建
社区服务	可弹性	可弹性	可考虑部分临建
金融邮电（含银行、邮电局）	可弹性	可弹性	可考虑部分临建
市政公用	可弹性	可弹性	可考虑部分临建
行政管理及其他	可弹性	可弹性	可考虑部分临建
清洁与垃圾转运站	垃圾收集及转运	可弹性	可考虑部分临建
地面停车场	停车	可弹性	可考虑部分临建
地下车库	综合利用	停车	赛时严禁停车
升旗广场	升旗	开敞空间	—
亚运公园	亚运公园	亚运公园	—
体能恢复中心	可弹性	可弹性	可考虑部分临建
康乐休闲中心	可弹性	可弹性	可考虑部分临建
室内标准游泳池	可弹性	可弹性	可考虑部分临建

技术官员村中的一些比赛设施在赛后作为居住社区的配套设施如小学、中学、会所、商业服务、酒店、医院和垃圾转运站等充分考虑赛时综合使用。

运动员村居住区住宅部分在赛后作为组团小区式住宅使用；南区内体能恢复与力量训练中心赛后利用为组团级居住小区管理服务中心；小餐厅赛后利用为组团居住小区配套幼儿园；地下物流中心赛后为区域人防设施兼作地下停车场；公共区因亚运会举办需要，但赛后不适宜改造利用的，可考虑搭设临建，赛后拆除；西停车场区作为亚运城的配套设施，赛时为与会人员提供停车场地，赛后作为商住区和小学用地；运动员村东停车场区为临时设施，赛后规划为组团式住宅小区；国际区包括运动员服务中心、代表团官员服务中心、礼宾服务中心、行政管理中心、零售中心、综合诊所、康乐休闲中心、升旗广场、签取市场和其他设施，在赛后经适当改造后仍可作为小区配套设施继续使用；工作人员大型集中停车场为临时设施，赛后为商务办公用地。

媒体村的居住建筑在赛后进行内部装修改造，以便赛后出售，改造建筑面积约311245㎡。另外，还建设5栋配套公建工程，包括1栋制证综合楼（赛后转为幼儿园）、1栋宗教中心（赛后转为小区会所）、1栋废弃物管理中心（赛时临建，赛后拆除）、1栋垃圾收集站（地下）和1栋临时餐厅（赛时临建，赛后拆除）；赛后媒体村南北区各设地下室1层，南区地下室主要功能为汽车库，北区地下室主要功能为汽车库，部分战时为人防区。

亚运城综合体育馆赛后集体育商业于一体，亚运城综合体育馆赛后将发挥其大空间的优势，成为集体育、商业、公共服务等多功能于一体的建筑综合体服务市民。亚运历史博物馆将收集和展览与亚运有关的资料，展览厅呈螺旋上升，参观完后可乘坐电梯返回。

3.2 绿色亚运精心设计

3.2.1 建筑方案比选

1. 住宅部分：运动员村与媒体村

（1）运动员村

1）运动员村之规划

运动员村位于广州亚运城的中部，为主干道一、主干道二之间，莲花湾以北地块。运动员村所在地块于规划前期现状为农地及村落。现有村落体现出择水而居的岭南人居特色。

居住区规划方案以莲花山地区特有的水溶性低丘陵地貌为蓝本，提取其岛状斑块形态为设计元素，运用到规划方案之中。居住区内分成四个大小相若的组团，每个组团就是一个"围"，通过绿化、园林造景的手法勾勒每个组团的形态，再现岭南水乡"围"的风采。

建筑布局采用独特的簇群式院落布置，围绕出组团中心花园，形成独立的组团分区，又具有强烈的岭南传统房屋布局特点。建筑之间利用一层连廊联系，相连的院落布局适宜南方多雨和日照强烈的气候环境，免去了日晒雨淋之苦。

每个独立居住组团外设有环形步行兼自行车径，供参赛人员和工作人员使用。运动员村簇群式院落布置的设计形式同样运用到媒体村和技术官员村的居住区，构成规划方案重要的形态元素。

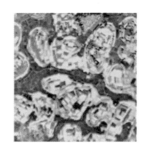 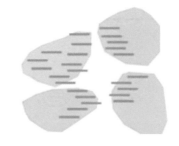 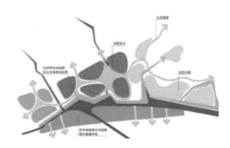

图 3-8 运动员村规划意向图

图 3-9 运动员村总平面（赛时和赛后）

图 3-10　运动员村透视

2）运动员村之建筑

居住区建筑

① 建筑平面

根据簇团形态以及日照通风的分析数据，采用一梯两户（部分端头一梯三户）住宅联排，村落式错列布局方式。居住建筑单体设计以人性化、生态化、集约化为设计理念。

运动员村赛时需容纳 14000 名运动员和随队官员居住，并预留 5%（700 位）的余量床位，共计服务人数为 14700 人。赛时不低于人均居住面积 26㎡。住宅部分包括团长单元用房 7000㎡。以 11 层住宅为主，局部端头一梯三户单体做 14 层。

户型主要特点：房间方正，利用率高，室内交通流线简短便捷，南北通透，通风采光良好，明厨明卫，客厅采用大面积落地推拉门窗，居室采用外飘窗的形式，均设有双阳台。设有两房两厅及三房两厅的几种不同的户型，户型面积为 90㎡、110㎡ 及 130㎡ 不等，为赛后住宅销售提供了多种的选择

可能。户型体型系数（建筑物外表面积和外表面积所包围的体积之比）不超过 0.35，有利于节能。

住宅天面均设为可上人种植屋面，为居民的日常休闲提供了良好的环境，同时有利于屋面的隔热与建筑节能。

地下室：整个运动员村共设 4 个地下室，即每个住宅组团下各设一个，地下室总建筑面积为 129712㎡，其中含人防区面积 38078㎡。地下室赛时共设约 20000㎡ 储藏中心（其功能为广州亚运城物流中心下属运动员村居住的物流中转分配站），均匀分布在四个组团地下室内，主要满足赛时运动员居住运动员及官员生活所需品的物流配套。地下室赛时不做停车用。地下室赛后作为居住区地下车库使用。

② 立面造型及景观

运动员村居住建筑，条形成组布局。建筑群具有很强的东西向条线感。在住宅的立面处理上，可以用一些折板和片墙来呼应条形的建筑形体，并用抽象的手法融入一些中国传统建筑的符号与元素，

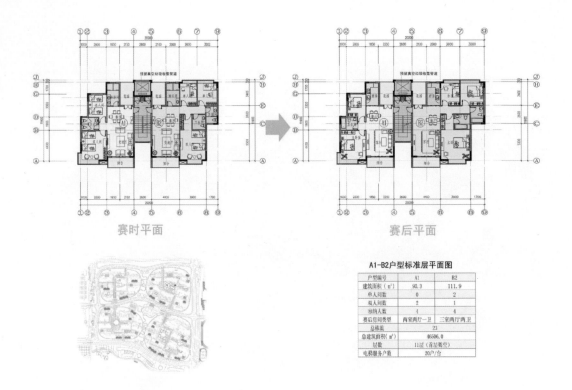

户型编号	A1	B2
建筑面积（m²）	90.3	111.9
单人间数	0	2
双人间数	2	1
容纳人数	4	4
赛后房间类型	两室两厅一卫	三室两厅两卫
总栋数	23	
总建筑面积（m²）	46506.0	
层数	11层（首层架空）	
电梯服务户数	20户/台	

A1-B2户型标准层平面图

图 3-11　运动员村部分户型平面

图 3-12　运动员村居住建筑立面

尤其是在近人尺度的首层、二层立面的细部处理上。折板与片墙的做法也可以有效的遮挡亚热带夏季炎热的阳光，起到很好的遮阳、节能效果，形式与功能相得益彰。

在单体公建（体能恢复中心及餐厅）的造型处理上，与住宅及周边环境自然融合，同时减弱了大型公建的体量感，使整个区内的建筑非常协调。

建筑高度必须以方便运动员上下楼为前提，必须满足消防、安全和通风、日照等要求，并根据建筑物所在地区的实际情况（如山体、水体及重要的景观视廊）进行控制。同时应注重亚运城内各类建筑的色彩、体量、风格的整体协调统一，并考虑加强不同区域建筑的可识别性。

公共区、后勤区建筑

① 公共区

总建筑面积15443m²，是运动员村的交通及人流集散中心。包括车站、停车场、代表团行李的装运、卸载及存放、安全控制中心、办证中心、白天通行检查中心、快餐中心、汽车租借服务中心、媒体办证采访中心、志愿者服务中心、志愿者餐厅、访客贵宾接待中心。首层从北到南依次是运动员区、媒体区、访客贵宾区。运动员可以在被认可的情况下到媒体区接受采访以及去访客区会见友人，但媒体记者以及访客不能进入运动员区。二、三层为志愿者服务中心以及志愿者餐厅，为志愿者提供服务。抵离办证中心穿过式的布局使建筑内部流线清晰、空间开敞，并且便于疏散人流。内庭院使得上下层之间的空间相互穿插与渗透，阳光、空气可以直接进入建筑物内部。屋顶露天餐厅有效的利用了空间，提供了开敞的就餐环境。

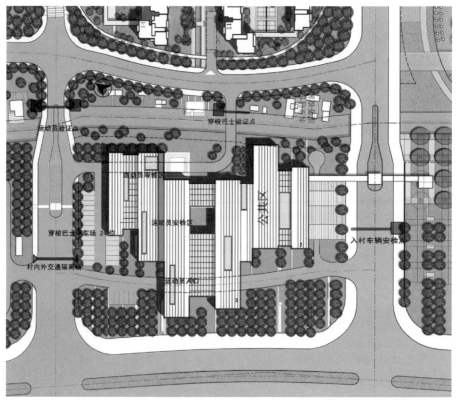

图3-13 公共区总平面

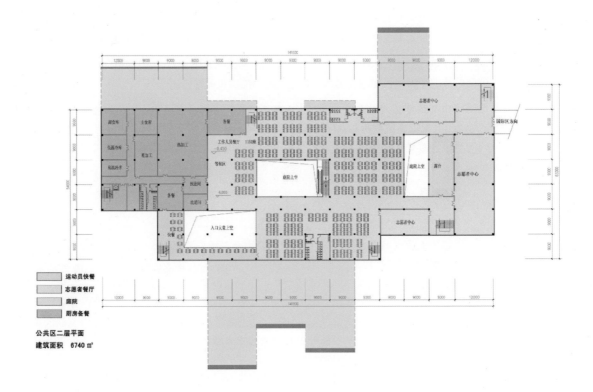

图 3-14　公共区二层平面

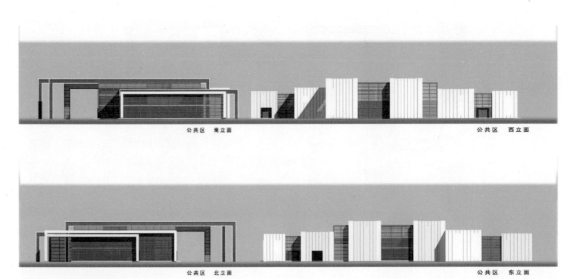

图 3-15　公共区立面

② 体能训练中心与小餐厅

体能恢复中心可同时满足 300 人使用要求，内设健身房、水疗和桑拿室等，赛后改建为会所使用。小餐厅主要为体能恢复中心及运动员村居住区运动员、官员提供餐饮的辅助型餐厅，赛后结合幼儿园使用。

赛后会所提供茶餐厅、美容美发、游泳池、健身及桑拿等功能，为区内居住者提供良好的社区服务，幼儿园为赛时小餐厅改建，共设 15 个班，可满足 1.1 ～ 1.35 万人小区使用要求。

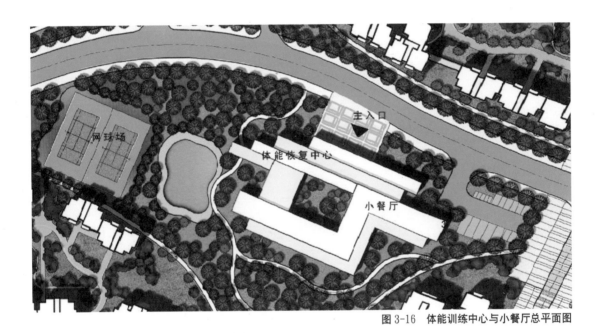

图 3-16　体能训练中心与小餐厅总平面图

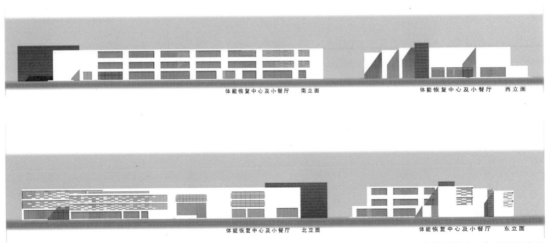

图 3-17　体能训练中心与小餐厅立面

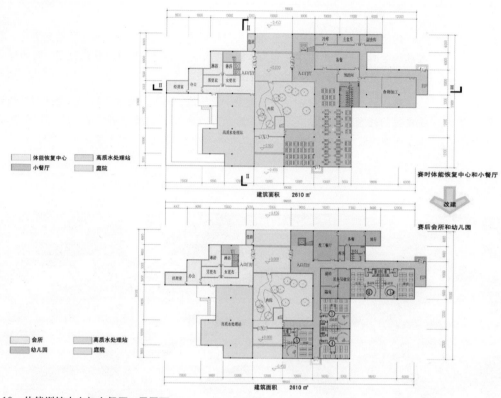

图 3-18 体能训练中心与小餐厅一层平面

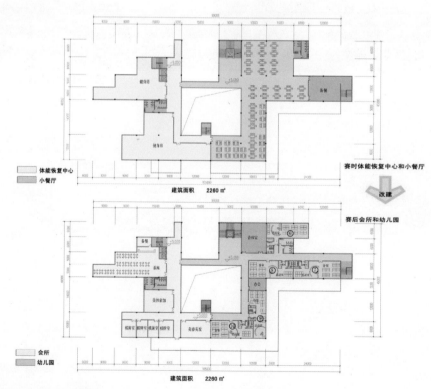

图 3-19 体能训练中心与小餐厅二层平面

③ 宗教中心

在4个组团的中心各设置了一个1层的500m²左右宗教中心，共计约2000m²。宗教中心结合首层架空设置。其中1、3区（西北和西南组团）内各设一个伊斯兰教宗教中心，2、4区（东北和东南组团）内各设一个基督教宗教中心，满足有宗教信仰的人士使用需求。伊斯兰教朝拜堂朝向麦加方向，分别设男女朝拜堂，充分考虑伊斯兰教的宗教习惯，提供细致入微的服务。

赛后结合住宅首层架空改建。其中1、4区（西北和东南组团）内的宗教中心改建为文化室、老年人服务站点、社区居委会以及商业用房，2、3区（东北和西南组团）内的宗教中心改建为商业用房。

图3-20　宗教中心立面图

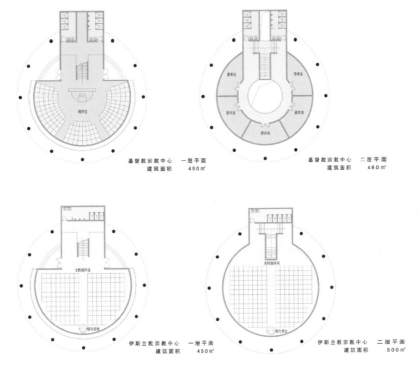

图3-21　宗教中心平面

（2）媒体村

1）媒体村之规划

媒体村居住区位于广州亚运城西北部，清河路以南，次干道一以北，次干道二以东，南涌以西的两个地块。总用地面积约18.2hm²，媒体村居住区以路为界分为南区和北区。

概念上研究岭南水乡聚落特色，追寻"依山而建、活水穿村"的布局特点。在布局上，鉴于1.69的综合容积率，住宅整体上采用外围行列式布局，内部点式或两座拼式结合，这样，有更多的住宅可以享受区内安静优美的环境，呈开放姿态的中央景观与组团景观互相渗透；在景观上，把地块划分为三个生态组团，在住区组团内利用水体、草坡等景观元素模拟水乡河网的肌理，将便捷的人行交通系统叠加在原生态组团中，利用地块现有的景观优势并加以整合，造景与借景设计手法并用，公共景观、组团景观和庭院景观层次分明、此起彼伏，形成一个建筑外密内疏、高低错落、山环水绕、绿树成荫的新式岭南水乡社区。

由于地处交通要道，车流量大，设计中尽量在居住区外围设置绿化和建筑屏障，在小区内部努力营造出安静雅致的住居气氛；在和谐路两侧布置媒体村配套公建，赛后改造为居住区商业街，形成居住区商业气氛，真正做到包容内外、动静皆宜。

媒体村居住区依据媒体工作者的特性，建筑上采用公建化的处理，强调体块和线条的组合，极富流动感和感召力，给人留下强烈的现代感和不可抗拒的视觉印象；户型与环境的设计均强调交流与共享空间的多样化、趣味化，给各国媒体提供一个开放高效、资源共享的赛时居住区，又为赛后住区转型创造了良好的邻里交往与合理的认知尺度（图3-23～图3-25）。

沿和谐路两侧布置媒体村工作人员用房、行政中心、宗教设施和废弃物管理中心，这里是整个媒体村的配套服务中心，穿越水景的中心广场纵深60m增强了序列感。赛后改造为住区的商业风情街，从城市到住区不再是强硬的分割，而是有序的景观过渡。风情街与南北景观主轴的绵绵水系、起伏绿带紧密结合，联系南北住区，水文与人文的完美结合。把媒体村行政中心放在和谐路中心位置的北面，同时它面对南面的中心广场，符合媒体人员的行为走向；宗教设置则放在较为安静的西端，供各宗教信仰人员使用，赛后改造为幼儿园也能得到一个安静的学习环境。

利用和谐路走向的迎宾大道将整个居住区分为南北两个社区，南北两个相对独立的园林空间与中央景观大道呈渗透关系，形成园中园的格局。临时大型停车场作为一个相对独立的区集中设置于用地东北侧，于清河路上设置单独的出入口，以免赛时大量的媒体工作车流对居住区带来巨大的影响。

图3-22　媒体村所在地块

图 3-23　媒体村规划布局总体构思分析

图 3-24　媒体村总平面图

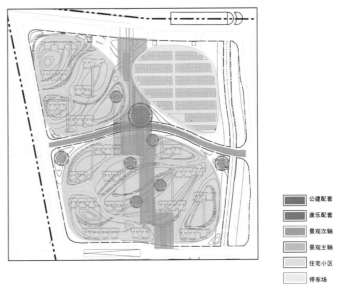

公建配套

康乐配套

景观次轴

景观主轴

住宅小区

停车场

图 3-25　媒体村功能结构分析图

2）媒体村之建筑

① 户型设计（赛时赛后）

在户型设计上，结合媒体工作的实际需求，赛时以80m²的小三房紧凑型和90m²的两房舒适型户型为主，可以随使用者的要求完善内部隔墙系统而达到使用要求。赛后将客厅的隔墙拆除，重新组合为拥有开阳餐厅和客厅的舒适型两房户型。各户型总体上遵循"动静分区、功能合理、空间紧凑、洁污分离"的设计原则，强调居住空间的舒适性和实用性，全部明厨明厕，生活阳台则尽可能的隐蔽和弱化处理；通过造景与借景，做到"户户有景"，特别是引入阳光电梯厅和入户花园，错层的景观阳台，还考虑与室外的对应关系，进一步强调与室外环境的沟通，表达了媒体人员透明、高效、交流的工作性质；同时近80%户型南北通风对流，由此达到住宅景观、朝向、通风的均好性（图3-26）。

② 建筑造型设计

建筑群体疏密结合、高低错落，创造了生动活泼的天际线。形体上强调线条的组合，通过对阳台、飘窗等构件的有机组织，使建筑造型挺拔、简洁雅致，格调脱俗，于现代的清新中隐现着历史的风韵，契合本项目提炼传统岭南水乡聚落整体意象的主题。此外，蕴涵历史意味的现代造型易于融入广州新城的整体格局，为广州新城添上一道亮丽的

风景线。

立面设计色彩上借鉴传统民居建筑黑白灰色系，建筑整体以灰、白调为主，色彩丰富了建筑立面层次，随着视线的移动，墙面会产生丰富而生动的效果。A型住宅强调横向线条，通过对阳台、飘窗等构件的细致处理，与强调竖向线条的B型住宅有机组合，在突出自身特点的同时注重协调，整体上以大体块几何体穿插，突出建筑的雕塑感。折线型构架采用公建化处理，与景观处理形成鲜明的对比。细部设计沉稳雅致，立面设计凹凸有致，既简洁又富有线条的美，使整体产生强烈而富有节奏感的光影变化。C型住宅采用自由曲线突出自身，波浪形的转折挑台和反弧形错层阳台为住宅带来深远的景观（图3-27）。

3）媒体村之景观设计

景观设计整体取形于传统岭南水乡聚落的桑基鱼塘，以水乡河网为构成肌理。景观设计顺应分区需要，采用台地、坡地、水带的流线手法与建筑紧密结合，形成数个内部组团交流空间。绿地、水景及满足功能的大小广场以相互围合、渗透的手法，使人与建筑自然地融入生态环境当中，通过景观要素的有机组织梳理出一个赛时功能齐备的媒体生态住宅区，并便于赛后住宅的直接利用。

开阔通达的中心景观主轴—穿越四大入口广场

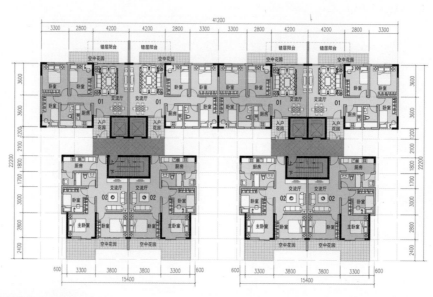

图3-26　媒体村部分户型图

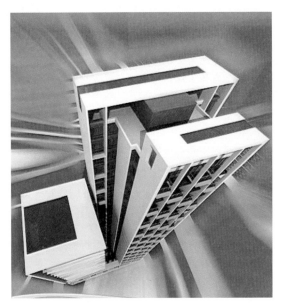

图 3-27　媒体村立面造型

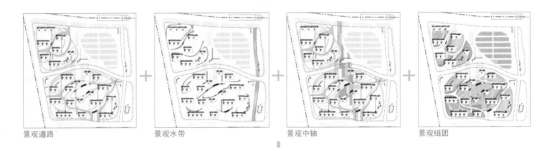

景观道路　　　景观水带　　　景观中轴　　　景观组团

图 3-28　媒体村景观分析

贯穿基地南北，景观视线通达。

亲切舒适的组团内部交流空间—通过环形水带、木栈道、小拱桥、圈形户外椅等景观因素相互结合布置，使环境具有强烈的亲和性和参与性，达到人与环境相互协调，既满足媒体人员休闲沟通又益于赛后社区的娱乐活动。

人性安全的检索进出口广场—南北向各有两个大型人口广场与西向的次入口，主要满足赛期瞬时人流高峰疏散和繁重物流输送需要。

多层次的立体绿化空间—通过带状自然起伏的坡地和水带相结合的手法，弱化了建筑主体部分的高差，丰富了各个层次的视觉效果，使得建筑实体与绿化相互融合，实现自然的过渡。绿化种植设计力求简洁，遵循"草地—地被—灌木—小乔木—大乔木"多层次的搭配原则，提供各类可停留空间（图3-28）。

2. 公建部分：体育馆与媒体中心

（1）体育馆与媒体中心简述

亚运体育综合馆区在赛时为亚运会提供标准的体操比赛和训练场地，承担体操、艺术体操、蹦床、台球和壁球五个项目，赛后将成为广州新城集体育、商业、公共服务等多功能于一体的建筑综合体。

媒体公共区则为亚运赛时所有媒体工作者提供工作场所，交流场所以及各种生活配套设施的服务综合体建筑。包括主媒体中心（MMC）和媒体公共服务区，其中主媒体中心又包括主新闻中心（MPC）和国际广播中心（IBC），本设计方案将三者有机结合起来，统一在一个建筑综合体中，三者联系紧密而又相互独立（图3-29）。

方正的建筑体量配上流动柔美的线条，变化丰富的侧墙和边角，增加了空间的戏剧性；精致的玻璃幕墙开窗结合文字的标示性，彰显出媒体建筑的个性，为媒体工作者创造更富激情的工作平台。

（2）设计理念

体操运动员手中五彩斑斓的彩带，轻轻扬起，幻化成媒体中心那炫目而流畅的建筑形态，彩带向前飞逸，划出体育综合区旋律般流动的屋顶。飘动的曲线塑造出充满力量、速度和技巧的动态建筑，呈现的将是人性化的科技。梦幻的未来与具有未来意向的建筑形态相对应是，流动互融、节奏分明的建筑空间。体育馆、综合馆、亚运历史博物馆，每个场馆都拥有独特的造型和位置，同时它们更是同一屋檐下相互融合的整体（图3-30）。

图3-29 媒体中心鸟瞰

柔美的曲面顶棚，形成流动的馆内空间；变化丰富的侧墙，增加了空间的戏剧性；错落有致的天窗开洞，带来了变幻无穷的光影。为运动员创造更富想象力的竞技平台。诗般的岭南山水意象跌宕起伏的曲面屋顶与水面蜿蜒的莲花湾相呼应，再现了岭南山水如诗画般的意境（图3-31～图3-33）。

（3）规划结构与布局

1）规划结构

中心地区城市设计延续了总体规划空间结构，并适当对结构性轴线的进行补充，保持与周边地区良好的功能、交通和景观联系。整体形成"一轴一心，两带三区"的设计结构。

一轴：以地铁海傍站为起点，延伸至莲花湾畔的体育发展轴，这条轴线串联起媒体综合区及亚运体育综合馆区，将沿线各个标志性建筑及景观点连成一个整体，形成中心景观序列。

一心：以亚运广场为中心，通过水轴联系两岸节点，使两岸景观带成为一个有机整体。

两带：是指莲花湾两岸的滨水景观带，是城市重要的绿化廊道，在此可营造出"绿色亚运、缤纷花城、人文广州"具有岭南特色的城市环境。

三区：根据亚运的功能要求，所形成的三大功能区包括：亚运体育综合馆区、媒体公共区、运动员村国际区。三者相对独立，联系方便，互融互通。

2）规划布局

由"空中漫步廊"为纽带的易辨识连接布置。

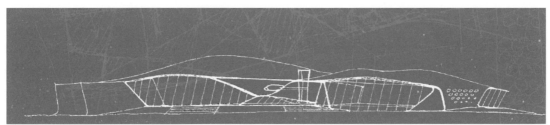

图 3-30 体育馆与媒体中心设计理念意向之飘逸的彩带

图 3-31 亚运体育馆鸟瞰

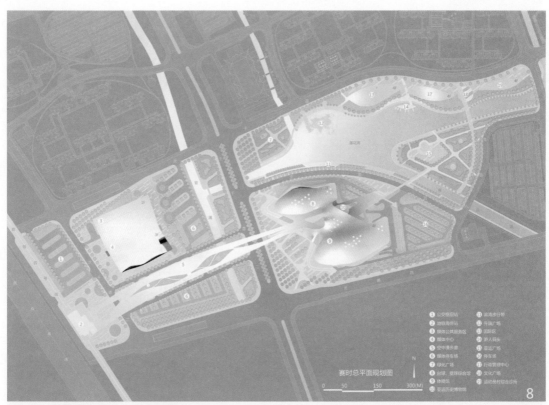

图 3-32　体育馆与媒体中心总平面图

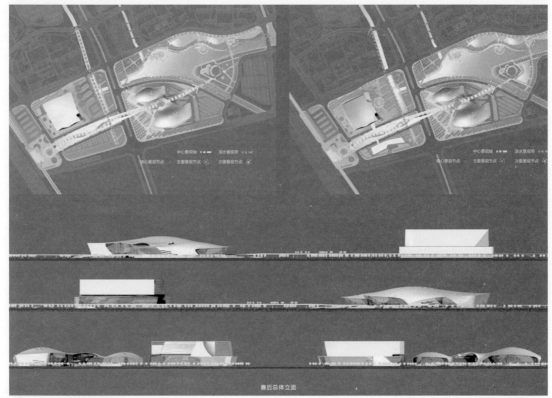

图 3-33　交通流线分析

由西向东布置，媒体中心、亚运体育馆、综合馆、亚运历史展览馆，观众顺着这一开放性的中心步行景观空间，可方便达到各个体育设施。可供大型集会活动的升旗广场及亚运广场与之呼应，构成"绿脉贯连，环水映绿"的景观绿化开放空间。

将公共空间与工作服务空间进行明确功能分区的区域规划。通过平台互联将各个建筑的主要层设定为二层，并统一高度。在首层设置多功能比赛场地和体育管理服务区，运动员用房、新闻记者用房等，并设置专用停车场，将公共空间与工作服务空间明确分离，形成功能完善、安全舒适的区域布置。二层平台为步行者专用空间，保证安全的同时实现高效疏导；一层设有专用车行空间，实现人车分流的剖面设计（图3-34）。

各个设施采用向市民开放的可持续性设计：各个体育场馆均设有部分可拆除的设施，便于改建成其他类型场地，或全部拆除，形成大空间，满足多功能的使用要求。亚运历史展览馆在保留部分展览功能，引入创意商业。体育综合馆区的整合设计为

举行各类的展览、集会、表演活动提供场所。运动员服务设施改造为滨水步行街，亚运广场处可加建博物馆或是购书中心。露天表演，休闲娱乐则可在广场、湖岸实现。购物、运动、餐饮、娱乐、休闲、参观，每个人都能在这里找到自己所需。

在亚运会之后，这里会是向市民开放的体育主题公园。采用可变的可持续性环保设计：媒体公共区，北侧易于拆除的单层钢结构的服务性临时建筑，可因需要加以改扩建，结合东侧大型的交通集散广场，由此媒体中心化身为大型现代的Shopping Mall。

（4）道路交通规划

建立内外分流的车行交通系统；建立快捷高效的车行交通系统；突出广州亚运城核心区的景观可达性与标志性；提供方便、连续、安全、便捷、舒适、复合多元的步行、活动系统；人行与车行交通有机分流。

1）基于"人车分流理念"的剖面构成

图3-34　亚运城公共建筑规划示意图

考虑到使用者及步行者的安全以"人车分流理念"为基础进行了剖面设计。在以位于标高6m处的二层平台设定为主要通道，作为通往体育场馆的步行者专用空间，既确保行人安全，又在避难疏导上发挥有效的作用。另一面，在一层设置了体育馆内部人员车道，后勤车道和贵宾专用车道等，作为专用的车行空间进行规划。

2）建立复合步行系统及环状的自行车系统

结合游览线路合理规划不同距离的步行线路，形成点、线、面相连的网络，形成两大步行区。中心景观步行区及莲花湾滨水步行区。赛后，两大步行区融为一体。分别以商业、体育、文化、娱乐为主题，适当布局观景平台，与水体、亲水绿地等景观性要素紧密结合，为市民提供多元化的休闲活动的空间。

赛时运动员村内设置多个自行车存放点，为运动员和技术官员提供自行车免费服务，沿东西向的城市支路和湖岸设置环状的自行车线路。

赛后利用自行车系统，连接亚运公园、地铁海

傍站等各公共设施，方便居民出行。

3）赛时"车"与"行人"的流线

① 车的流线

一般外来车辆：海傍站公交枢纽设置公众停车场，停放外来公众外来车辆。

贵宾车辆：在广州亚运城通过验证后可驾车经清河路直接到达体育综合馆区东侧专用停车场地。

广州亚运城内部车流主要为参赛人员、媒体人员和技术官员等的车流动线，并采用循环穿梭巴士，密集运送人流。

体育综合馆区：选手，大会组织者，新闻媒体，贵宾以及后勤服务相关车辆在场地东侧设置专用停车场地，及出入口。媒体综合区东侧设置专有的媒体车辆停车区。

② 行人的流线

公众可通过三种方式前来广州亚运城观赛：地铁、公交专线、自架车。到体育综合馆区观赛的公

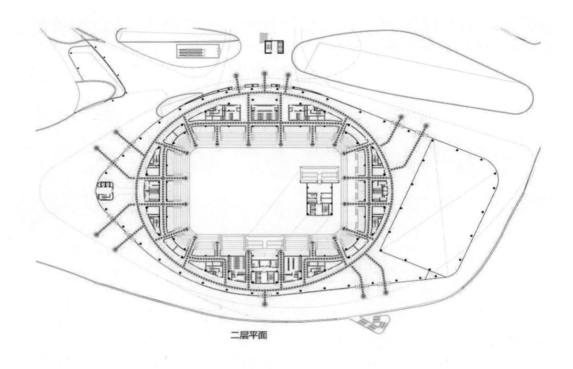

二层平面

图 3-35 体操馆观众流线示意图

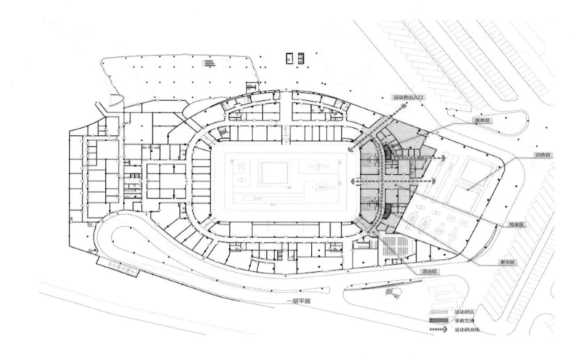

图 3-36　体操馆运动员流线示意图

众均从海傍站公交枢纽处出发利用二层步行平台直接步行到体育综合馆区，经安检进入比赛场馆。

选手、大会组织者、新闻媒体等可从东侧的专用车场处进入场地，由专用入口进入场馆。

（5）场馆内部交通流线设计

亚运场馆的流线设计遵循清晰、简洁、便捷的原则，观众与其他人流通过立体分层式分流。

1）观众流线

体操馆观众流线采用中行式设计，观众经由场馆区绿化景观广场的大台阶上到5.0m标高的观众大平台，远程观众可由地铁海傍站直接从空中景观漫步廊来到观众共享平台，通过安检后进入体育馆的观众大厅，观众根据池座分区编号由各个观众大厅通过相应的入场门号进入池座，观看比赛（图3-35）。

综合馆观众流线采用下行式设计，观众从各交通集散点由场馆区绿化景观广场上5.0m标高观众大平台，或从由地铁海傍站直接从空中景观漫步走

廊来到观众平台，通过安检后进入综合馆的观众大厅，再进入各个场馆观看比赛。

2）运动员流线

运动员大巴进入各个场馆的专用停车场后，运动员双方可各自直接进入临近的运动员专用入口，到达运动员区，经过休息、更衣、检录后，运动员双方可由各自的临近赛场入口进入比赛场地参加比赛（图3-36）。

3）贵宾流线

贵宾专车可进入体操场馆南侧和综合馆北侧的贵宾专用车道后，就近通过贵宾专用入口进入贵宾区。体操馆的贵宾乘电梯可到达3.0m夹层的主席台和特等贵宾区，或者上至6.0m层的普通贵宾坐席区，也可上至10.0m标高的包厢层。综合馆的贵宾在贵宾休息室休息后，进入场内贵宾坐席观看比赛（图3-37）。

4）新闻媒体流线

新闻媒体工作者可乘专车到达场馆的新闻媒体

专用入口，进入新闻媒体工作区后可直接进入赛场的混合区进行工作采访。其中体操馆的媒体工作者还可通过工作区内的两个楼梯直接上至媒体坐席区进行赛事报道工作，解说和评论员则可继续上至四层的解说评论室（（图3-38）。

5）赞助商流线

赞助商可乘车到达平台下的赞助商专用入口，或者从观众平台进入赞助商专用门厅，乘电梯直接上至10.0m标高的包厢层，进入包厢观看比赛。

6）场馆运营和赛事管理流线

场馆运营和赛事管理者均能乘车直接到达各自的专用入口，进入各自的功能区，且能便捷的进入赛事场地。

7）亚运历史博物馆流线

亚运会历史博物馆的主入口位于场馆区的地面层，由屋顶飘带延伸到地面的自由曲线形入口进入博物馆内，游览途中可经由扶梯上至5m标高层的观众平台。观众到达平台层后，随着平台上结晶体

的指引，上行进入一个螺旋形坡道上升的壳体内，由坡道博物馆上行继续浏览展品，一直上升到15m标高层的结晶体连接形状的博物馆结束浏览行程。观众可以继续选择从垂直电梯下行回到观众平台，或者上行至18m屋顶花园平面欣赏亚运场馆区的水面和广场景观。整段游览过程中可以随时经由每层垂直电梯结束游程。另外，10m标高的商务贵宾层上也有直接的连廊来到螺旋坡道开始浏览展品。

（6）建筑造型

洋溢着象征性及活跃动感的空间构成与整体感的立面构成。在贯穿东西方向的"发展轴"上，为了眺望莲花湾的优美景色，各个建筑体量非对称分列于左右，中间留出视觉通廊，构成具有特色、活跃、动感以及具有高度象征性的空间。具有柔和曲线形态的开放式大屋顶，在视觉上将三个主体建筑群一气呵成，构成整体立面。

建筑物高度统一。从总体构成来看，东面的莲花湾对景观轴产生的影响是十分重要的。为了让体育场馆本体形成景观剪影，屋顶最高高度控制为

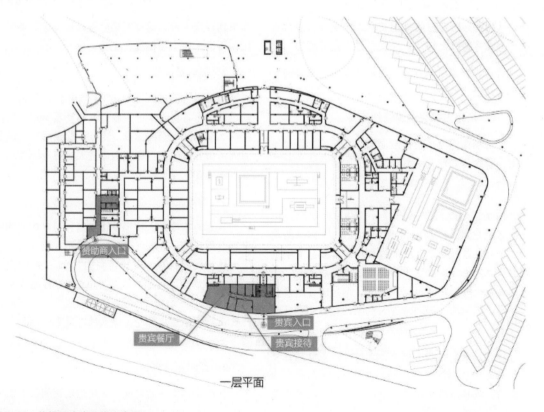

一层平面

图3-37 体操馆贵宾流线示意图

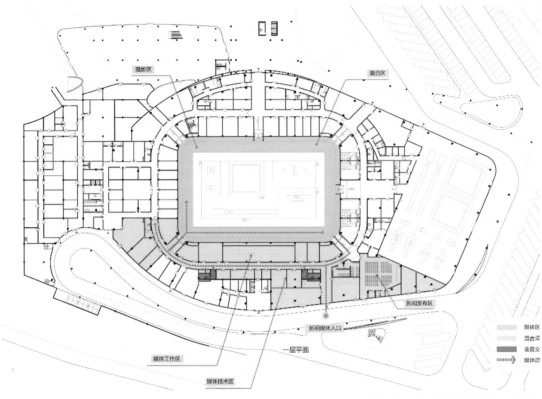

图中标注：摄影区、混合区、媒体区、新闻发布区、新闻媒体入口、一层平面、媒体工作区、媒体技术区

图例：媒体区、混合区、垂直交、媒体流

图 3-38 体操馆新闻媒体流线示意图

38m。向周边环境提供优美的天际线的同时，减少建筑体量对水体的压迫感，形成愉悦的空间。

（7）绿化与景观系统规划

整体思想为"蓝道贯连，环水映绿"。"蓝道贯连"强调滨水景观的开放与共享性；"环水映绿"指环形的蓝色水系与岸边的绿色景观相互辉映。

利用水体，规划构建"点、线、面"多样的绿化系统，全面提高广州亚运城核心区的生态和景观价值。绿地系统规划强调"亲水、近人，有利于突出标志性的景观"。

提炼亚运元素融入景观绿化、水体、城市公共艺术品等设计中，形成多个景观节点；线：以"天空漫步道"为轴，形成线性中轴景观空间。同时，沿水体也设置具有岭南风格的带状亲水广场，局部保留自然驳岸，及游船码头。融入商业、文化娱乐等休闲性公共设施，增加滨水区的人气和活力，拓展；面：围绕水面设置的大片开敞的绿地及广场，是广州亚运城核心区的重要户外活动空间。赛时为升旗及集会活动提供场地。赛后则为公众提供露天表演，休闲娱乐的场地。

景观体系规划主要为合理组织区域内的各种景观要素，形成景观区、景观轴、标志景点和景观界面构成的"一轴一心，两带多点"的三维立体景观体系。

3.2.2 工程设计介绍

1. 住宅部分：运动员村与媒体村

（1）运动员村

1）建筑设计规模与经济技术指标

① 运动员村经济指标

运动员村总用地与 32.9hm²，赛时满足 14730 运动员居住，赛后居住 12312 人。村内主要包含住宅、运动员村西停车场区、运动员村公共区、体能训练中心、小餐厅、宗教设施、地下物流中心及其相应配套功能区。整体经济技术指标如表 3-5、表 3-6。

经济技术指标表　　　　　　　　　　　　　　　　　　　　表 3-5

赛时总综合技术经济指标表				
项目		单位	数值	备注
规划总用地面积		m²	329024	
建设总用地面积		m²	329024	
总建筑面积		m²	564512	
其中	地上住宅面积	m²	384750	含团长单元 7000m²
	其中 舒适型两房	m²	137837	
	小三房	m²	127839	
	大三房	m²	119074	
	地上配套公共面积	m²	24340	
	其中 公共面积	m²	16900	
	体能恢复中心	m²	2570	
	小餐厅	m²	4370	
	高质量水处理站	m²	500	
	架空层面积	m²	28682	赛时作为配套功能房
	地下面积	m²	126740	赛时部分作为物流中心，住宿服务中心
建筑占地面积		m²	46930	
建筑密度		%	14.3	
容积率		%	1.24	
绿地率		%	52.7	
绿地面积		m²	173396.8	其中公共绿地面积 41402m²
总户数		户	3598	
其中	舒适型两房户数	户	1522	占总户数 42.30%
	小三房户数	户	1166	占总户数 32.41%
	大三房户数	户	910	占总户数 25.29%
容纳运动员人数		人	14730	其中舒适型两房 5516 人，小三房 4664 人，大三房 4550 人
机动停车位数		辆	560	

其中	地上中巴停车位数	辆	279	
	地上小车停车位数	辆	281	
	非机动停车位数	辆	700	

经济技术指标表 2 表 3-6

赛后总综合技术经济指标表（不含 0204，21.0 地块）				
项目		单位	数值	备注
规划总用地面积		m²	269828	不含 0204、21.0 地块
建设总用地面积		m²	269828	不含 0204、21.1 地块
总建筑面积		m²	554296	
其中	计算容积率面积	m²	392845	
	其中 地上住宅面积	m²	384750	
	舒适型两房	m²	137837	
	小三房	m²	127839	
	大三房	m²	119074	
	地上配套公共面积	m²	8095	
	地下面积	m²	126740	均为计算容积率面积
架空层面积		m²	26953	
建筑占地面积		m²	39050	
建筑密度		%	14.5	
容积率		%	1.46	
绿地率		%	53.1	
绿地面积		m²	143278	其中公共绿地面积 41402m²
总户数		户	3598	
总人数		人	12593	按 3.5 人／户计算
其中	舒适型两房户数	户	1522	占总户数 42.30%
	小三房户数	户	1166	占总户数 32.41%
	大三房户数	户	910	占总户数 25.29%
机动车停车位		辆	3679	
其中	地上停车位数	辆	60	
	地下停车位数	辆	3619	
摩托车停车位数		辆	1936	
自行车停车位数		辆	3993	

② 运动员村各区域建设规模

运动员村居住区：运动员村居住区净用地面积约为 268252.3m²，总建筑面积 572754m²，其中地上：438212m²，地下 134542m²。运动员居住区（赛后为居民住宅）区内共有住宅楼 49 栋（159 个单元），多数 11 层，局部 14 层，属二类高层。该工程属二类建筑，设计使用年限 50 年，抗震设防烈度为七度。地下室防水为 II 级，屋面防水为 II 级。1 区和 4 区的地下室设为人防地下室。地下室赛时共设约 20000m² 储藏中心（其功能为广州亚运城物流中心下属的运动员村居住物流中转分配站），均匀分布在四个组团地下室内，主要满足赛时运动员居住、运动员及官员生活所需品的物流配套。地下室赛时不做停车用，赛后作为居住区地下车库使用。

体能恢复中心及餐厅（赛后为会所和幼儿园），分成两栋设计，3层，建筑面积8086m²，设计使用年限50年，抗震设防烈度为7度。赛时小餐厅是体能恢复的附属设施，赛后改造成15班的幼儿园，设独立户外活动场地。

运动员村居住区建筑明细一览表

表3-7

建筑编号	建筑类型	建筑基底	建筑层数	标准层面积（m²）	修正类型	总面积（m²）	总户数
运动员村-公厕1	配套公建	49	1	49	1	50	0
运动员村-公厕2	配套公建	49	1	49	1	50	0
运动员村-公厕3	配套公建	49	1	49	1	50	0
运动员村-公厕4	配套公建	49	1	49	1	50	0
小计						200	0
运动员村-1区1栋	运动员村住宅	0	2～11	362.8	199.8	3828	40
运动员村-1区2栋	运动员村住宅	0	12～14	321	-122	11497	99
小计			2～11	1102.7	-371.3		
运动员村-1区3栋	运动员村住宅	0	2～11	682.6	-422.5	6403	60
运动员村-1区4栋	运动员村住宅	0	12～14	319.5	-119	11465	99
小计			2～11	1104.4	-418.9		
运动员村-1区5栋	运动员村住宅	0	2～11	1104.3	-407.7	11472	99

运动员村公共区、后勤区：公共区净用地面积60084.2m²，赛时临时建筑建筑面积15443m²，抗震设防烈度为7度。公共区停车场共设有442个机动车泊位，360个非机动车泊位（表3-8）。

后勤区净用地面积118777.8m²，运动员餐厅（临时建筑）建筑面积11078.5m²，设5000座的公共餐厅和2000座穆斯林餐厅。后勤区停车场内设运动员安检、候车和赛时往返赛场专线大巴站场，共设有310个机动车泊位。

运动员村公共区及后勤区赛后将建设成为居民居住区。

运动员村公共区、后勤区建筑明细一览表 表 3-8

建筑编号	建筑类型	建筑基底	建筑层数	标准层面积（m²）	修正类型	总面积（m²）	总户数
运动员村 - 公共区	赛时临时建筑	10033	2	9665.9	-3631.8	15443	0
			1	10063.3	-3702.3		
			3	4927.1	-1879.1		
运动员村 - 运动员餐厅	赛时临时建筑	11462.5	1	11462.5	-384	11078.5	0

运动员村国际区：运动员村国际区区域净用地面积 48928.62m²（含红线外升旗广场、滨水湿地、工作人员停车场用地），总建筑面积 33532m²（含志愿者候车亭、不含垃圾压缩站的面积），其中地上建筑面积 23358m²，地下建筑面积 10174m²。地上建筑层数主体 3 层，局部 2、4 层，建筑高度 23.95m，地下建筑层数 1 层，计算容积率面积 23325m²，容积率 0.38。建筑占地面积 10068m²，建筑密度 16%。建筑工程类别一类，设计使用年限 50 年，抗震设防烈度为 7 度，抗震设防类别丙类，建筑耐火等级一级，屋面防水等级二级，人防等级核六级、常六级。地下小车泊位 160 个，地面大车泊位 100 个（表 3-9）。

升旗广场总面积约为 16850m²；工作人员停车场用地约 11067m²，停放大客车 100 辆，志愿者候车亭 180m²。配套公建有邮政所建筑面积 300m²、垃圾压缩站面积 600m²。

运动员村国际区建筑明细一览表 表 3-9

建筑分区	层数	面积（m²）	面积小计（m²）	面积总计（m²）
A 区	首层	3759	8761	33532（地面：23358m²；地下：10174m²）
	二层	3100		
	三层	1514		
	屋面	387		
B 区	首层	3334	8425	
	二层	2959		
	三层	2041		
	屋面	91		
C 区	首层	2049	6172	
	二层	1856		
	三层	2040		
	屋面	227		
地下室	地下室总面积	10174	10174	
	其中：2 号能源站	1139		
	停车位	160		
	地下室 A 区	4742		
	地下室 B 区	3606		
	地下室 C 区	1826		

2）建筑结构设计

① 设计等级及分类

设计使用年限为 50 年，建筑结构的安全等级为二级，建筑物抗震类别为丙类。

② 结构选型

住宅建筑采用现浇钢筋混凝土剪力墙结构体系。对超长结构及平面不规则的结构，通过设置变形缝，将地面以上主体结构分为相对规则的结构单元。地下室部分按各自区域连成一体。公共建筑中永久建筑部分采用现浇钢筋混凝土框架结构体系，临时建筑部分采用钢框架结构体系。在绿色建筑中合理采用耐久性和节材效果好的建筑结构材料。高性能混凝土、高强度钢等结构材料的上述功能显著优于同类建筑材料。对于建筑工程而言，使用耐久性好的材料是最大的节约措施。高强度钢和高性能混凝土本身具有显著的节材效果。同时使用高性能混凝土、高强度钢还可以解决建筑结构中肥梁胖柱问题，增加建筑使用面积。

基础拟采用静压预应力混凝土管桩基础，以全风化岩或强风化岩为桩端持力层。

③ 主要结构材料

混凝土强度等级：

柱混凝土（C40～C25）

梁混凝土（C30～C25）

热轧钢筋（HPB235 级钢筋，f_y=210N/mm^2；HRB335 级钢筋，f_y=300N/mm^2；HRB400 级钢筋，f_y=350N/mm^2）

④ 钢材：Q235-B

3）设备工程设计

① 给水排水工程

给水水源

水源分为高质水、杂用水及生活热水。高质水：四周道路均敷设有市政给水干管，水量及给水管管径可满足本工程用水要求。根据亚运城高质水管网平差成果，高质水市政供水压力约 0.3MPa。杂用水：四周道路均敷设有市政给水干管，水量及给水管管径可满足本工程用水要求。根据亚运城杂用水管网

平差成果，杂用水市政供水压力约 0.3MPa。生活热水：亚运城设集中热水供应系统，沿道路敷设热水及回水管，热源采用太阳能热水机组为主要热源，结合水源热泵热水机组作为补充热源。

用水指标

依据《广州市城市规划管理技术标准与准则》（市政篇），运动员村人均高质水生活用水指标为 350L/ 人·d，人均杂用水生活用水指标为 80L/ 人·d，人均热水生活用水指标为 160L/ 人·d，组团景观绿化等用水指标按浇洒面积 3L/m^2.d，室外消防校核水量依据同时发生一处火灾校核，按各组团分别独立核算用水量（其中高质水主要供生活用水，杂用水主要供冲厕用水、景观用水及室外消防用水）。

给水管道系统

运动员村居住区的室外给水管道根据各用水性质不同、水压分区不同，分 11 个系统设置。分别为室外高质水进水系统；室外杂用水进水系统；高质水低区供水系统；高质水高区供水系统；杂用水低区供水系统；杂用水高区供水系统；热水低区供水系统；热水低区回水系统；热水高区供水系统；热水高区回水系统；室内消火栓给水系统。

公共区：与人身体有接触的采用高质水系统，冲厕、洗车及绿化等采用杂用水系统。设独立水表，分别计量供水。厨房热水采用高质水电热水器。高质水和杂用水水源分别由亚运城内部的市政高质水和杂用水给水管网提供，从市政高质水管上引出一条 DN150 高质水管，从市政杂用水管上分别引出两条 DN150 杂用水管，供应整个公共区东区运动员餐厅及停车场区域的生活、消防和绿化及浇洒道路用水。分别设水表计量，并在表后设倒流防止器以保证高质水水质不受污染、杂用水计量准确。市政管网水压均为 0.22MPa。公共区西区高质水和杂用水竖向不分区，首层至天面层由市政给水管利用市政水压直接供给，供水压力保证最低配水点的静水压力不大于 0.35MPa。

国际区：水源采用市政高质水和市政杂用水，各设一组 DN150 市政供水水表，从表后各引 DN150 环状给水管，供室内和地下水池用水。水表设于室外水表井内。高质水日用水量为 106.47m^3/d；杂

用水日用水量为202.15m³/d。

室内给水采用分水质供水：冲厕用水、绿化用水及车库冲洗采用杂用水，其余用水采用高质水。给水系统竖向为一个区。采用储水式叠压供水设备供水。

地下室生活泵房分别设置生活高质水贮水池和杂用水贮水池，其中高质水贮水池容积为50m³，杂用水贮水池容积为60m³。为保证水质，生活水箱采用SUS316不锈钢板箱。

排水

按照《广州市污水治理总体规划修编》和"广州亚运城市政道路项目"（广州市市政工程设计研究院），排水系统随亚运城建设而改为完全分流制，雨水就近排入河涌，由于亚运城范围属于前锋污水收集系统，污水收集后经石楼泵站加压后进入清河东路主干管、进厂总管转输进入前锋净水厂处理。

广州亚运运动员村排水将最终排入周边的市政管道，周边市政道路分别埋设了污水管DN40～DN600，雨水管DN600～DN1000。

排水设计遵从以下原则：合理划分排水分区，一是分散就近组织排放；二是减少雨污水管在地下室内的交叉次数；雨污分流制。

本次运动员村小区排水工程以最短距离排向市政路（支路一、支路三、支路二、次干一路、次干二路）等的雨污水检查井。

雨水部分：道路及场地排水采用边沟式排水方式，在运动员村居住三组团和四组团部分楼顶及国际区设置雨水回用系统，在天面收集雨水，经过立管至弃流井，弃流前期初雨，清洁的雨水进入蓄水池，使用时由潜水泵抽至第三组团地下泵房，经过沙滤罐过滤后进入杂用水箱，再由杂用水泵加压供给用户冲厕及绿化使用。

污水部分：生活污水直接排入室内污水管，然后送至市政排水管。

② 空调及通风

空调系统

广州亚运城运动员村除居住部分设置分体空调系统外，其他建筑物均设置集中空调系统。设备用房配置通风设施，所有建筑物室内均设有空调设施，对空气进行调节。

集中空调系统采用多联机组空调，每层根据功能设置多组多联机组空调，室外机组布置在屋面，分别为一拖多室内空调机，新风机组采用直膨式新风机组，室外机内置于屋面。

通风系统

配电房设置独立的机械送、排风系统。各个房间都设置上排电动风口动（常开）和下排电动风口（常闭），平时通风采用上排，下排风口关闭，着火时关闭上排风口，打开走道排烟口排烟，气体灭火后开启相关房间下排风口排气，直到房间气体浓度低于国家允许标准以下。储油间设置独立的排风系统出首层，该排风机采用防爆风机。

水泵房通风与配电房合用一套通风系统。

自行车库不考虑机械排烟，只考虑平时通风。地下车库为一层，根据防火分区设置多个防排烟，平时通风系统与机械防排烟结合，排风（烟）量按6次/m²·h计算，送风量依据排风量的65%计算，局部有车道的防火分区自然进风。

防排烟

运动员村居住区建筑群为二类高层住宅，楼梯跟合用前室都可开启的外窗，能满足自然排烟要求。部分地下室楼梯及前室需要设置机械加压送风系统，风机吊装在首层大堂顶棚内，部分封闭前室加压风机设置在天面。

公共区和国际区建筑：封闭楼梯有足够的开窗面积，能满足自然防排烟要求，不设机械防排烟。办公区域大部分都有开启的外窗，开启面积超过2%，能满足自然防排烟要求，不设机械防排烟。中庭高度为22m，需要设置机械排烟。

③ 电气

供电

住宅部分属于二类高层住宅建筑，消防控制中心、消防水泵、防排烟设备、主要通道及楼梯间照明、客梯、变频调速生活水泵为二级负荷，其余为三级负荷。

公共区、国际区及居住区的公共建筑部分属于低层公共建筑，其中安防总控中心、防排烟设备、消防报警区域控制器、主要通道的疏散照明、客梯、扶梯、厨房动力用电为二级负荷，其余为三级负荷。

运动员居住区供电系统分为公变系统、专变系统两部分。此两部分主电源由供电部门分别提供一回10kV高压电源；一路10kV高压电源用电缆引入地下一层的专用变配电房；一路10kV高压电源用电缆引到首层的公用变配电房。

为确保运动员居住区供电可靠各组团设一台柴油发电机组作为二级负荷的备用电源。在消防情况下市电停电时，发电机自动启动，在15s内向全部消防用电设备和应急照明供电。发电机组备足至少3h的储油量，机组采用风冷冷却方式。市电与发电机之间的切换装置设有电气和机械连锁，以保证发电机不向市电网反送电。

公共建筑部分供电系统为专变系统。主电源由供电部门提供一回10kV高压电源，10kV高压电源用电缆引到首层变配电房。其中公共区西区：根据供电部门供电方案，一路10kV高压电源由220kV广州亚运城变电站用电缆引至首层专用变配电房；一路10kV高压电源由110kV石楼变电站用电缆引至首层专用变配电房。2路10kV电源一主一备，自动切换，可满足本工程二级负荷供电要求。体能恢复中心与力量训练馆及配套服务中心：因本工程有一定数量的二级负荷设备，备用电源由第三组团地下室发电机房供给，以确保供电可靠。公共区东区及国际区各建筑由市政10kV供电电源引入两路至各建筑首层专用变配电房。

高压系统电源等级为10kV，低压系统电源等级为交流220V/380V。

电气照明

应急照明

电气照明分正常、事故和疏散指示标志照明。在项目的功能用房、业务用房、行政管理办公及后勤用房、消防控制室、消防电梯、消防控制室、电梯机房和配套服务设施等设备用房的事故照明和正常照明同时使用，照明电源可自动切换。对分散的事故照明，采用设置应急照明灯的方式。

事故照明和疏散指示标志应采用带蓄电池的应急照明装置，连续供电时间不应小于30min。在各项目有需要的地方设置局部照明，疏散通道转折处以及疏散通道每隔20m处、楼梯间出入口、安全出口、公用场所出入口、电梯等部位应设置事故照明和疏散指示标志。

光源及灯具

根据不同场所的用途和装饰的不同，需要考虑形状、效果、色彩和色温等多方面因素选择采用节能光源及灯具。照明灯具以荧光灯、金属卤素灯、高压钠灯为主，白炽灯为辅；设备房、控制室、办公室以荧光灯为主。疏散标志灯采用冷阴极荧光灯。有爆炸危险的库房等灯具以及开关为防爆型。广场设高杆照明，道路照明采用马路弯灯，景观照明采用LED照明和泛光照明以及庭院灯。LED照明为地面埋入型灯具，布置在建筑北部和南部的地面。泛光照明安排在各楼的两侧，庭院灯安排在树丛和庭院中。泛光灯采用400W金卤灯，庭院灯采用70W高压钠灯。所有镇流器采用电子式，需要调光的区域采用调光型。

各功能室内照明的控制，原则上通过安装相应的手动开关进行控制。公共洗手间、地下车库开放公共区照明控制采用总线模块式中央监控系统。景观照明采用中央监控系统控制。

（2）媒体村

1）建筑设计规模与经济技术指标

媒体村居住区项目位于广州亚运城西北部，总用地面积约18.2hm²，清河路以南，莲湾路以北，次干道二以东，官涌以西的两个地块编号为8和9。用地南邻亚运城公共区媒体中心，东邻运动员村。媒体村以和谐路为界分为南区和北区，总建筑面积约45.0hm²（表3-10、表3-11）。

媒体村经济技术指标（赛时）　　　　　表3-10

赛时经济技术指标				
项目			数值	
规划总用地（m²）			181577.9	
规划建设用地（m²）			181577.9	
总建筑面积（m²）	地上		315527.1	420896
	地下		105369	
计算容积率建筑总面积（m²）	永久建筑面积（m²）	居住建筑（南区）	202349.9	297792	301798
		居住建筑（北区）	95441.8	
		赛时配套	3627.9	
	临时建筑面积（m²）		378	
不计算容积率建筑总面积（m²）	地下建筑总面积（m²）	南区	70107	105369	119099
		北区	35262	
	天面建筑面积（m²）		2709	
	架空层建筑面积（m²）		11020.5	
综合容积率			1.66	
基底面积（m²）			20224	
人防地下室面积（m²）			20028	
总建筑密度（%）			11.1	
绿地率（%）			45	
建筑高度（m）			68.5	
建筑层数（层）			15～22	
地上停车位数（个）	机动车泊位	大巴	125	
		中巴	291	
	非机动车泊位数		0	

赛后经济技术指标（赛时已建）				
项目		**数值**		
规划总用地（m²）		181577.9		
规划建设用地（m²）		181577.9		
总建筑面积（m²）	地上	315527.1	420518.1	
	地下	105369		
计算容积率建筑总面积（m²）	居住建筑	297791.7	301419.6	分南北两区
	配套公建	100		公厕 2 间，各 50m²
	非配套公建	3527.9		
不计算容积率建筑总面积（m²）	地下建筑总面积（m²）	105369	119098.5	分南北两区
	天面建筑面积（m²）	2709		
	架空层建筑面积（m²）	11020.5		
综合容积率		1.66		
基底面积（m²）		19846		
人防地下室面积（m²）		20028		
总建筑密度（%）		10.9		
绿地率（%）		45		
建筑高度（m）		68.5		首层架空，计算建筑间距高度为 $H-5.00$
建筑层数（层）		15 ～ 22		
地上停车位数（个）	机动车泊位数	3047		
	非机动车泊位数	0		

　　媒体村包括 25 栋住宅楼，南区 17 栋（点式住宅——S4、S8、S11、S12 栋；双连排式住宅——S1、S3、S5、S7、S10、S13 栋；三连排式住宅——S2、S6、S9、S14、S15、S16、S17 栋）。北区 8 栋（点式住宅——N6 栋；双连排式住宅—— N1、N2、N5、N7 栋；三连排式住宅 N3、N4、N8 栋）和 4 栋配套公建工程包括：1 栋幼儿园（自编 G1 栋，赛时作为制证中心）；1 栋小区会所配套公建（自编 G2 栋，赛时作为宗教设施）；1 栋废弃物管理中心（赛时临建，自编 L1 栋）；1 栋垃圾处理中心（赛时临建，自编 L2 栋）。

　　媒体村南北区各设地下室 1 层：南区地下室主要功能为汽车库，北区地下室主要功能为汽车库，部分战时为人防区。赛时地下室主要功能为地下物流中心。

　　2）建筑结构设计

　　媒体村建筑主要由多栋 15 ～ 22 层的高层建筑及 1 层地下室组成。高层住宅为剪力墙结构，塔楼范围外地下室及一至二层的公共设施均为框架结构。地上建筑通过防震缝的设置，可以划分为以下几个主要的结构单体：

　　其中住宅楼工程含 55 个单元式住宅，分别为① A1 型（10 个）；② A2 型（10 个）；③ B1 型（10 个）；④ B2 型（6 个），⑤ C 型（10 个）；⑥ D 型（4 个）；⑦ E 型（5 个）。

　　4 栋配套公建工程：①幼儿园（自编 G1 栋，赛时作为制证中心）；②小区会所配套公建（自编 G2 栋，赛时作为宗教设施），层数为 2 层；③废弃物管理中心（赛时临建，自编 L1 栋）；④垃圾处理中心（赛时临建，自编 L2 栋），层数为 1 层。

根据《建筑结构可靠度设计统一标准》，本工程的结构设计使用年限为 50 年，建筑结构安全等级为二级，结构重要性系数 $\gamma_0=1.0$。根据《建筑地基基础设计规范》，本工程的地基基础设计等级为甲级。

3）设备工程设计

① 给水排水工程

给水

室外给水管道分为高质水（用于生活饮用水）和杂用水（用于消防、冲厕、绿化等）两种水质，并以和谐路为界，分为南、北两个供水区，北区从清河路的市政给水管网上接出一根 DN200 高质水及一根 DN150 杂用水引入管；南区从和谐路和莲湾路的市政给水管网上分别接入一根 DN300 高质水引入管，和分别接入一根 DN200 杂用水引入管。

室内给水根据建筑高度、建筑标准、水源条件、防二次污染、节能和供水安全原则，整个小区以和谐路为界，分为南、北两区，建筑内供水系统竖向分为三个区。给水方式为下行上给。给水干管的水流速度采用措施不超过 1.5m/s；给水支管的水流速度采用措施不超过 1.0m/s。

热水由广州亚运城集中供给。每栋单体的每个供水分区分别设置热水供水闸阀，供单体使用。

排水

排水量按最高日生活污水排水量（按生活用水量的 90% 计）。

室内污、废水为分流制排水系统，室内 ±0.000 以上污、废水重力排出室外。±0.000 以下废水采用排水沟汇集至集水坑内，用潜水泵提升后排出室外污水管道。

② 空调及通风

空调系统

根据赛后为主兼顾赛前使用的方针，采用分散式冷源系统、会所和幼儿园分别选用独立的风冷热泵水空调系统。

空调冷媒采用环保冷媒，根据赛前赛后的平面布置室内机组。风冷空调的室外机组设置在通风良好处，并设隔声及防护措施，就近安装。室外机组自带水力模块（水泵和膨胀系统并设置转换电动阀门，可利用区域供冷的冷水，末端设备能耐受区域的工作压力）。

小空间如办公等场所采用风机盘管加新风系统。上送上回；大空间的房间采用全热新风换气机组，加装设置消声隔断措施。

通风设计

地下室及地面以上不能满足自然通风条件的部位设机械通风系统，其中地下室车库排风系统利用机械排烟系统，风机柜为双速，可根据使用情况，对通风机设置定时启停和台数控制，选用不同的风量；柴油发电机房设置独立的通风系统，利用自然进风井补风，机械排风；公共卫生间设置排风机，分层排至室外；各功能房间均设置新风排风系统，或仅设排风系统。

地下室设备用房如变配电所、柴油发机房及水泵房等设备房设置机械送、排风系统。送、排风机均设置于机房内或防火隔断保护，耐火时间为 2h。外墙进出风口设防鼠铁算。

电梯机房均设低噪声轴流式通风机进行排风，并预留分体空调位置。

设气体灭火的房间设置灭火事后排风，按 8 次换气确定。事故通风时间不小于 2h，风口距地 300mm，并设置相应的电动阀门。顶部排风口设置常开能电控关闭的百叶风口。

③ 电气

供电

一类高层建筑消防设备用电、应急照明等属于一级负荷；二类高层建筑消防设备用电、应急照明、客梯、生活水泵、公共照明、地下室照明、潜水泵、安防系统、弱电机房用电为二级负荷，其余为三级负荷。

市电电源采用 4 路 10kV 高压进线作环网供电（2 路供 B1～B5，2 路供 B6～B10），并由业主另行委托当地供电部门设计。一级及二级负荷的备用电源由自设的柴油发电机组提供，采用 3 台

1200kW（备用功率）发电机组，其中北区1台，南区2台。为确保发电机不会误并入市电电网，发电机与市电之间设机械及电气联锁。当市电停电15s内自起动；当市电电源恢复时，备用发电机组于10min内自动停止运转。发电机储备8h的用油量。

照明

入口大堂、梯间、电梯前室等处的光源主要选用节能灯；公建配套、办公室、设备房、车库等处的光源主要采用日光灯；为提高照明系统的可靠性和灵活性，公共场所的照明采用分区控制。

除正常照明系统外，在下列地区设置事故照明，其照度大约分配如下：入口大堂、走道、地下车库为正常照明照度20%；设备房为正常照明照度100%。

为减低停电的影响，出口指示灯、疏散指示灯及重要设备房的部分照明灯具采用带蓄电池式灯具。

2. 公建部分：体育馆与媒体中心

（1）体育综合馆

1）建筑设计规模与经济技术指标

亚运体育综合馆包括亚运体育馆（体操）、台球馆、壁球馆及广州亚运历史展览馆。在2010年亚运会及残亚会期间作为体操、艺术体操、蹦床、台球（斯诺克、英式、普尔8球、普尔9球、法式三边）及壁球等项目的比赛场馆，其中广州亚运历史展览馆赛时作为亚奥理事会和1～15届亚运会的展示场所，传扬亚运历史轨，如表3-12所示。

广州亚运城综合体育馆工程项目主要技术经济指标　　　　　表3-12

序号	名称	单位	数量	备注
1	用地面积	m²	101086.6	
2	总建筑面积	m²	65340	
2.1	亚运体育馆（体操）	m²	30920	
2.2	广州亚运历史展览馆	m²	3800	
2.3	综合馆	m²	15630	
3	总建筑密度	%	30.6	
4	综合容积率		0.65	
5	绿地率	%	33.5	
6	标准规模			
6.1	亚运体育馆（体操）	座	6000	赛后还可增加活动坐席2084座
6.2	台球馆	座	1000	容纳观众人数
6.3	壁球馆	座	800	容纳观众人数
7	日最高用水量	m³	627	
8	变压器装机容量	kVA	6150	
9	定员	人	60	不含临聘人员
10	建设工期	月	30	

2）建筑结构设计

场馆由体操馆、台球壁球综合馆和展览馆三部分组成，其中展览馆位于中间，并用防震缝与两侧的场馆分开；上部屋盖采用单层及双层钢网壳（网架）结构，下部结构采用钢筋混凝土框架结构；场地地表下有较厚的淤泥或淤泥质土层，拟采用桩基础。

根据《体育建筑设计规范》JGJ 31 – 2003第1.0.7条，场馆的体育建筑等级为特级，主体结构设计使用年限为50年，耐久性设计年限为100年，耐火等级为一级；建筑结构的安全等级为一级；抗震设防烈度为7度，设计基本地震加速度值为0.10g；基本风压：50年重现期0.50kN/m²；100年重现期0.60kN/m²；钢结构屋面荷载及作用标准值：恒荷载：0.5kN/m²；活荷载：0.5kN/m²；最大温差：±25℃；工程材料：钢材Q235B、Q345B；混凝土C30～C40；钢筋HPB235、HRB335、HRB400。

3）设备工程设计

① 给水排水工程

亚运体育综合馆的水源：高质水从市政给水管上分别引入两条DN150的给水管，区内给水管布置为环状，每栋设一总计量水表；杂用水从杂用水管上引入DN150的给水管，冲厕、洗地、绿化用水等采用杂用水。

用水对象：主媒体中心的媒体工作人员、管理人员、餐厅、干洗等的生活用水，体育综合馆的工作人员、运动员、观众等的生活用水，洗车、绿化及河涌补水，未预见用水（主要为管网、卫生器具漏损损失用水）。

生活用水标准：运动员淋浴用高质水40L/（人·次）；体育馆工作人员100L/（人·日），其中高质水40L/（人·日），杂用水60L/（人·日）；观众3L/（人·场），其中高质水1L/（人·场），杂用水2L/（人·场）；停车库地面冲水3L/（m²·次）；道路绿化洒水3L/（m²·d）。

设计最高日用水量为455m³/d，其中高质水125m³/d，生活杂用水330m³/d。生活高质水给水系统由市政直接供给，不设水泵加压；用水点压力超出0.35MPa时设减压装置；在公共场所必要处设置直饮水设备。生活杂用水给水系统由区内雨水收集利用系统供给，并根据用水点压力要求分区加压。

给水系统的材料选择：卫生器具采用节水型感应式产品，避免接触传染；公共厕所的洗手盆龙头采用红外感应龙头；小便器冲洗阀采用感应式冲洗阀；大便器采用感应式定量冲洗阀。室内高质水管均采用薄壁铜管，杂用水系统采用内涂塑热镀锌钢管；市政给水管采用球墨铸铁管。消防系统采用采用热镀锌钢管。

生活热水系统：生活热水系统采用集中式的热水供应系统，从广州亚运城区域热水管网接入，应保证每个沐浴器出水量不小于0.15L/s，水温不小于35℃。

体育馆内运动员和贵宾的卫生间，另设电热水器辅助加热。

排水系统设计：污水量计算：生活污水量按生活给水的90%估算：1195 m³/d。

污水排水系统：采用雨水、污水分流系统，建筑内废、污合流，排水系统设置伸顶通气系统。区内不设化粪池，设格栅井。含油污水排水口设耐腐蚀的挡污篦，经隔油池处理后排入污水管网。摄影冲洗水集中处理排放。生活污水最终送到附近的番禺区前锋污水处理厂处理。

雨水排水系统：区域内集中设置屋面雨水收集系统，屋面雨水经雨水收集管网接至雨水收集池，经格栅、沉淀等处理后再供给生活杂用水；地面雨水由室外雨水管网收集排入附近河涌。

暴雨重现期：屋面雨水系统采用压力流雨水排水系统。采用溢流管道或溢流口方式溢流；屋面雨水排水工程与溢流设施的总排水能力不小于 50 年重现期的雨水量。

排水系统的材料选择：室内排水管采用柔性接口机制排水铸铁管；室内雨水管采用内涂塑外镀锌钢管卡箍连接。室外污水埋地管采用环刚度大于等于 $8kN/m^2$ 的中空壁缠绕（HDPE）排水管；室外雨水管采用环刚度大于等于 $8kN/m^2$ 的中空壁缠绕 HPFE 排水管。

② 空调方案说明

空调系统

体操主馆赛池区采用一次回风全空气系统，在看台周围采用顶侧喷口送风，以达到赛前快速预冷，赛时根据赛事要求控制喷口的送风角度以及开合，保证比赛正常运行，气流组织为上送下回。新风量可根据不同季节调节，过度季可全新风运行。

体操主馆观众区采用二次回风的全空气系统，采用座位送风的形式，送风口设于赛场座椅下，送风温度 ≤ 19.5℃，既保证观众席舒适性，同时可作为赛池赛时的补充，气流组织为上送下回。对于送风温度的控制除了用二次回风控制外，还考虑采用冷却水再热的方式。新风量可根据不同季节调节，过度季可全新风运行。

台球馆、壁球馆采用一次回风全空气系统，在赛场周围采用顶侧喷口送风，根据赛事要求控制喷口的送风角度以及开合，保证比赛正常运行，气流组织为上送下回。新风量可根据不同季节调节，过度季可全新风运行。

其他观众休息大厅、训练馆、陈列展览等大空间区域均采用一次回风全空气系统，气流组织为上送上回或上送下回。新风量可按不同季节作调整，甚至全新风运行。

附属用房及其他小房间等小空间区域采用风机盘管（FC）加独立新风系统（KA），气流组织为上送上回，新风通过新风管直接送入空调房间。且独立新风系统均设置转轮排风热回收装置。

③ 电气方案说明

比赛场地、主席台、贵宾室、接待室、新闻发布厅、广场、各重要机房及主要通道的照明；检录处、仲裁录放室、终点摄像室、编印室、计时记分及现场成绩处理系统、电声、广播、电视转播、新闻摄影电源、各智能化系统的用电；消防设备用电、应急照明及疏散指示标志灯等为一级负荷，其余为二级负荷。

采用两路 10kV 电源供电，两路电源引自不同区域的变电站（一路由广州亚运城 220kV 变电站提供，另一路由石楼 110kV 变电站提供），两路电源平时各带 50% 负荷，互为备用，每路电源均能带 100% 负荷。

在体操馆首层设一台 1200kW 自启动柴油发电机组作应急电源，在台球馆首层设一台 600kW 自启动柴油发电机组作应急电源，保证比赛用电、应急照明、消防设备、弱电系统和场馆专用系统等特别重要负荷的供电。市电与自发电的自投切换开关加机械与电气联锁，防止倒供。市电失压后，应在 15s 内自动启动应急发电机组并投入供电。

比赛场地照明、观众席照明采用智能照明控制系统，在灯光控制室设置集中控制装置。为防止频闪效应，在同一计算点（或瞄准点），由三相不同的光源共同照明，且每相光通量相接近。选用合适的电缆截面供电，以确保各灯末端电压偏移不超过1%。

（2）媒体中心

1）建筑设计规模与经济技术指标

工程包括主媒体中心（永久性建筑）、媒体服务区（临时建筑）及空中漫步廊。在2010年亚运会及残亚会举办其间，是一个能够满足各国记者对各项赛事进行采访、转播、报道、查询、联络等需求的设施。其中国际广播中心负责为各国广播电视媒体提供服务，主新闻中心负责为报业、通讯社等新闻机构提供服务（表3-13）。

媒体中心建筑设计规模与经济技术指标 表3-13

序号	名称	单位	数量
1	规划用地面积	m²	101969
2	建筑占地面积	m²	13822
3	建筑总面积	m²	70278
3.1	地上建筑面积	m²	55384
3.1.1	主新闻中心	m²	13822
3.1.2	国际广播中心	m²	31206
3.1.3	媒体公共服务区	m²	10356
3.2	地下室建筑面积	m²	14894
3.2.1	设备用房面积	m²	3180
3.2.2	人防兼地下车库面积	m²	11714
4	地下停车位	辆	239
5	室外地面停车总数	辆	635
5.1	小车	辆	489
5.2	中巴	辆	90
5.3	大巴	辆	56
6	建筑高度	m	23.0
7	建筑密度	%	14.0
8	容积率		0.44
9	绿化率	%	20.0

2）建筑结构设计

媒体村结构设计使用年限为50年，耐火等级为一级；本工程结构设计基准期为50年；结构安全等级为二级，结构重要性系数 γ_0=1.0；抗震设防类别为乙类，媒体村所在广州市抗震设防烈度为7度，地震分组为第1组，基本加速度值为0.10g，抗震构造措施按8度考虑。

人行天桥按桥长和跨径分类属大桥，结构设计使用年限为50年，结构安全等级为一级，结构重要性系数为1.1，地震作用按7度（0.10g）计算，抗震构造措施按8度考虑，抗震等级为一级。临时建筑结构设计使用年限5年，建筑结构的安全等级为三级，结构重要性系数为 γ_0=0.9，结构抗震等级按四级考虑。

3）设备工程设计

① 给水排水工程

给水

供水水源为亚运城高质水给水环网，从环网上分别接出 2 条 DN150 的给水管，经总水表后接入媒体村工程范围，在区内以 DN150 的管道构成环状供水管网。市政供水条件较好，水压 0.25MPa。

系统分区及供水方式：根据建筑高度、建筑标准、水源条件、防二次污染、节能和供水安全、便于管理的原则，供水系统设计为一、二层由市政管网直接供水。三层及以上部位，采用水箱—变频泵加压供水方式。首层设生活用不锈钢高质水贮水箱 1 座，共 80m³，变频供水设备 1 套。在生活水箱旁设水箱自洁消毒器，不仅对水体消毒，而且对水箱本体有灭菌灭藻作用，有效防止二次污染，保证水质。冷却塔补水、餐饮厨房用水等均单设水表计量。

室内给水管采用不锈钢管，焊接或卡压连接。选用节水型卫生器具，采用红外感应自动冲洗阀及红外感应自动给水龙头。室内给水管除机房采用明装外，其余全部暗装，暗装在吊顶和管井内的给水管做防结露处理，保温材料采用橡塑海绵。

生活热水系统，媒体服务区（临建）淋浴间热水由分散设置的容积式电热水器供应。用水定额及用水量为用水定额：0.1L/（人·次），共 10300 人·次；供水方式为在适合的地方分散设置饮水机，供应饮用水。

杂用水系统水源来自亚运城杂用水给水环网。用水部位为卫生间冲厕用水、草坪喷灌、室外道路和绿化浇洒用水。

排水

室内生活污、废水排水系统：排水量取给水量90 % 计，最高日排水量为 616.5m³/d，最大时排水量为 75.8m³/h。

室内污、废水系统：室内污、废水为分流制排水系统，±0.00m 以上污水直接排出室外，经污水管道收集排至市政污水管道。室外不设化粪池。±0.00m 以下污废水汇集至集水坑，用潜水泵提升排出室外，各集水坑中设带自动耦合装置的潜污泵 2 台，一用一备。潜水泵由集水坑水位自动控制。

为保证排水通畅，卫生间排水管设置专用通气立管。卫生间污水和厨房污水集水坑均设通气管。厨房污水采用明沟收集，明沟设在楼板上的垫层内，污水进集水坑之前设隔油器作初步隔油处理，以防潜污泵被油污堵塞。排至市政污水管道以前，经室外隔油器二次处理。

排水附件：采用水封深度大于等于 50mm 的地漏，坐便器应具有冲洗后延时补水（封）功能。

管材：室内排水管、通气管均采用柔性接口机制抗震排水铸铁管及管件，平口对接，橡胶圈密封不锈钢卡箍卡紧。

管道敷设：除机房内排水立管及地下一层管道明装外，其余均为暗装。暗装在吊顶内的排水管采用橡胶海绵作防结露保温。

雨水排水系统

媒体中心屋面雨水采用虹吸雨水系统排至室外雨水管道，超过重现期的雨水通过溢流口排除。临建餐厅屋面采用重力流系统。屋面雨水由管道收集后排至室外雨水管，路面雨水一部分流入室外绿地，一部分经雨水口排入室外雨水管道。室内虹吸系统雨水管采用高密度聚乙烯（HDPE）管，热熔连接；媒体中心屋面雨水斗采用虹吸雨水斗。临建餐厅屋面采用 87 型雨水斗。雨水管立管根据装修需要暗装，横管均暗装在吊顶内。部分外露雨水管采用不锈钢管，焊接连接。

② 空调及通风

空调系统

由于亚运会在 11 月份举行，最大空调负荷较小，媒体中心赛后改为商业用途，考虑赛时设备赛后尽量能利用，按赛后冷量设置空调设备，除独立设置空调区域外的区域设置一个冷水系统，采用高效水冷离心式冷水机组与螺杆机冷水机组大小搭配组合；24h 设备机房独立设置多联空调或分体空调。

空调系统首层门厅、大餐厅等大空间区域采用单风机全空气系统，气流组织为上送上回或上送下回；二至四层演播室、新闻发布厅等大空间区域采用双风机（送风机与回风机分开设置）全空气系统，气流组织为上送上回或上送下回；办公用房及其他小房间等小空间区域采用风机盘管（FC）加独立新风系统（KA），气流组织为上送上回，新风通过新风管直接送入空调房间。

③ 电气

供电

赛时的电视转播用房、计算机房、电信机房、新闻摄影电源、比赛及媒体功能用房、各智能化系统用电负荷、主媒体中心（包括主新闻中心和国际广播中心）内的专用设备供电、应急照明及消防设备用电为一级负荷，其余为二级负荷。赛后除应急照明及消防设备用电仍为一级负荷外，其余负荷可降低一级。

媒体中心采用两路 10kV 电源供电，两路电源引自不同区域的变电站（一路由广州亚运城 220kV 变电站提供，另一路由石楼 110kV 变电站提供），两路电源平时各带 50% 负荷，互为备用，每路电源均能带 100% 负荷。

备用电源为设在地下一层的一台 1160kW 自启动柴油发电机组作应急电源，保证应急照明、消防设备、弱电系统等特别重要负荷的供电。同时，在低压配电系统还预留有临时发电车接口，赛时可接入发电车，保障 IBC 转播机房及技术用房的供电及其空调保障用电。

电气照明照明系统

演播室、主媒体中心的专业用房等场所的照度将根据主运营商的要求进行设计或配合。室内一般照明的光源以荧光灯或节能型光源为主，灯具功率因数不小于 0.95，有装修要求的场所视装修要求定。

3.2.3 建筑节能设计

亚运城高标准实施了绿色建筑目标。整个区域的建筑按建筑节能率划分为三个层次：低能耗建筑示范—亚运城居住建筑组团（媒体村、运动员村、技术官员村居住建筑），节能率为 65%，示范建筑面积约 110 万 ㎡；绿色建筑示范—广州亚运城综合体育馆（大型体育馆国家绿色建筑示范工程），节能率为 60%，示范建筑面积约 5 万 ㎡；建筑节能示范—广州亚运城整体，节能率为 50%；亚运城总体节能率大大高于国家标准 50% 的要求。针对亚运城建筑节能设计，广州市重点办专门编制了《广州亚运城居住建筑节能设计标准》及《广州亚运城综合体育馆绿色建筑设计标准》。《广州亚运城居住建筑节能设计标准》采用了合理的建筑设计方案，强化建筑自然通风降温功能，提高围护结构隔热性能和提高空调设备能效比等节能措施，是夏热冬暖地区第一部全面实现居住建筑节能 65% 的设计标准。《广州亚运城综合体育馆绿色建筑设计标准》强调了在建筑设计中应充分考虑自然通风、采光、遮阳、建筑声学、室内空气质量等问题，同时从节能、节地、节水、节材、环境保护等各方面提出要求，为我国首个考虑了南方地区气候特点并适用于场馆类建筑的绿色建筑设计标准。

为切实落实节能环保、人文生态的理念，积极打造资源节约型、环境友好型高品质社区，经市政府核准，亚运城实施综合管沟、真空垃圾收集系统、分质供水、太阳能水源热泵可再生能源、建筑节能、数字化社区及智能家居等多项新技术、新工艺。

亚运城将燃气、电力、通信、高质水、杂用水及垃圾管道等管线集中布置在综合管沟内，实施集中维护、共同管理，既节约了大量的地下空间，又可避免各类管线建设及运行维护中的重复开挖。

真空垃圾系统通过自动化的方式实现垃圾的分散收集及封闭运输，可有效减少环境污染，提高环境质量。

分质供水包括高质水和杂用水，烹饪、饮用、沐浴、洗衣等与人体直接接触的各类用水采用高质水，冲厕、道路浇洒、洗车、绿化、河涌补充等用水则采用杂用水，既提高了居民的生活质量，又节约了优质水资源。

太阳能、水源热泵等可再生能源是利用热泵原理将地表浅层水源的低位热能转化为可以利用的高位热能，从而加以利用的技术。该项目包括三个能源站（分别位于技术官员村、运动员村国际区以及媒体中心）、配套的管网系统以及机电设备等。太阳能集热器均布置在屋面。该项目具有三大优点：一是采用水源热泵＋太阳能制备生活热水，避免了传统锅炉的设置对环境造成的污染；二是采用水源热泵系统，充分利用亚运城附近丰富的水资源，提取地表水中的能源，满足亚运城空调及热水需求，大大节约了能源；三是所有水资源能够相互配合、互为补充，最终实现水资源的综合利用。

亚运城全面实施数字化社区项目，局部试点智能家居技术。数字社区建设的核心是建设以信息网、控制网、通信网和数字电视网为中心的社区综合网络系统，通过高效、便捷、安全的网络系统实现信息高度集成与共享，实现环境和设备的自动化、智能化监控。智能家居是一个利用先进的计算机、网络通信、自动控制等技术，将与家庭生活有关的各种应用子系统有机地结合在一起，通过综合管理，从而提高家庭生活的安全性、舒适度以及住房的智能化管理水平和节能水平。该技术在技术官员村的部分住宅中建设并投入使用，具有很强的行业示范意义。

绿色交通是亚运城实施的新技术之一。亚运城赛时提供自行车免费租赁、电瓶车及步行等绿色交通系统，可降低四成机动车尾气排放量，高峰人流量时段市政道路的交通拥堵可降低30%，市政道路上平均车速可提高20%。

1. 住宅部分：技术官员村、运动员村与媒体村

（1）技术官员村

技术官员村围护结构节能措施主要集中在：围护结构隔热、外窗遮阳、屋面隔热等几个方面。各栋建筑节能措施做法基本一致，以技术官员村6号住宅为例进行总结。

1）围护结构

① 外墙

外墙主体部分采用200mm厚加气混凝土砌块，南北墙内侧加20mm厚玻化微珠保温砂浆，东西墙内侧加35mm厚玻化微珠保温砂浆，外墙混凝土梁柱加35mm厚玻化微珠保温砂浆内保温层。外墙平均传热系数$K=1.01W/(m^2 \cdot K)$，热惰性$D=3.63$。

实测：蒸压加气混凝土砌块导热系数$0.161W/(m \cdot K)$，玻化微珠保温砂浆的导热系数为$0.0603W/(m \cdot K)$。

② 外窗

外窗采用钢塑共挤窗 + 单片在线 Low-E，外窗平均传热系数 K=4.7W/(㎡·K)，平均遮阳系数 0.489。

实测值：sunlite 镀膜玻璃（在线）可见光透射比 68.28。

③ 屋顶

屋顶采用 120mm 厚钢筋混凝土，保温材料采用 40mm 厚挤塑聚苯板，屋顶平均传热系数 K=0.57W/(㎡·K)，热惰性 D=3.144。

实测：挤塑聚苯板的导热系数 0.0296 W/(m·K)

2）外墙与屋面热桥

本项目外墙热桥部位 玻化微珠保温砂浆，以保证热桥部位的内表面温度在室内空气设计温度，湿度不低于露点温度，外墙与屋面的热桥部位满足导则要求。

3）能耗计算分析

能耗计算分析表

表 3-14

	设计建筑	参照建筑
空调耗电指数	42.96	62.43
标准依据	《广州亚运城居住建筑节能设计标准》、《居住建筑节能设计标准广东省实施细则》	
标准要求	设计建筑的能耗不得超过参照建筑的能耗	
结论	满足	

备注：数据来源建筑节能计算报告书和节能设计审查备案表。

（2）运动员村

1）围护机构的主要节能措施

运动员村的围护结构节能措施主要集中在：围护结构隔热、外窗遮阳、屋面隔热、屋顶绿化等几个方面。各栋建筑节能措施做法基本一致，以运动员 2 区 1 栋住宅为例进行总结。

① 外墙

外墙主体部分采用 200mm 厚加气混凝土砌块 +20mm 无机保温砂浆内保温，外墙平均传热系数 K=1.023W/(㎡·K)，热惰性 D=3.266。

实测：墙体检测（200 蒸压加气混凝土砌块 +20 无机保温砂浆内保温）结果，传热系数 K=0.87W/(㎡·K)

② 外窗

外窗采用钢塑共挤窗 +6mm 镀膜玻璃，外窗平均传热系数 K=4.5W/(㎡·K)，平均遮阳系数 0.5。

③ 屋顶

屋顶 1：种植物面，采用 120mm 厚钢筋混凝土，300mm 轻质黏土，保温材料采用 50mm 厚挤塑聚苯板，屋顶平均传热系数 K=0.402W/(m^2·K)，热惰性 D=6.837。

屋顶 2：采用 120mm 厚钢筋混凝土，保温材料采用 50mm 厚挤塑聚苯板，屋顶平均传热系数 K=0.482W/(m^2·K)，热惰性 D=3.022。

实测：挤塑聚苯板的导热系数 0.027W/(m·K)。

④ 外墙与屋面热桥

本项目外墙热桥部位 无机保温砂浆，以保证热桥部位的内表面温度在室内空气设计温度，湿度不低于露点温度，外墙与屋面的热桥部位满足导则要求。

2）各设备专业的主要节能措施

① 给水、排水设计

充分利用当地水源及排污处理系统、节约投资及运行费用。结合地形、合理确定总平面的竖向设计及雨水排向。生产、生活、消防、观景等不同用水，合理分配利用高质水和杂用水，分别计量，有利控制与计费。公共卫生间选用感应式的设施与配件。其他卫生器具采用节水型配件、节水型龙头。采用高效节能供水设备，并加强管理，减少漏损。生活水池采用不锈钢水箱，水池的溢、泄水均采取隔断措施，防止污染。

② 电气、照明设计

合理安排变配电房的位置，尽量靠近负荷中心，缩短管网，减少线路损耗，降低运行成本；选择节能型的变配电系统设备，设有带自动补偿装置的电容补偿柜，以提高供电系统的功率因数为 0.9 以上。

按照《建筑照明设计标准》GB 50034 - 2004 及使用要求，合适地设计及考虑各个场所的照度值及照明功率密度值。一般照明采用直接照明方式，所有照明灯具、光源、电气附件等均选用高效、节能型提高照明效率。公众区域照明实施集中统一控制，楼梯走道照明采用声光控制开关以省节电能。

③ 空调、通风设计

充分利用总平面及建筑物中的"绿地"、"外窗"对流等自然通风条件，进行区间内的人工气候调节，以利减少夏季降温的能耗。送、排风机均采用高效率设备。送、排风系统的风管控制在 60m 以内。住宅分体机能效比大于 3.0。合理选择保温性能好的新型管网保温材料，减少冷耗。

（3）媒体村

媒体村的围护结构节能措施主要集中在：围护结构隔热、外窗遮阳、屋面隔热等几个方面。各栋建筑节能措施做法基本一致，我们以媒体村南区 S17 栋为例进行总结。

① 外墙

外墙主体部分采用 200mm 厚加气混凝土砌块，外墙混凝土梁柱加 25mm 厚无机玻化微珠保温砂浆内保温层，外墙的平均传热系数 K=1.22W/(m^2·K)，热惰性 D=3.86。

实测：蒸压加气混凝土砌块导热系数 0.18W/(m·K)，玻化微珠保温砂浆的导热系数 0.075W/(m·K)，墙体构件传热系数为 0.95W/(m^2·K)。

② 外窗

外窗采用钢塑共挤窗 + 中空玻璃（6 蓝灰吸热 +9A+6mm 透明玻璃），外窗平均传热系数 K=3.0 W/($m^2 \cdot$ K)，平均遮阳系数 0.544。

③ 屋顶

屋顶采用 120mm 厚钢筋混凝土，保温材料采用 20mm 厚挤塑聚苯板，屋顶平均传热系数 K=0.96 W/($m^2 \cdot$ K)，热惰性 D=3.56。

实测：挤塑聚苯板的导热系数 0.03W/(m·K)

④ 外墙与屋面热桥

本项目外墙热桥部位 玻化微珠保温砂浆，以保证热桥部位的内表面温度在室内空气设计温度，湿度不低于露点温度，外墙与屋面的热桥部位满足导则要求。

⑤ 能耗计算分析（表3-15）

能耗计算分析表   表 3-15

	设计建筑	参照建筑
空调耗电指数	49.65	65.77
标准依据	《广州亚运城居住建筑节能设计标准》、《居住建筑节能设计标准广东省实施细则》	
标准要求	设计建筑的能耗不得超过参照建筑的能耗	
结论	满足	

备注：数据来源建筑节能计算报告书和节能设计审查备案表。

2. 公建部分：体育馆与媒体中心

广州亚运城综合体育馆节能率达 60%，高于当前国内普遍实行的公共建筑 50% 的节能要求，节能环保水平也居于国内大型体育场馆建筑前列。除了屋顶采用了雨水收集系统外，项目还采用水源热泵的技术进行空调冷气提供及热水供应。由于整个屋面造型是弧形的，便于雨水收集，加上采用了自然通风采光系统，最大限度地实现了节能、环保和再利用。

（1）适应气候的围护结构

1）体育馆

广州亚运城体育馆区围护结构的主要节能措施为：屋面大尺寸外挑；屋顶采用玻璃岩棉隔热构造；外墙采用加气混凝土砌块填充墙；外窗采用断热铝合金窗框 Low-E 中空玻璃窗；建筑外墙及屋顶采用太阳辐射吸收系数较小的抛光铝反射板饰面等。

① 外墙

外墙采用导热系数较小的加气混凝土 [导热系数限值 λ ≤ 0.22W/（m·K）] 墙体材料（图 3-39），并在钢结构梁构造中设置玻璃岩棉 [导热系数限值 λ ≤ 0.50W/（m·K）] 隔热层（图 3-40），以提高外墙保温隔热能力。经计算，加气混凝土墙体

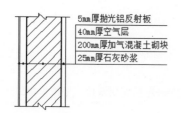

图 3-39　加气混凝土墙体

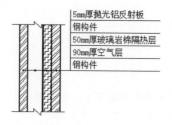

图 3-40　玻璃岩棉隔热钢结构梁

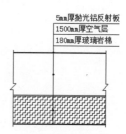

图 3-41　玻璃岩棉隔热屋面

的传热系数 $K = 0.909W/(m^2 \cdot K)$，小于该地区外墙传热系数所规定的限值 $1.5W/(m^2 \cdot K)$。东西墙体内表面最高温度分别为 34.3℃、35.1℃，墙体内表面最高温度小于《民用建筑热工设计规范》规定的当地夏季室外计算温度最高值 35.6℃（图 3-42、图 3-43）。

② 屋面

屋面采用抛光铝反射板饰面，采用玻璃岩棉作为隔热层。屋面的构造简图如图 3-41 所示。经计算，屋面的传热系数 $K = 0.143W/(m^2 \cdot K)$，小于规定的限值。屋面内表面最高温度为 35.4℃，小于当地夏季室外计算温度最高值 35.6℃。

③ 外窗

体操馆屋顶大尺寸的出挑，形成了较好的外遮阳效果。大面积的透明幕墙采用断热铝合金窗框 Low-E 中空玻璃〔$K \leqslant 3.0W/(m^2 \cdot k)$、$SC \leqslant 0.28$〕。从而大大降低了窗口的太阳辐射得热，减少建筑空调能耗。

在通风方面，建筑外窗的可开启面积大于窗面积的 30%，透明幕墙具有可开启部分。

图 3-42　场馆轻质隔热屋面实景图

图 3-43　场馆轻质隔热屋面实景图

在气密性方面，外窗的气密性不低于《建筑外窗气密性能分级及其检测方法》GB 7107 规定的 4 级，透明幕墙的气密性不低于《建筑幕墙物理性能分级》GB/T15225 规定的 3 级。

④　权衡判断

设计建筑各部分围护结构热工参数如表 3-16 所示。出于建筑造型和立面美观的设计出发点，设计建筑各朝向的窗墙面积比不能完全满足《<公共建筑节能设计标准>广东省实施细则》规定性指标的要求。采用"围护结构热工性能权衡判断"的方法，将设计建筑和作为能耗基准的参照建筑的采暖空调能耗相比较，如设计建筑的能耗小于参照建筑的能耗，即可判定围护结构的总体热工性能符合节能要求。参照建筑是一个符合节能要求的假想建筑，它与所设计的实际建筑在大小、形状等方面完全一致，围护结构满足标准的基本节能要求。

围护结构热工参数　　　　　　　　　　表 3-16

内容		规定指标	设计指标	
			体操馆	台球馆
屋顶	传热系数 $K(W/(m^2 \cdot K))$	$K \leqslant 0.9$ $D \geqslant 2.5$ $K \leqslant 0.4$	0.143	
	热惰性指标 D		2.78	
外墙	传热系数 $K(W/(m^2 \cdot K))$	$K \leqslant 1.5$ $D \geqslant 2.5$ $K \leqslant 0.7$	0.909	
	热惰性指标 D		3.57	
窗墙面积比	东向	$\leqslant 0.85$	0.90	0.81
	南向	$\leqslant 0.85$	0.45	0.63
	西向	$\leqslant 0.85$	0.57	0.73
	向北	$\leqslant 0.85$	0.47	0.82

内容		规定指标	设计指标	
			体操馆	台球馆
外窗（包括透明幕墙）	遮阳系数 SC		0.28	
	传热系数 K [W/(m² · K)]		3.0	
	可开启部分最小面积		外窗面积的 30%；透明幕墙具有可开启部分	
	气密性能	幕墙	《建筑幕墙物理性能分级》GB/T 15225 规定的 3 级	
		外窗	《建筑外窗气密性能分级及其检测方法》GB 7107 规定的 4 级	

采用清华斯维尔节能设计软件和全年动态能耗计算软件进行计算。根据《<公共建筑节能设计标准>广东省实施细则》要求，分别建立各个单体建筑的设计建筑和参照建筑模型，如图 3-44、图 3-45 所示。在能耗模拟中，严格按照细则的推荐设置参照建筑和设计方案空调系统中的参数。

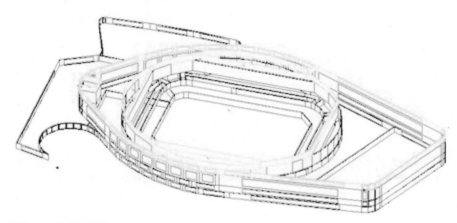

图 3-44　体操馆模型

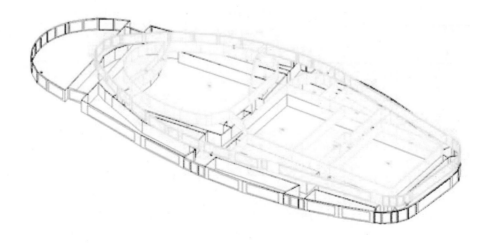

图 3-45　台球馆模型

经计算各设计建筑符合节能要求。计算结果见表3-17。

设计建筑及参照建筑年总能耗 表3-17

	年总能耗（kW·h/m²）	
	设计建筑	参照建筑
体操馆部分	142.5	142.85
台球馆部分	98.25	99.44

通过围护结构节能设计，得出如下结论：

遮阳方面：体育馆区建筑的屋顶大尺寸出挑，提供了良好的遮阳效果。外窗采用了遮阳性能良好的Low-E中空玻璃。建筑屋顶及外墙外饰面采用太阳辐射吸收系数较小的抛光铝反射板，减少了吸收的太阳辐射热。

隔热方面：屋面采用了玻璃岩棉作为隔热层。墙体材料为导热系数较小的加气混凝土砌块，并在钢结构梁构造中设置玻璃岩棉隔热层。屋面及墙体构造隔热性能良好。

能耗方面：采用围护结构热工性能权衡判断法进行节能设计评价，围护结构的总体热工性能符合节能要求。

2）媒体中心

广州亚运城主媒体中心围护结构的主要节能措施为：屋顶采用挤塑聚苯乙烯泡沫塑料板隔热构造；外墙采用加气混凝土砌块填充墙；外窗采用断热铝合金窗框Low-E中空玻璃窗；建筑外墙采用太阳辐射吸收系数较小的抛光铝反射板饰面等。

① 外墙

外墙采用导热系数较小的加气混凝土［导热系数限值 λ ≤ 0.22W/（m·K）］墙体材料（图3-46），并在钢结构梁构造中设置玻璃岩棉［导热系数限值 λ ≤ 0.50W/(m·K)］隔热层（图3-47），以提高外墙保温隔热能力。经计算，加气混凝土墙体的传热系数 $K = 0.909W/（m^2·K）$，小于该地区外墙传热系数所规定的限值1.5W/（m²·K）。东西墙体内表面最高温度分别为34.3℃、35.1℃，墙体内表面最高温度小于《民用建筑热工设计规范》规定的当地夏季室外计算温度最高值35.6℃。

② 屋面

屋面采用挤塑聚苯乙烯泡沫塑料板作为隔热层。屋面的构造简图如图3-48所示。经计算，屋面的传热系数 $K = 0.83W/（m^2·K）$，小于规定的限值。屋面内表面最高温度为35.0℃，小于当地夏季室外计算温度最高值35.6℃。

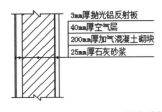
3mm厚抛光铝反射板
40mm厚空气层
200mm厚加气混凝土砌块
25mm厚石灰砂浆

图3-46 加气混凝土墙体

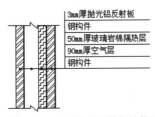
3mm厚抛光铝反射板
钢构件
50mm厚玻璃岩棉隔热层
90mm厚空气层
钢构件

图3-47 玻璃岩棉隔热钢结构梁

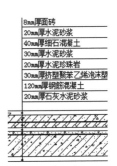
8mm厚面砖
20mm厚水泥砂浆
40mm厚细石混凝土
30mm厚水泥砂浆
20mm厚水泥珍珠岩
30mm厚挤塑聚苯乙烯泡沫塑
120mm厚钢筋混凝土
20mm厚石灰水泥砂浆

图3-48 玻璃岩棉隔热钢结构梁

③ 外窗

大面积的透明幕墙采用断热铝合金窗框 Low-E 中空玻璃 [K ≤ 3.0(W/m² · k)、 SC ≤ 0.35]。从而大大降低了窗口的太阳辐射得热，减少建筑空调能耗。

在通风方面，建筑外窗的可开启面积大于窗面积的 30％，透明幕墙具有可开启部分。

在气密性方面，外窗的气密性不低于《建筑外窗气密性能分级及其检测方法》GB 7107 规定的 4 级，透明幕墙的气密性不低于《建筑幕墙物理性能分级》GB/T 15225 规定的 3 级。

④ 权衡判断

设计建筑各部分围护结构热工参数如表 3-18 所示。采用"围护结构热工性能权衡判断"的方法，将设计建筑和作为能耗基准的参照建筑的采暖空调能耗相比较，如设计建筑的能耗小于参照建筑的能耗，即可判定围护结构的总体热工性能符合节能要求。参照建筑是一个符合节能要求的假想建筑，它与所设计的实际建筑在大小、形状等方面完全一致，围护结构满足标准的基本节能要求。

围护结构热工参数   表 3-18

内容		规定指标	设计指标
屋顶	传热系数 K [W/(m² · K)]	K ≤ 0.9, D ≥ 2.5 K ≤ 0.4, D<2.5	0.83
	热惰性指标 D		3.24
外墙	传热系数 K [W/(m² · K)]	K ≤ 1.5, D ≥ 2.5 K ≤ 0.7, D<2.5	0.94
	热惰性指标 D		2.45
窗墙面积比	东向	≤ 0.70	0.79
	南向	≤ 0.70	0.39
	西向	≤ 0.70	0.47
	向北	≤ 0.70	0.49
外窗（包括透明幕墙）	遮阳系数 SC		0.28
	传热系数 K [W/(m² · K)]		3.0
	可开启部分最小面积		外窗面积的 30％；透明幕墙具有可开启部分
	气密性能	幕墙	《建筑幕墙物理性能分级》GB/T 15225 规定的 3 级
		外窗	《建筑外窗气密性能分级及其检测方法》GB 7107 规定的 4 级

采用清华斯维尔节能设计软件和全年动态能耗计算软件进行计算。根据《＜公共建筑节能设计标准＞广东省实施细则》要求，分别建立各个单体建筑的设计建筑和参照建筑模型，如图 3-49 所示。在能耗模拟中，严格按照细则的推荐设置参照建筑和设计方案空调系统中的参数。

经计算各设计建筑符合节能要求。计算结果见表 3-19。

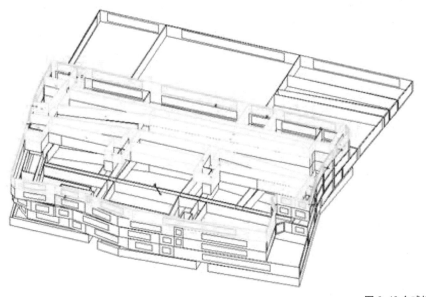

图 3-49 台球馆模型

设计建筑及参照建筑年总能耗 表 3-19

项目	年总能耗（kW·h/m²）	
	设计建筑	参照建筑
主媒体中心	186.03	190.85

通过围护结构节能设计，得出如下结论：

遮阳方面：外窗采用了遮阳性能良好的 Low-E 中空玻璃。建筑外墙外饰面采用太阳辐射吸收系数较小的抛光铝反射板，减少了吸收的太阳辐射热。

隔热方面：屋面采用了挤塑聚苯乙烯泡沫塑料板作为隔热层。墙体材料为导热系数较小的加气混凝土砌块，并在钢结构梁构造中设置玻璃岩棉隔热层。屋面及墙体构造隔热性能良好。

能耗方面：采用围护结构热工性能权衡判断法进行节能设计评价，围护结构的总体热工性能符合节能要求。

（2）新能源利用技术

1）太阳能热水系统技术

广州市地处北回归线以南，属南亚热带海洋性季风气候，光照充足。年平均日照时数为 1875.1 ～ 1959.9h，太阳辐射年总量为 4651MJP/㎡，属于太阳能三类地区（资源一般区）。从图 3-50、图 3-51 可以看出，广州地区一年中总辐射量最少的时段是春季，阴雨天气比较多，大气透明度差，中、低云层经常布满天空，该段时间的总辐照量主要为散射辐照量。夏季主要是晴热天气，阳光充足，水平面上太阳辐照度是全年最大的，而且太阳辐照量中直接辐照占的比例很高；秋季的广州地区秋高气爽，晴空万里，虽然太阳高度角逐渐减小，但是太阳辐照量仍然比较高。

综合体育馆中太阳能热水系统主要供应首层运动员、裁判员淋浴间的热水需求。

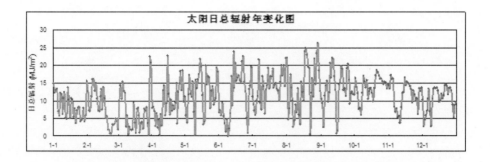

图 3-50 广州市太阳日总辐射年变化图

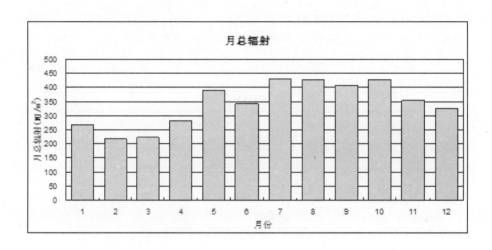

图 3-51 广州市太阳月总辐射年变化图

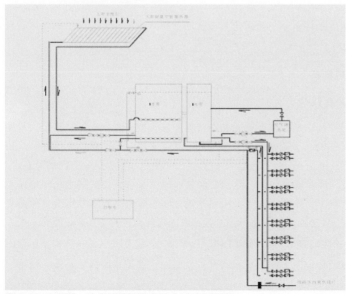

图 3-52 太阳能＋空气源热泵集中热水系统原理图

最高日用水量约为 46.2m³/d；最大时用水量约为 28.9m³/h。设计小时耗热量：610kW。

其热源由亚运城内能源站为综合体育馆提供热源。热网的供水温度在夏季为55℃，回水温度为 50℃。热力检修期的备用热源仅考虑亚运会后商业运营的生活热水的连续供热负荷。空气源热泵作辅助加热设备，供热水温度不足时用（图 3-52）。

首层热水站设变频给水泵供生活热水。热水系统竖向分区与冷水分区一致。热水贮热水箱位于首层的热水站内，设保温不锈钢热水箱 1 座，共 35m³。贮热量大于90min 设计小时耗热量。集中热水系统采用机械循环管道系统。生活热水回水管道在热水站内设 2 台热水循环水泵，一用一备。热水管采用薄壁紫铜管，焊接。热水干管采用橡塑海绵保温。管道补偿采用金属波纹管，补偿范围两端加固定支架。

2）风能 / 太阳能光电技术

在体育馆停车场出入口等处设风 / 光互补照明灯。利用太阳能和风能发电为停车场照明灯提供电源。风 / 光互补灯光源选用高效节能的 LED 灯（表 3-20，图 3-53 ～图3-56）。太阳能和风能发电的结合既节约能源也为体育馆人员疏散提供可靠的照明。

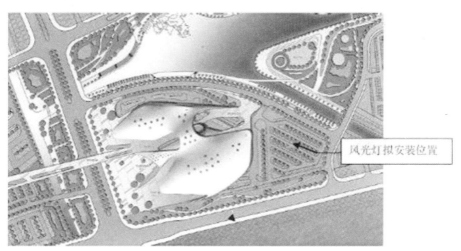

图 3-53　风光互补路灯拟安装位置示意图

图 3-54　风光互补路灯应用昼间实景图（一）

图 3-55　风光互补路灯应用昼间实景图（二）

图 3-56　风光互补路灯应用夜间实景图

风光互补路灯技术参数表 表 3-20

灯具高度	8m
照明光源功率	100W
发电机额定输出功率	300W
发电机起动风速 / 切入风速 / 安全风速	1.5m/s / 2.5m/s / 10m/s
太阳源额定直流电压	12/24V

3）水源热泵技术

亚运城综合体育馆的空调纳入整个亚运城太阳能和水源热泵供冷供热系统中，利用亚运城周边砺江涌江水为水源热泵冷源代替冷却塔，由 3 号能源站提供部分冷量（图 3-57）。砺江河水夏季取水温度在 26±2℃，比传统冷却塔冷却水设计温度 32℃低 4 ～ 8℃，降低了蒸发器冷却温度，大大提高制冷机组能效比，约可降低制冷机能耗 15% ～ 30%。

冷源系统设计方案综合考虑节能、可靠性及经济性，且考虑赛时、赛后及不同季节的经济运行和维护需要。整个广州亚运城综合体育馆除少数设备用房等房间外均采用中央空调系统。

综合体育馆空调面积约 40020㎡，中央空调系统所需最大空调冷负荷共为 8718kW（2480 冷吨），单位面积冷负荷 218W/㎡。由 3 号能源站提供给体育综合馆的冷量为 2505kW，供回水温为 6℃ /14℃。考虑充分利用 3 号能源站可提供的部分冷量，且通过合理分析和计算尽量降低装机容量，同时希望用能源站可提供冷量的区域用冷的时间越长越好。结合综合体育馆各区域的负荷构成及赛后的使用时间，冷源选择方案为：体操馆及综合馆周边附属用房、亚运历史博物馆这些赛后用冷时间长的区域均采用集中能源站提供的冷量，且为直供方式；而赛后用冷时间很短的体操馆及综合馆的比赛场馆内和观众休息大厅等大空间区域分别自设冷水机组；24h 设备机房独立设置多联空调或分体空调。这样既能充分利用能源站冷量，同时将场馆与周边附属用房分开系统也更有利与今后的运营管理。

（3）通风、空调及热水供应系统节能技术

亚运城利用太阳能、水源热泵等可再生能源，利用热泵原理将地表浅层水源的低位热能转化为可以利用的高位热能，采用水源热泵＋太阳能制备生活热水，提取地表水中的能源，满足广州亚运城空调及热水需求。

图 3-57　广州亚运城综合体育馆区域内太阳能及水源热泵供冷供热系统分布图

1）设计原则

① 优先使用太阳能的原则

整个热源系统体现优先使用太阳能的原则，太阳能集热器集热量的设计应以满足赛后的热水总负荷的 40% 作为太阳能集热量的设计原则。

② 确保赛时用水安全原则

赛时人员集中，用水量较大，采用集中热水系统可有效保证赛时大流量用水特点，保证用水的可靠性和舒适性。

③ 新能源利用最大化原则

采用水源热泵作为太阳能的辅助热源，充分利用天然水体作为高、低温热源，向水体中放热和从水体中取热。按赛时热水的最高日用水量进行设计，即太阳能集热量为 0 时，仍能满足赛时亚运城的热水负荷需求，确保亚运会赛时用水。并对公建和部分住宅提供冷源，实现太阳能与水源热泵的综合利用，高效节能，实现新能源利用最大化原则。

④ 投资合理、运行经济的原则

采用"以热定冷"的设计原则，先确定生活热水的供热量，再根据总热量合理确定供冷范围的冷负荷总量，总投资不超过政府主管部门批准的项目总投资及建安费用。

⑤ 根据亚运城有关节能和清洁能源建设要求，既要满足赛时大流量、高标准的生活热水要求；又要体现赛后综合新能源利用最大化原则，因此本方案采用太阳能 + 水源热泵集中供应热水系统，同时供应部分公共建筑、技术官员村住宅的集中空调冷源。

2）设计要点

① 能源站的确定

能源站的设置靠近每个区域负荷中心位置，便于能源输送系统的设计，减少输送距离，降低管道能量损耗。

亚运城附近可利用的地表水资源，除了砺江河外，还有位于亚运城中心位置的莲花湾。莲花湾靠近媒体村、运动员村，但水量相对较小，只能满足3号能源站的水量需求。砺江河水资源较为丰富， 但考虑到全部从砺江河取水，东西跨越较大，输送距离较长，损耗较大，分别在砺江河、莲花湾设置取水头部。砺江河水资源丰富，为主要取水水源，负责供应1号、2号能源站水源；莲花湾水量相对较小，就近供应3号能源站水源，确保水源水取水的经济性、可靠性。

② 冷水、热水水温

据现行技术规范、结合广州市多年平均气候资料，主要水温、气温设计参数确定如下：生活冷水计算温度：赛时按11月份多年平均气温20℃计算；赛后按最冷月1月份多年平均气温13℃计算；生活热水计算温度：60℃（实际供应生活热水温度55℃）。

③ 空调设计参数

冬季室外计算干球温度5℃；冬季室外计算相对湿度70%；冬季平均风速2.4 m/s；夏季空调室外计算干球温度33.5℃；夏季空调室外计算相对温度27.7℃；夏季空调室内温度22～25℃。

④ 集中生活热水供水范围和设计人数、用水量标准

赛时亚运会期间运动员、技术官员等相关人员随赛制安排陆续进住，亚运城每日实际入住人员要小于规划数值，为安全计并考虑经济技术的合理性，运动员、技术官员、媒体人员按90%设计计算；餐厅使用人员按60%设计计算。

体育场馆运动员使用热水按淋浴喷头数量估算，暂按60个淋浴喷头，每个喷头用水量为200L，体能恢复中心游泳池用热量较小，不再计入耗热总量。配套公建只考虑餐厅供应生活热水，每日按30000人计算，用水量标准10L/（人·日），同时使用系数按6%计。赛时亚运城住宅其功能相当于宾馆，热水使用量较大，根据《建筑给水排水设计手册》和《小区集中生活热水供应设计规程》的规定，本项目生活热水采用太阳能和热泵制备，系统设有较大容积的热水贮存量，热水用水量定额计算参数按相应热水定额下限取值（热水温度为60℃），取120L/（床·d）。

赛后亚运城住宅改为配套完善的中高档居住社区，热水需分户计量交费使用。

根据《建筑给水排水设计手册》和《小区集中生活热水供应设计规程》的规定，本项目生活热水采用太阳能和水源热泵制备，系统设有较大容积的热水贮存量，热水用水量定额计算参数按相应热水定额下限取值（热水温度为60℃），取60L/（人·d），系统设计入住率按0.85计算。

赛后医院需要供应生活热水，设置集中热水供应，医院为公共建筑，建议采用太阳能制备生活热水，辅助热源采用空气源热泵。热水用水量定额计算参数按相应热水定额取值（热水温度为60℃），取150L/（人·d），入住率按0.85计算。

3.2.4 建筑室外环境改善设计

1. 场地开发与生态保护

广州亚运城选址范围及周边地区以村镇建设用地为主，有少量城市建设用地，用地范围跨石碁、石楼两镇（图3-58）。

项目开发过程始终按环保设计进行，环保设计的主要设计依据为：2008年《广州亚运城综合体育馆绿色建筑设计标准》和国家、省市现行的相关建筑节能法律、法规。

建筑用地避开了建筑抗震不利地段，如地址断裂带、易液化土、人工填土等地段；选址周围电磁辐射本底水平符合《电磁辐射防护规定》GB8702－1988，同时远离油库、煤气站、有毒物质车间等有可能发生火灾、爆炸和毒气泄漏等的区域。

场地周围没有明显的危险源；亚运城附近主要的污染源为莲花山电厂，排气量约22.47万$N \cdot m^3/h$，烟气中SO_2和烟尘浓度分别控制在$1100mg/m^3$和$100mg/m^3$。SO_2和烟尘年排放量分别为1953t和192t。

经调查场址内交通道路两侧的昼夜噪声则能符合4类标准，生活区的声环境能符合2类标准，自然生态系统的声环境则优于2类标准，基本符合1类标准要求。建设项目场址内的声环境质量属良好。

周围土壤氡浓度符合国家《民用建筑工程室内环境污染控制规范》的规定。

在建筑材料的选用、给水排水、电气和空调系统的专项设计上都进行了相应的环保设计。

给水排水环保与卫生防疫设计方面，生活水箱出水管上设紫外线消毒器进行二次消毒。生活水箱与消防水池分开，使生活供水系统与消防系统安全独立，以防生活水被消防水污染。水池上部无污水管，周围无污水坑等污染源。水池、水箱间通风良好。

图3-58 广州亚运城用地规划图

生活水箱材质采用不锈钢，并在人孔盖上加锁。水箱通气管、溢流管口加防虫网罩。给水管材采用薄壁不锈钢管，避免了管道锈蚀而污染水质。排水系统设专用通气立管和环形通气管。以保护水封，防止下水道内污气进入室内。采用水封深（大于等于50mm）且效果好的地漏，以降低水面蒸发对水封的不利影响。采用具有尾流补冲水功能的坐便器，以保证每次冲洗完毕后水封被充满。机房地漏水封易蒸发干枯，机房地漏设独立排水系统，不与污水管道相连。排水系统雨水、污水、废水分流，公共厨房污水经隔油器处理；再排入市政污水管道。市政引入管的总水表后安装倒流防止器。公共卫生间的蹲便器、小便器采用感应式冲洗阀，洗手盆采用感应式龙头，避免造成接触感染。

电气环保设计方面，所有电气设备均采用节能、环保、低噪声产品。自备柴油发电机为事故时临时发电用，其排烟口采用专用油烟气水幕处理设备，处理后烟气达到林格曼黑度1级以下，然后由专用烟道引出屋顶高空排放。发电机房采用隔声及吸声处理，发电机组采用隔声垫隔振处理，设备承台与设备之间设置减振弹簧或减振橡胶垫片，机房的进、排风口设消声器处理。

制冷空调方面，采用水冷冷水机组，制冷剂选用R123或R134a，符合环保要求。在满足功能要求的前提下，尽量将机房布置在地下室、屋顶等远离人的主要工作活动区的地方，减少对周围环境的影响。卫生间均设置通风系统，并将废气排至不影响周围环境的地方。

产生烟气的燃烧设备（如餐厅、厨房的炉灶等），均使用燃气作为燃料，这些设备或它们的燃烧器采用技术先进的设备，燃料可以得到充分燃烧，燃烧后基本不会产生黑烟，有害气体对环境污染不大。而且在楼内预留内置排烟井。餐厅厨房油烟经过水烟罩处理后和备用柴油发电机废气的排烟分别由大楼内设排烟井引至楼顶，符合《大气污染物排放标准》DB4427－89一级标准、《饮食业油烟排放标准（试行）》GWPB5－2000。排放高度高出平屋顶0.5m以上。

噪声处理严格遵守以下规定，并在设计施工过程中请专业消声环保设计单位协助进行降噪设计。选用噪声低振动小的运转设备，如：冷却塔选用超低噪声方型横流冷却塔。选用高效、低噪声离心通风机，选用低噪声冷水机组及空调机组等。通风机、水泵、制冷机、空调机组等电动机械设备，均做减振机座，以减少振动的传递。通风机、空调机组与风道采用软接头连接，水泵进出水管装挠曲柔性接头，风道和水管穿墙壁和楼板时，要在管道与洞壁间用柔性材料填充，通过空调机房或其他有振动与高噪声房间的风道和水管应采用减振和隔声处理。空调泵房、空调机房采用钢制或双层隔声门，门缝要严密，可加海绵橡胶压条，与有防噪声要求房间邻近的机房墙体应有足够的隔声能力，上述机房的内壁表面贴吸声材料，顶板垂挂吸声板，达到衰减二次反射的目的。空调机组送风总管道、送排风机进出口以及卧式风机盘管进出风口均安装微穿孔阻抗消声器或消声弯头。控制风口、风管内风速，弯头及分支管三通处设导流叶片。除水泵房内消防水泵外，供水泵均设隔振基础减振；水泵进出水管上设柔性减振接头；泵房内管道采用减振弹簧支架和吊架。

设置绿化缓冲带降低中高频噪声：临近交通线栽种密集的防噪林或灌木，可以有效地消除中高频噪声。绿化林带的降噪功能不可估计过高，但对人体的心理作用非常良好。乔、灌木搭配密植，树木高大，枝叶茂密的绿化林带的附加降噪量估算如下：林带宽度为10m时，附加降噪量1～2dBA；林带宽度为30m时，附加降噪量3～5dBA；林带宽度为50m时，附加降噪量5～7dBA；林带宽度为100m时，附加降噪量10～12dBA。

堆砌土坡降低低频噪声：在场地设计中，结合景观设计抬高场地临近交通线区域的地面标高，堆砌土坡，形成声障堤，有效隔绝噪声，尤其是绿化无法消除的低频噪声。在防噪的深入设计中，结合景观设计，重点确定防噪林的宽度、防噪林植物的选择与搭配，及形成声障堤的土坡高度及宽度。

固体废物治理方面，采用真空垃圾收集系统。亚运城的真空管道垃圾收集系统分为物业网络和公共网络两部分。物业网络，包括组团范围内垃圾收集立管、室内垃圾投放口、排放阀室及垃圾收集支管。公共网络，包括市政垃圾收集管道、分段阀井、进气阀井、检查井、接驳分岔口和户外垃圾投放口。

2. 绿化设计与物种选择

(1) 运动员村

1) 理念提出—"四季花城、绚彩广州"

运动员村在亚运会期间，作为各国运动员居住、生活、训练、休闲和娱乐的场所，在赛后将成为高级住宅区。在亚运城运动员村的景观绿化设计中，如何在保证基本环境景观需求的基础上，提升这个特殊的城市居住区的景观价值和城市立意，是设计应该重点解决的地方。

从服务对象上看，运动员村居住的是来自世界各地的运动员和相关随行人员。因此，运动员村在提供优质休憩环境的同时，还担负着一个重要的神圣使命—向各国展示中国、展示广州。基于这一点，运动员村的景观绿化设计便将立意提高到对广州的景观特色挖掘之上。

广州，属南亚热带季风气候，由于背山面海，具有温暖多雨、光热充足、夏季长、霜期短等特征。全年雨量充沛，利于植物生长。广州城四季常绿、花团锦簇，因而被称为"花城"。本次亚运会在广州举行，主题为"激情盛会、和谐亚洲"，这为原本就开放豪情的广州增添更多喜庆。基于广州的"花城"特色和四季常青的城市绿化形象，以及本次亚运的活动性质，提出"四季花城、绚彩广州"的景观绿化设计理念。一方面，"四季花城"体现了广州这个温热多雨的城市孕育的四季花色，另一方面，"绚彩广州"体现了广州热情开放的另一特质，同时也是对本次亚运主题—"激情盛会、和谐亚洲"的响应。即在亚运城运动员村的景观绿化设计中，以"四季花城、绚彩广州"为设计理念，通过运动员村景观绿化的绚彩花色，体现广州的花城豪情。

2) 设计内容

亚运城运动员村的景观绿化设计以"四季花城、绚彩广州"为设计理念，在设计过程中，突出表现区内花团锦簇、绿树成荫、绚彩多姿的景观效果。

① 空间布局

空间布局上，依照运动员村原有的规划结构，对应不同的分区进行不同主题的景观绿化设计。首先，对于整个运动员村的总体景观绿化，设计以"花城"为主题，强调花团锦簇、绿树成荫、多彩多姿

的总体景观效果；其次，对于居住区部分的四个组团，设计中通过将其分别设为春、夏、秋、冬四个景观绿化主题，来突出表现四季之景，并将这四个组团对应其景观主题分别命名以"碧草组团"、"雨荷组团"、"雁南组团"和"踏雪组团"。设计期望居于区内的人们，不仅能享受到优质闲适的自然环境，在闲庭漫步的同时，更能感受四季轮回，时光流转。对于公共区和国际区的景观绿化，通过疏密有致的种植方式和常青植物的选择，借以绿篱和乔木，形成绿色的围墙，分隔使用空间。同时，在设计中注重景深，空间大小相济，避免一览无遗的景观场景，努力创造豁然开朗之意境，使空间呈现多样化，统一收放中又存在变化。

② 植物配置

地形、植物和建筑是园林景观设计师用来组织空间的三种主要元素；其中，植物区别于其他设计要素的特点之一是它具有生命力，能生长，是能使环境充满生机和美感的构成要素，容易形成人们对城市环境认知，塑造城市意象。美国城市规划师，凯文·林奇（Kevin Lynch）在1960年出版的《城市意象》中提出路径、标志、节点、区域、边界这5个城市意象的基本元素。因此，在景观设计中，通过对植物的合理配置，并在其设计过程中融入本土元素，有利于形成清晰的意象，有助于对场所的定向、定位、寻址和交往，对形成有特色的城市意象起到积极作用。环境越易识别，意象就越清晰，行为就有了依据，从而人们对环境的比较、评估乃至欣赏就有了基础。因此，在本设计中，如何合理地配置植物是表现亚运城运动员村"四季花城、绚彩广州"特色的重要内容。

整体配置——"花城印象"

从整体印象上看，广州是个花团锦簇、郁郁葱葱的城市，亚运城运动员村的整体景观效果亦应体现绿树成荫、繁花似锦的花城印象。因此，全区在植物选择上应重点表现"花色"。在设计前期对基地及其周围环境中植被状况和自然史进行了深入的调查研究，就地取材选用广州的本土物种，既适应于广州的气候条件，提高植物的成活率，达到保护物种的多样性与原有景观的和谐性，又能够节省整个项目的开支；正如19世纪末以西蒙兹等代表的园林景观规划师提出的全新设计概念：

设计不是"想当然的重复流行的形式和材料，而要适合当地的景观、气候、土壤、劳动力状况及其他条件"。此外，除了乡土植物，也采用一些对广州环境条件适应性强，具有较大的观赏、生态价值的外来物种。在整个设计过程中，选用了冠大多荫、四季常青且具备观赏价值的树种，如芒果、盆架子、白玉兰、细叶榕、高山榕等常青植物。此外，设计还配置了各种色彩鲜艳的花卉，但是，考虑到花卉的开放时间有限，因此，某些地被和观叶植物应侧重选择色彩性强的植物，如小蚌兰、亮叶朱蕉、大叶红草等。

组团配置——"四季流转"

在自然环境中，植物总是随着季节和生长的变化不停地改变其色彩、质地、叶丛、疏密等相关特征。春季鲜花盛开，新绿初绽；夏季浓阴葱茏；秋季秋叶斑斓；冬季枝丫冬态。亚运城运动员村四个组团的植物选择在体现全区"花城印象"的基调上，侧重增加不同季节的观赏树种，以突出体现其各自特有的春、夏、秋、冬四季之景，向人们展示四季流转、时节变迁的自然之美。此外，植物的动态变化还体现在其不仅有季相性的外形变化，还随着时间变化不断生长，设计过程中不仅考虑了植物近期的设计效果，同时还综合考虑了远期的场景变化，真正令居住其中的人感受到四季流转、时境变迁的自然规律。

"碧草组团"——春之组团。以大叶榕、木棉、碧桃、垂柳、玉堂春等为主，营造生气勃勃的春之景观。

"雨荷组团"——夏之组团。以大叶紫薇、火焰木、腊肠树、红蒲桃、凤凰木等为主，展示夏季热烈的绿化景观。

"雁南组团"——秋之组团。以白玉兰、秋枫、树菠萝、法国枇杷、乌桕等观叶植物为主景树。使之在秋天也呈现色彩缤纷的景色。

"踏雪组团"——冬之组团。配置以红花紫荆、青梅、美丽异木棉、蒲葵等为主要植物，形成冬季花繁之景。

广州亚运城的运动员居住区部分采用了如上四种立意，通过不同的植物配置和相同的植物在不同季节的生长情况，来体现植物景观的色彩美、姿态美、香味美、声响美和意境美这五方面，以期形成一季突出、四季有景的丰富景观特色。

（2）媒体村

1）项目概况

广州亚运城媒体村，是亚运赛时供世界各地媒体暂居，赛后改建为居住区的地方。规划面积约181577㎡，其中环境绿化面积约为81710㎡，地形为四边形。它的整体布局本着体现亚运面向亚洲放眼全球之大气精神，基地总体划分为三大区域（1-北侧小面积住宅区；2-地面大型停车场，赛后改建为住宅；3-南侧大面积住宅区）并以一中心景观主轴贯穿基地南北，预示全球媒体畅通无阻，沟通无限。

建筑设计采用现代设计手法，形体上强调线条的组合，通过对阳台、飘窗等构件的有机组织，使建筑造型挺拔，简洁雅致，格调脱俗，于现代的清新中隐现着历史的风韵，契合项目提炼传统岭南水乡聚落整体意象的主题。

2）设计构思

媒体村景观绿化整体设计取形于传统岭南水乡聚落空间，风格上延续总规划"生态簇团，择水而居"的理念。以水乡河网为肌理，景观设计顺应场地分区需要，采用台地、坡地、水带、等园林手法，结合网球场、羽毛球场以及园林小品（景墙、木栈道，小拱桥亭、廊架等）与建筑形体紧密结合，形成数个简洁、明快、和谐、人文的组团交流空间；让媒体村环境具有强烈的亲和性，既便于赛时媒体人员沟通学习又益于赛后住宅的居家生活。

3）设计特点

开阔通达的中心景观主轴——穿越四大入口广场贯穿基地南北，景观视线通达。

人性安全的进出口广场——南北向各有两个大型入口广场与西向的次入口，主要满足赛期瞬时人流高峰疏散和繁重物流输送需要。

多层次的立体绿化空间——通过带状自然起伏的坡地和水带相结合的手法，弱化了建筑主体部分的高差，丰富了各个层次的视觉效果，使得建筑实体与绿化相互融合，实现自然的过渡。绿化种植设计力求简洁，遵循"草地—地被—灌木—小乔木—大乔木"多层次的搭配原则，提供各类可停留空间。

4）植物景观设计

在生态环保日益被倡导的今天，绿色植物在居住环境中的重要性更加明显。在媒体村植物景观设计中，遵循以下几个原则：

① 强调乔、灌、花、地被、草合理配置的复层生态群落。

② 边界林选用减噪、抗污染的风景树种，并在树种上与周边环境相协调。

③ 以乡土的树种为主，遵从乔木—灌木—地被—草地多层次的配植原则；在建筑投影的绿地采用耐阴植物；考虑季相变化合理配植开花植物，营造植物繁茂、四时烂漫的景象。

主要选用树种有绿化芒、扁桃、仁面子、盆架子（黑板树）、小叶榄仁、尖叶杜英、美丽异木棉、小叶榕、大叶榕、垂榕、宫粉紫荆、红花紫荆、大花紫薇、鸡蛋花、银海枣、中东海枣、旅人蕉、霸王棕、老人葵、狐尾椰、美丽针葵等。

主要选用灌木有金边万年麻、散尾葵、勒杜鹃、江南杜鹃、毛杜鹃、狗牙花、尖叶木樨榄、米仔兰、红花继木、红果仔、三色竹芋、灰藜、龙船花、黄金榕、黄叶假连翘、春羽、孔雀竹芋、亮叶朱蕉、花叶良姜、蜡烛决明、七彩扶桑、春羽、蜘蛛百合、葱兰、花生藤等。

（3）综合体育馆

广州亚运城综合体育馆绿化景观总体规划因地制宜、经济美观、以人为本、合理搭配，与现代体育建筑相协调，以简洁、明快、大方的绿化布局衬托主体建筑。通过采用地面绿地、庭院绿化、道路绿化、屋顶绿化，形成错落有致、自然活泼的绿化景观（图3-59、图3-60）。

图3-59 广州亚运城综合体育馆绿化景观总平面

图 3-60　广州亚运城综合体育馆绿化局部实景图

　　体育主题花园是广州亚运城综合体育馆主要的绿化景观工程内容，体育主题花园的设计除与主体建筑相协调外，还作为吸引游客休闲度假的主要体育旅游景点。主题花园由体育雕塑、花圃、草坪、喷泉及相应的功能设施组成。场内不同的建构筑物之间，通过绿化景观有机结合。

　　注重与自然景观相协调。绿化景观工程除考虑场内的设计布局外，还注意到与周边的莲花山著名风景区、沙湾水道的珠三角河网等自然环境相协调，进而使得亚运城综合体育馆在青山、碧水、蓝天、绿树、鲜花的衬托下，充分展示出勃勃生机的中国体育事业和"祥和亚运"、"绿色亚运"的鲜明特色。

　　植物景观设计以观叶、观花为主，常绿为辅，打造充满绿化活力的时尚综合体育馆区域景观。主要突出缤纷花城，以自然式种植为主。在植物搭配上，遵循开花乔木与常绿观叶植物、棕榈类植物相互穿插、渗透，来突出体现"活力亚运、缤纷花城"的景观特色。

3. 场地的雨洪设计

　　雨水设计必须结合河涌水利设计成果进行设计，与水利规划一致。由于亚运城占地面积较小，规划范围内河网发达，雨水采取就近排放的原则。亚运城雨水工程遵循"二级排水，蓄排结合，分散出口，就近排放"的原则，结合亚运城防洪排涝规划和道路竖向规划进行雨水管网的布置。根据亚运城总体规划，亚运城建设用地面地高程不小于 7.00m。规划排涝最高水位 6.86m，排涝标准为 20 年一遇 24 小时暴雨遭遇外江洪潮水位不成灾，亚运城用地范围雨水以自排方式先汇入内部河涌，再经河涌排入外江。

　　示范工程采用室外透水地面作为减少热岛效应和削弱雨水地表径流的技术手段：停车场地面采用植草砖铺砌。透水路面种植草砖厚度为 150mm，垫层厚度按 200mm。透水地面使雨水径流量减少，对于减轻城市雨水管网的负荷及亚运场馆的防洪排涝工作产生了重要的影响。

4. 室外照明与光污染控制

(1) 照明设计准则

1）道路（广场）照明设计准则

灯具形式：路灯、灯杆和其他附属设施应相互匹配，与沿线的建筑环境相协调，并与其他沿线家具风格统一。

灯具色彩：宜选用深色或灰色，以便与树木的颜色融为一体。

广场照明：广场照明设计应根据广场性质，人流、车辆集散活动规模，路面铺装材料及绿化布置等情况分别采用双侧对称布灯，周边式布灯等常规形成高杆照明。广场通道、出入口人群集中活动区的照明水平及均匀度应高于与其衔接的道路。

人行道照明：林荫道、休憩广场等步行空间，需采用人行道路照明。人行道照明应考虑步行者的舒适、安全；灯具的造型、尺度要以人体为依据，并与其他沿线家具风格统一，色彩以深或灰色为宜。人行道照明光源通常采用白炽灯。

2）建筑照明设计准则

建筑（建筑群）的照明是城市夜景中最重要的组成部分，建筑物的照明应能体现城市格局和景观特征以及建筑物自身的特点（表3-21）。

① 照明对象

建筑物照明应突出重点（对整体而言是照明建筑或建筑群的选择，对单体而言是照明部位的选择）。

照度标准 表3-21

照度	墙面材料	反射率	周围环境条件		
			明亮的	暗的	很暗的
			推荐平均照度 LX		
明	明亮的大理石、白色、乳白色瓷砖、白色粉刷	70～85	150	50	25
中明	混凝土、着淡色油漆、明亮的灰色或褐黄色石灰石、褐黄色面砖	45～70	200	100	50
较暗	灰色石灰石、砂岩、普通褐色的砖	20～45	300	150	75
暗	普通红砖、褐色砂岩、黑色或灰色的砖	10～20	500	200	100

② 基本要求

灯光的亮度、光色能反映建筑的性质特点。灯光所营造的气氛与环境本身相协调。保持照明建筑（建筑群）与周围环境的视亮度平衡，从建筑（建筑群）到周围环境的视亮度变化系数不超过10:1。保持建筑群各组成部分的亮度平衡，两个视觉焦点之间的视亮度变化应控制在 3:1 和 5:1 之间，避免在连续的群体立面上出现"黑洞"。建筑群的灯光亮度应具有秩序性，以反映各组成部分间的主次轻重关系；避免单体建筑的照明使用过多的色彩，一般以 1～2 种，不超过 3 种色彩为宜。

③ 各种照明方式有机配合

尽可能采用高光效的节能性强的光源，灯光的组织要讲究效率，避免浪费；照明设施的布置应保证安全，避免漏电和灯具脱落；照明系统要可以控制和调节，以便适应平时与节日不同的要求。

④ 泛光照明

泛光照明是指从建筑物外部用投光灯去照亮建筑立面的照明，它的照射面积大，光照明亮度高，立体感强。

⑤ 灯具安装

灯具安装的位置与泛光照明的效果直接关联，设计中只有在合理布置不同位置的投光灯组织的情况下，才能产生最佳的泛光照明效果；

当投光灯置于远离建筑的正面时，亮度平均，显示立面轮廓，但效果较平淡、立体感弱；当投光位置于靠近建筑的前侧方时，亮度不均能产生立体感，强调建筑的细部，并且侧向夹角越小，表现的立体感越强。建筑泛光照明的地面设施应安装在基地界线以内，结合绿化及硬质景观设计。

建筑的照明设施应在建筑设计中统一考虑，不宜突出建筑表面，除非能将其隐蔽于建筑立面中。泛光照明灯具的安装不应对沿线上的车辆及行人产生眩光，灯具形式：独立于建筑之外的泛光照明设施其形式应与建筑风格协调，并与其他沿线家具风格统一。

灯具色彩：独立于建筑之外的泛光照明设施宜采用深色或灰色，可与树木相协调。

光源类型：高压汞灯，金属卤化物灯等。

轮廓照明：轮廓照明是以黑暗的夜空为背景，通过沿建筑物主要轮廓物件的棱线上布置连续的串灯来勾划建筑轮廓。

适用范围：轮廓线较丰富的建筑。

光源类型：白炽灯、金属卤化物灯、霓虹灯。

3）绿化景观照明设计准则

绿化景观作为主体：要求单设光源，灯光照射亮度高、光色好、面积全、准确逼真地表达它们的形态。

绿化景观作为衬托：大部分绿化景观可与沿线等其他照明结合起来设置光源，其灯光效果要求与周围环境相协调，对形态的表现不拘于自然。

绿化景观作为背景：根据所衬托的景观亮度来确定是否单设光源及照明的亮度大小，以保证形成有效的亮度对比，并且亮度要求均匀统一，以表达背景的平面形态。

树木：全方位的投光照明，用两个以上的投光灯置于树木，向上照亮整个树冠，形成的灯光效果立体感较好，强调树木的自然形态。常用于作为主要元素的树木照明。

特定方向的投光照明，用投光置于树下向上照亮局部树冠。常用于观察位置固定的作为主景的树木照明，或用于传达某些环境信息，如引导作用等。

挂灯照明：以树冠为依托，将彩灯直接挂于树上照明。适用于树冠丰满的树种，能造出节庆气氛。

光源：若强调绿叶，宜选高压汞灯，花叶混合或叶色不同，宜选显色性好的金属卤化物灯等。

灯具：灯具安装，宜结合绿化形态设置或采取掩埋式。

灯具形式：风格应与其他广场家具风格统一。

灯具色彩：深色或灰色。

5. 室外热舒适性改善设计

(1) 室外热环境改善设计

广州亚运城的整体绿化技术的应用，既能切实地增加绿化面积，提高绿化在二氧化碳固定方面的作用，又可以改善屋顶和墙壁的保温隔热效果，节约土地。可以形成富有层次的城市绿化体系，不但可为使用者提供遮阳、游憩的良好条件，可以吸引各

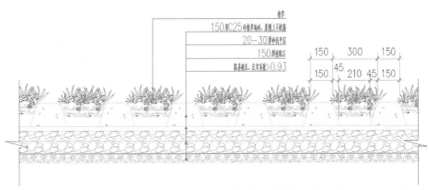

图 3-61　透水地面植草砖做法大样图（小型车停车位）

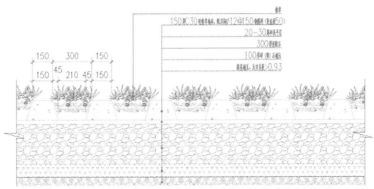

图 3-62　透水地面植草砖做法大样图（大型车停车位）

图 3-63　广州亚运城综合体育馆室外透水地面植草砖实景图

种动物和鸟类筑巢,改善建筑周边良好的生态环境。建筑绿化作为隔热措施有着显著效果,可以节省大量空调用电量。通过对场地景观绿化室外热环境模拟,可知建筑绿化可明显降低建筑物周围环境温度(0.5~4.0℃),而建筑物周围环境的温度每降低1℃,建筑物内部空调的容量可降低6%。

采用室外透水地面作为减少热岛效应和削弱雨水地表径流的技术手段:停车场地面采用植草砖铺砌(图3-61、图3-62)。透水路面种植草砖厚度为150mm,垫层厚度按200mm。透水地面使雨水径流量减少,对于减轻城市雨水管网的负荷及亚运场馆的防洪排涝工作产生了重要的影响(图3-63)。

(2)室外风环境改善设计

综合体育馆在建筑设计阶段,通过计算机模拟对建筑方案进行了分析,研究采用CFD模拟计算软件,结合广州市的气象资料,对夏季、冬季及过渡季节两种情况进行研究,主要分析了在现有建筑总布局情况下:室外自然通风情况;建筑周围的风压分布情况及其对室内自然通风的影响。

1)室外自然通风情况

① 广州夏季以东南风为主导风向,夏季平均风速1.8m/s,夏季室外自然通风模拟情况见图3-64。

② 广州冬季以北风为主导风向,冬季平均风速2.2m/s,冬季室外自然通风情况见图3-65。

③ 室外自然通风设计优化小结:

优化后的室外风速基本处于舒适风速范围内:场地内没有出现大于5m/s的区域;夏季,主要的活动区域(如广场和人行道)没有出现小于0.5m/s的弱风区,有利于散热。

体操馆和综合馆在总平面中的布局有利于夏季室外的自然通风,将气流引入两馆之间的区域,在此处形成较好的自然通风效果,平均风速约为1.6m/s,风速舒适。

2)室外风压与室内的自然通风条件分析

① 夏季

见图3-66、图3-67。

② 过渡季节

见图3-68、图3-69。

3)小结

夏季,体操馆南面处于正压区,北面处于负压区,一层南北入口的压差达到了2.7~5.3Pa,二层南北入口处压差达到了4.5~6.3Pa,给室内自然通风提供了较好的条件。综合馆一层南北压差较小,二层南北压力差达到3.5Pa以上,二层室内自然通风条件比较好。

　　过渡季节体操馆和综合馆北面处于正压区，南面处于负压区，一层、二层南北入口处压差均达到了 4Pa 以上，两馆室内自然通风条件均良好，过渡季节应充分利用自然通风。

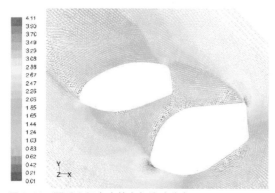

图 3-64　夏季人行高度处空气流速分布

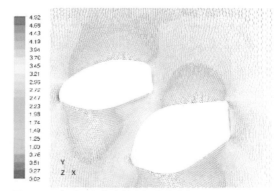

图 3-65　冬季人行高度处空气流速分布

图 3-66　综合馆一层各入口（通风口）处风压分布

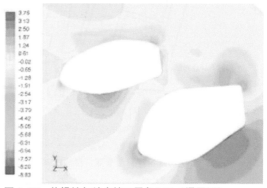

图 3-67　体操馆与综合馆二层各入口（通风口）处风压分布

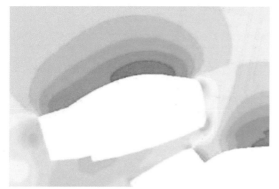

图 3-68　综合馆一层各入口（通风口）处风压分布

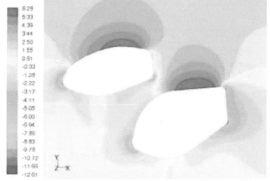

图 3-69　体操馆与综合馆二层各入口（通风口）处风压分布

3.2.5 建筑室内环境改善设计

（1）自然通风

充分利用总平面及建筑物中的"绿地"、"外窗"对流等自然通风条件，进行区间内的人工气候调节，以利减少夏季降温的能耗；

对设计方案均做了自然通风模拟分析，效果良好。

在设计过程中，利用计算流体力学软件进行综合体育馆室内自然通风环境模拟和分析，并指出了设计中自然通风的不足，并提出了相关的改进方案。

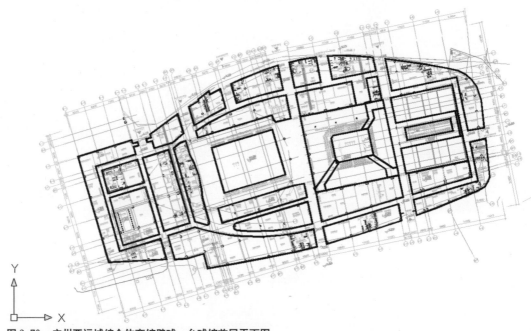

图 3-70　广州亚运城综合体育馆壁球、台球馆首层平面图

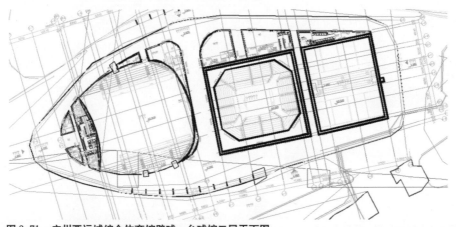

图 3-71　广州亚运城综合体育馆壁球、台球馆二层平面图

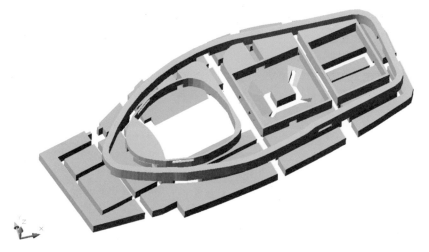

图 3-72　简化后的模型

1）综合馆室内自然通风状况分析

见图 3-70 、图 3-71 、图 3-72。

从建筑方案和模型中可以看出，体育馆底部的观众走道具有一定的通风潜力，但对于二层观众接待休息大厅缺少足够空气流动的通道，因此在观众接待休息大厅南侧金属幕墙上设计开口，改善室内自然通风效果。通过以下的分析验证这种设计方案的通风效果。

见图 3-73 、图 3-74 、图 3-75、图 3-76 、图 3-77、图 3-78。

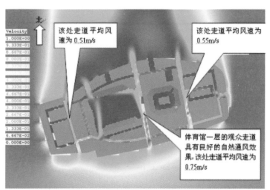

图 3-73　综合馆一层人员活动区域风速分布图
（冷色：风速较低；暖色：风速较高）

图 3-74　综合馆一层人员活动区域风速矢量图
（冷色：风速较低；暖色：风速较高）

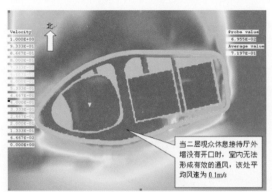

图 3-75　综合馆二层无开口人员活动区域风速分布图
（冷色：风速较低；暖色：风速较高）

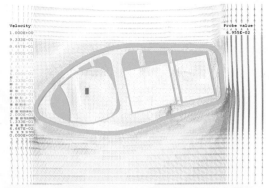

图 3-76　综合馆二层无开口人员活动区域风速矢量图
（冷色：风速较低；暖色：风速较高）

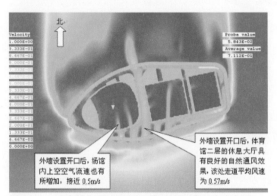

图 3-77　综合馆二层有开口人员活动区域风速分布图
（冷色：风速较低；暖色：风速较高）

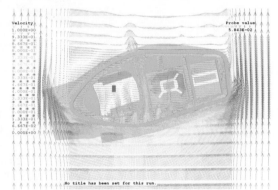

图 3-78　综合馆二层有开口人员活动区域风速矢量图
（冷色：风速较低；暖色：风速较高）

　　从上面的对比分析可知，综合体育馆二层南侧金属幕墙部分的开口可以有效改善二层观众休息大厅的自然通风效果，大厅内平均风速为 0.5m/s，观众可以感到空气流动，相对没有开口的方案，大厅空气流速提高 5 倍以上；同时对首层观众活动区域以及比赛场地的自然通风都有所帮助。

（2）机械通风

　　综合体育馆在设计过程中，利用计算建模对体操馆场馆区和座位观众区的空气速度场、温度场在采用了现有的新风系统下进行了模拟，从最初的仅设顶部送风方案调整为最终的高处送风与座椅送风的复合模式，促使室内空调送风的风速场和温度场分部均匀。见图 3-79

　　观众座位区送风：观众座位区由座位喷口进行送风，座位喷口四周均有，共 6000 个，直径 D180，每个风量 70m³/h，送风温度为 19.5℃。

　　回风布置：在首层的四角，四个风口回风量共 33 万 m³/h；在五层东西两侧进行回风，每侧回风 3.5 万 m³/h，共 7 万 m³/h。

　　排风布置：在五层南北两层进行排风，每侧 6 个排风机，每个排风机的风量为 10000m³/h，排风百叶 1000mm×1000mm。

　　室内负荷：顶部灯光 300kW，设备负荷 300kW（上部 70%，下部 30%），人员负荷 8000 人，每人全热量 180W。

计算模型：由于体操馆室内空间接近对称，在模拟的时候进行了简化，选取场馆的1/4进行模拟。从分析可知，座椅送风模式使得比赛场地区域温度分布都比较均匀，并无明显的高温区，PMV指标也显示该区域处于比较舒适的范围。

由于座椅送风的存在，不论是在高处喷口送风及不送风工况，PMV-PPD指标显示，在有空调送风的观众区域，人体的下肢部位处于稍凉的情况，高处喷口不送风时观众区及比赛区已经处于比较舒适的范围，所以高处喷口送风是为了让舒适的范围扩展到体育馆更大的空间当中（图3-80、图3-81）。

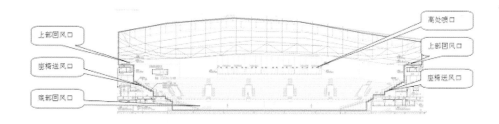

图 3-79　室内温度场模拟区域示意图

图 3-80　看台上部高处送风口分布实景图

图 3-81　看台座椅送风口分布实景图

2. 隔声与噪声控制

(1) 广州亚运城综合体育馆建筑声学要求

广州亚运城综合体育馆对隔声、减振处理及声学要求高，设计中进行了声环境专项研究，通过模拟计算、分析对比等方法，科学合理地选择隔声、吸声材料、减振措施，采用了大量的吸声材料和吸声构造。

总体声学功能设计：为保证必要的语言清晰度，满足观众厅内良好的听闻条件，达到较高的语言清晰度，快速语言清晰度指数 RASTI 达到 0.6 以上；保证音质，声场均匀，避免回声、颤动回声及声聚焦等；设计中的扩声系统达到体育场馆比赛语言一级、音乐扩声二级指标；声学处理方案结合结构形式，满足荷载及装饰要求；声学材料满足防火、防水、防潮、防霉变、环保等技术要求；满足背景噪声限值的要求。满足结构隔声要求，所有通风及采光口均加以砌实密封。

空调末端采用低噪型送风口与回风口，对风口位置、风量、风速等进行优化以避免送风口与回风口产生噪声，使用低噪声空调室内机、风机盘管、排气扇等。

对空调机房采取吸声与隔声措施，安装设备隔声罩，或调整设备安装位置以削减空调机房内的噪声水平。空调机组基础为钢筋混凝土质量块，质量块之下放置弹簧减振器，隔振层下局部地面加高。典型机房内壁及顶棚采用水泥木丝板吸声处理，以降低室内噪声。机房门选用隔声量不小于 35dB 的产品。

给有转动部件的室内暖通空调设备，如风机、水泵、冷水机组、风机盘管、空调机组等设置隔振支架、隔振橡胶垫；

采用消声器、消声弯头、消声软管或优化管道位置等措施，消除通过风道传播的透射噪声；采用隔振吊架、隔振支撑、软接头、连接部位的隔振施工等措施，消除通过风道和水管传播的固体噪声；

采用遮蔽物、隔振支撑、调整位置等措施，消除冷却塔发出的噪声；噪声控制工程中宜采用阻性消声器，其主要形式有管式、片式、蜂窝式和声流式等。

所有送风、回风管道穿越机房墙壁时，把预留孔洞的四周除水泥堵塞外，关键部位还用沥青麻丝嵌密，防止漏声。穿越结构伸缩缝、变形缝的所有管线均设柔性连接。

充分利用土建空间作消声处理，竖井风道四周用玻璃棉包贴，表面选用粗糙度低的材料，如玻璃丝布或金属穿孔板（穿孔率大于 20%），以减少气流阻力损失。在观众席下混凝土静压箱内，顶面和底面吸声用预制超细玻璃棉框，便于安装固定。静压箱至第一风口如距离小于 3m 时宜作特殊声学处理。

电气方面，发电机选用低噪声型，排烟口设消声装置消声，机房采用隔声消声措施。给水排水方面，水泵机组设减振器，水泵出水管设柔性接头减振降噪，水泵出口设多功能水力控制阀及水锤吸纳器，水泵房设隔声装置，水泵选用低噪声型，以减缓泵房产生的环境噪声污染。

项目在选择声学装修施工单位或材料时，由具有相关资质并且承接过类似工程的单位竞标承接；吸声材料参数指标均具有相关资质单位提供的性能测试报告，所选用的声学材料满足规范提出的物理性能指标。吸声材料按规范进行阻燃和防蚁处理；顶棚材料及固定观众席后墙均达到防火标准。为防止有害的粉尘扩散，所有超细玻璃棉均外包薄膜。

隔声门技术要求：门的木料要求用经干燥处理的一级杉木。门中间内填充的超细玻璃棉要求 32kg/m³，而且不要填碎棉。整个门框，门缝要求密封不得有缝隙，装贴的工业棉毡要平整，驳接口要少，门的隔声量要求大于 28dB。整个门的饰面处理要与室内颜色协调，具体颜色由安装单位与使用单位确定。门的五金配件（活页、手把、锁）应选用牢固可靠的专用产品。

隔声窗技术要求：平板玻璃要平整，厚度要均匀，不得有气泡，安装前要清洁干净，保持明亮，不得有水痕、裂痕和灰尘。玻璃尺寸大小按 85° 倾斜角进行计算，并结合施工实际情况进行加工调整。框采用优质木料（杉心烘干），加工前要以干燥处理，日后不得爆裂或膨胀使玻璃挤碎。隔声窗内（两块玻璃之间）应无杂物，无灰尘，安装前后同样要进行干燥处理。玻璃与窗框接口处要用工业毛毡密封处理，窗边毡面要封一层无色透明的玻璃胶。

（2）媒体中心建筑声学要求

允许噪声级：媒体中心噪声对环境的影响应符合国家标准《城市区域环境噪声标准》GB 3096 的规定。记者工作区、新闻发布厅和声控室内允许噪声级别应低于 NR-30，40dBA。会议室、贵宾室允许噪声级别应低于 NR-30，40dBA。上述允许噪声标准用房的隔墙，其计数隔声量应大于 45dBA。

室内音质：记者工作室、新闻发布室、声控室内的混响时间应小于 0.5s，不得有回声、颤动回声等音质缺陷。会议室和贵宾室内的混响时间应小于 1.0s。

3. 室内自然采光

体育场馆类建筑照明能耗巨大，主要用于满足比赛场地采光要求和防止眩光。应充分考虑自然采光，以满足赛后白天举行体育竞技或文娱活动的需求，达到节约照明能耗的目的。广州亚运城综合体育馆除门窗实现一定的自然采光外，采用开天窗的形式把自然光引入室内，天窗的总采光面积达到 $220m^2$，具体分析布置见图 3-82。利用自然采光，不仅可以节约能源，并且在视觉上更为习惯和舒适，在心理上能和自然接近、协调，可以看到室外景色，更能满足精神上的要求，通过合理的设计，日光完全可以为用户提供一定量的室内照明（图 3-83）。采用 ECOTECT5.5 软件对设计方案进行了自然采光分析（表 3-22），模拟效果良好，目的是使体育馆建筑赛后使用时充分利用自然采光，以减少照明能耗（图 3-84 ～图 3-89）。

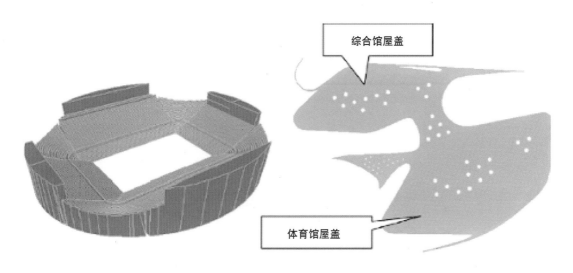

综合馆屋盖

体育馆屋盖

图 3-82 广州亚运城综合体育馆天窗布置分析模拟示意图

图 3-83　体操馆天窗百叶闭合时的实景图

体操馆天窗排布方案计算结果　　　　　　　　　　表 3-22

日期	天气	时间	平均照度（1x）
12 月 21 日 （冬至）	阴天	10:00	139
		12:00	179
		16:00	91
	晴天	10:00	513
		12:00	687
		16:00	301
6 月 21 日 （夏至）	阴天	10:00	216
		12:00	258
		16:00	174
	晴天	10:00	844
		12:00	1126
		16:00	667

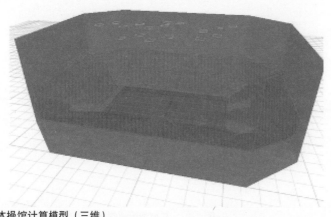

图 3-84　体操馆计算模型（三维）

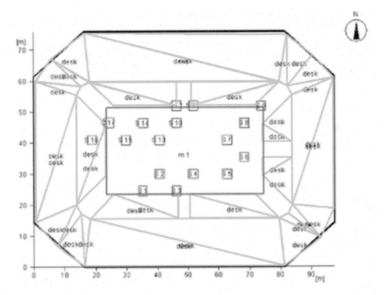

图 3-85　体操馆计算模型（平面）

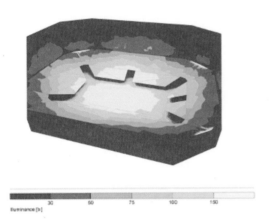

图 3-86　12 月 21 日（冬至）12:00 三维照度分布图，
平均照度（lx）：179

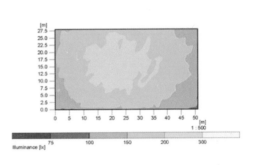

图 3-87　12 月 21 日（冬至）12:00 三维照度比赛场地
照度分布图，平均照度（lx）：179

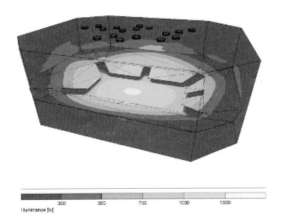

图 3-88　6 月 21 日（夏至）12:00 三维照度分布图，平
均照度（lx）：1126

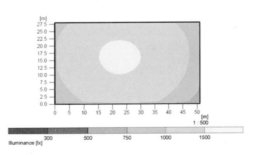

图 3-89　6 月 21 日（夏至）12:00 比赛场地照度分布图，
平均照度（lx）：1126

图　3-90　壁球馆天窗开启时的实景图

壁球馆天窗排布方案计算结果　　　　　　　　　表 3-23

一	冬至晴天 16:00	夏至阴天 10:00
壁球馆（决赛）	634	457
壁球馆（预赛）	497	358

　　媒体中心精心设计的屋顶采光天窗，充分利用了自然采光和通风，减少日常运营时的照明和空调能耗；建筑出挑深远的屋檐和选用遮阳型低辐射 Low-E 中空玻璃幕墙，将场馆周边景色引入建筑内部的同时，也有效的控制了夏季的阳光辐射；东向玻璃幕墙和西向玻璃幕墙采用遮阳，视觉通透又降低内部空调能耗（图 3-90、表 3-23）。

4. 建筑遮阳设计

　　体育馆区建筑利用屋顶的大尺寸出挑可挡住大量的直射阳光，幕墙上也增加了遮阳百叶，提供了良好的遮阳效果。外窗采用了遮阳性能良好的 Low-E 中空玻璃。建筑屋顶及外墙外饰面采用太阳辐射吸收系数较小的抛光铝反射板，减少了吸收的太阳辐射热。

　　对夏季的遮阳效果进行计算分析，广州地区的夏季基本为 4 月到 11 月，针对各月典型全天逐时的遮阳效果进行了模拟分析。夏季的遮阳重点关注对象是条件最恶劣的西面。广州市气象参数显示，夏季西面的太阳辐射照度在下午 16 点左右达到最大值。以 16 点为例，针对现有设计，夏季每月典型天 16 点遮阳效果如图（图 3-91～图 3-98）。

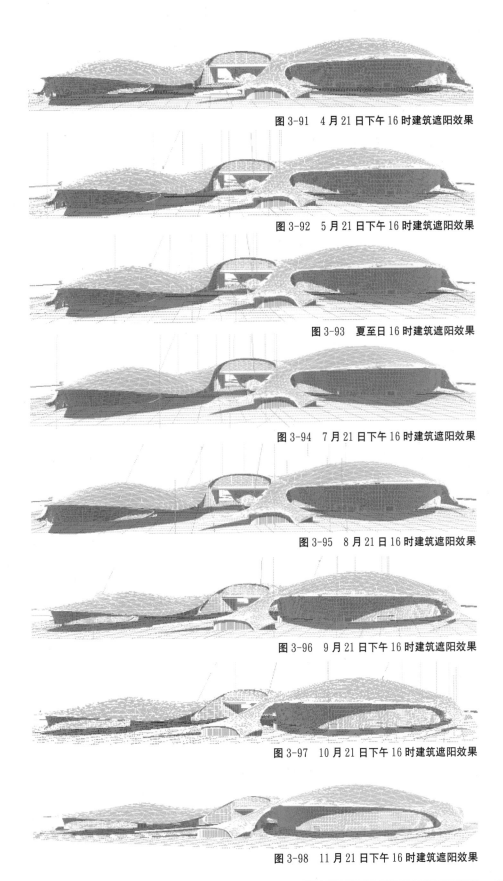

图 3-91　4 月 21 日下午 16 时建筑遮阳效果

图 3-92　5 月 21 日下午 16 时建筑遮阳效果

图 3-93　夏至日 16 时建筑遮阳效果

图 3-94　7 月 21 日下午 16 时建筑遮阳效果

图 3-95　8 月 21 日 16 时建筑遮阳效果

图 3-96　9 月 21 日下午 16 时建筑遮阳效果

图 3-97　10 月 21 日下午 16 时建筑遮阳效果

图 3-98　11 月 21 日下午 16 时建筑遮阳效果

从上面的分析可知，体育馆的形体和大屋盖设计对西面的玻璃幕墙遮阳起到一定的遮阳效果。其遮阳效果在太阳高度角较高的时候效果较好，例如6～7月份的10点到16点。

媒体中心利用主楼的深挑檐可挡住西向大量的直射阳光，幕墙上也增加了遮阳百叶。同时减少在西墙的开窗面积。建筑全年累计冷负荷指标随着外窗自遮阳系数 SC 值（SC=0.4～SC=0.7）的增大而增大，降低外窗的自遮阳系数对建筑节能有利。

5. 空气质量改善设计

媒体中心的空调系统中，首层门厅、大餐厅等大空间区域采用单风机全空气系统，气流组织为上送上回或上送下回，新风量可按不同季节作调整，甚至全新风运行。二至四层演播室、新闻发布厅等大空间区域采用双风机（送风机与回风机分开设置）全空气系统，气流组织为上送上回或上送下回。新风量可按不同季节作调整，甚至全新风运行。回风机可兼消防排烟用。

办公用房及其他小房间等小空间区域采用风机盘管（FC）加独立新风系统（KA），气流组织为上送上回，新风通过新风管直接送入空调房间。空调风柜采用静电杀菌除尘空气净化技术，以保证高品质的室内空气环境。

各空调房间正压自然排风与机械排风相结合。

各公共卫生间换气次数15次/时，均设有导管式排气扇、排风机或百叶窗式排气扇。污浊气体经百叶窗式排气扇直接排出室外或经导管式排气扇、排风机导入管井竖管，并由设于天面的低噪声风机统一排出。

体操主馆赛池区采用一次回风全空气系统，在看台周围采用顶侧喷口送风，以达到赛前快速预冷，赛时根据赛事要求控制喷口的送风角度以及开合，保证比赛正常运行，气流组织为上送下回。新风量可根据不同季节调节，过度季可全新风运行。

体操主馆观众区采用二次回风的全空气系统，采用座位送风的形式，送风口设于赛场座椅下，送风温度 ≥ 19.5℃，既保证观众席舒适性，同时可作为赛池赛时的补充，气流组织为上送下回。对于送风温度的控制除了用二次回风控制外，还考虑采用冷却水再热的方式。新风量可根据不同季节调节，过度季可全新风运行。

台球馆壁球馆采用一次回风全空气系统，在赛场周围采用顶侧喷口送风，根据赛事要求控制喷口的送风角度以及开合，保证比赛正常运行，气流组织为上送下回。新风量可根据不同季节调节，过度季可全新风运行。

其他观众休息大厅、训练馆、陈列展览等大空间区域均采用一次回风全空气系统，气流组织为上送上回或上送下回。新风量可按不同季节作调整，甚至全新风运行。

附属用房及其他小房间等小空间区域采用风机盘管（FC）加独立新风系统（KA），气流组织为上送上回，新风通过新风管直接送入空调房间。且独立新风系统均设置转轮排风热回收装置。

空调风柜采用静电杀菌除尘空气净化技术，以保证高品质的室内空气环境。

室内游离甲醛、苯、氨、氡和 TVOC 等空气污染物浓度符合现行国家标准《民用建筑工程室内环境污染控制规范》GB 50325 中的有关规定。采用集中空调的建筑,新风量符合现行国家标准《公共建筑节能设计标准》GB 50189 的设计要求。

建筑内设置室内空气污染物浓度监测、报警和控制系统,预防和控制室内空气污染,保护人体健康。在主要功能房间,利用传感器对室内主要位置的二氧化碳和空气污染物浓度进行数据采集,将所采集的有关信息传输至计算机或监控平台,进行数据存储、分析和统计,二氧化碳和污染物浓度超标时能实现实时报警;检测进、排风设备的工作状态,并与室内空气污染监控系统关联,实现自动通风调节。

3.3 绿色施工

绿色施工是指工程建设中,在保证质量、安全等基本要求的前提下,通过科学管理和技术进步,最大限度地节约资源与减少对环境负面影响的施工活动,实现四节一环保即节能、节地、节水、节材和环境保护。

绿色施工作为建筑全寿命周期中的一个重要阶段,是实现建筑领域资源节约和节能减排的关键环节,应依据因地制宜的原则,贯彻执行国家、行业和地方相关的技术经济政策。绿色施工应是可持续发展理念在工程施工中全面应用的体现,不仅指在工程施工中实施封闭施工,没有尘土飞扬,没有噪声扰民,在工地四周栽花、种草,实施定时洒水等这些内容,还涉及到可持续发展的各个方面,如生态与环境保护、资源与能源利用、社会与经济的发展等内容。

3.3.1 亚运绿色施工总体框架

"激情盛会,和谐亚洲"的广州亚运会是我国继 2008 年奥运会后的又一大体育盛会,接力着"绿色奥运,科技奥运,人文奥运"的绿色承诺,广州亚运城的工程建设秉承绿色的宗旨,建设项目在设计、建设及使用中不给环境造成污染。为加强和规范亚运会工程的施工管理,贯彻"绿色亚运"的理念,落实建设工程节地、节能、节水、节材和保护环境的技术经济政策,建设资源节约型、环境友好型社会,通过采用先进的技术措施和管理,最大程度地节约资源,提高能源利用率,减少施工活动对环境造成的不利影响,规范绿色施工管理,制定了相关施工规定。

从广州亚运创建绿色建筑,提高绿色施工质量的角度,结合工程施工的特点及本工程的实际情况,将广州亚运的绿色施工结构划分为施工管理与环境保护、节地与施工用地保护、节能与能源利用、节水与水资源利用、节材与材料资源利用等五个方面(图3-99)。这五个方面又分别包含了绿色建筑施工过程各单项的基本指标,其与《绿色建筑评价标准》GB/T 50378－2006 提出的节地、节能、节水、节材四部分所包含的施工要求对应,并增加了绿色建筑施工管理与环境保护的相关内容。

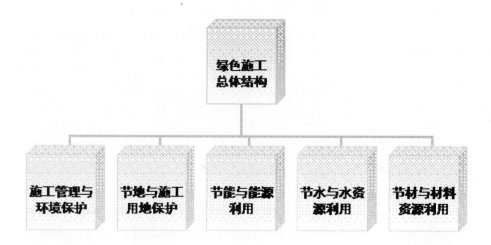

图 3-99　绿色施工总体框架

3.3.2 施工进程的检查与校核

1. 施工进程的检查

为保障工期进度的顺利进行，施工中采取了以下相关措施：

建立一个体系：在现场项目经理部内，由项目经理挂帅，建立保障工期特别措施组织体系，作为工程公司在项目建设施工中保证施工进度按照目标工期顺利进行的组织保证，确保工程按合同工期按期建成。

强化五项保障：保障劳动力资源、工程材料资源、周转材料资源、机械设备资源、资金资源的充分调配。

完善六项计划：对施工图纸、施工方案、分供分包、大型机械设备进场、机械设备和临时设备退场、质量验收等进行仔细计划，确保工程按部就班进行。

采取八条对策：制定项目保障工期的特别措施规划、建立项目工期预报、周报和月报制度、建立工期保障的应急处理机制、强化网络计划管理、保障节日期间施工不受影响的对策措施、建立项目工期保证金和工期奖罚机制、开展多种形式的劳动竞赛、做好后勤服务保障工作等。

协调相关关系：妥善快速的协调业主、监理、设计院、分包商、相邻标段、新闻媒体、当地政府、当地居民、材料供应商等之间的关系与问题。

同时采取了利用现场人力加班加点，延长作业时间，准备一定的各专业施工后备力量以备不时之需等相关措施作为工期延误时的补救措施。

图 3-100　现场质量检查监督图组

2. 施工质量的保证与控制

工程质量控制措施分为施工准备阶段、施工过程阶段和质量检验阶段的控制措施。

施工准备阶段（事前）：施工准备阶段确保各投入资源到位，并结合工程质量计划进行人员培训，资源配置等，使质量观念贯穿整个工程．

施工过程阶段（事中）：对施工涉及环节的监控，监控内容如下：

① 工艺、工序：严格按照操作规程作业，做到一次检验合格，避免返工。

② 物资、机具器材：物资、材料保证其质量达标，进场后做到分类归放，妥善保管，有防风、防雨、防火要求的入库管理。施工机具、器材等定时检修，大型设备保有一定的备品。

③ 成品保护及作业面交接：重视作业面交接以及成品保护，防止成品破坏引起的返工。

质量自检、验收阶段（事后）：项目部设立专职质检员，经培训后持证上岗。质检员尽职尽责，认真做好每一道工序的质量检查，对不合格的要督促其返工；质量验收检查由项目经理组织，对所有工程进行全面的检查，对不合格的要追究责任（图3-100）。

工程质量保证措施主要有：

① 坚持样板引路

分项工程开工前，由项目经理部的责任工程师，根据专项方案、措施交底及现行的国家规范、标准，组织分包单位进行样板分项（工序样板、分项工程样板、样板墙、样板间、样板段等）施工，样板工程验收合格后才能进行专项工程的施工。

② 实行"三检制"和检查验收制度，执行过程质量执行程序

在施工过程中坚持检查上道工序、保障本道工序、服务下道工序，做好自检、互检、交接检；遵循分包自检、总包复检、监理验收的三级检查制度；严格工序管理，认真做好隐蔽工程的检测和记录。

③ 实行挂牌制度

实行技术交底、施工部位、操作管理制度、半成品、成品等挂牌，以明确责任。

④ 实行质量例会制度、质量会诊制度，加强对质量通病的控制。

定期由质量总监主持质量会诊。总结前期项目施工的质量情况、质量体系运行情况，共同商讨解决质量问题采取的措施，特别是质量通病的解决方法和预控措施。最后由质量总监以简报的形式发至有关各方。

3.3.3 绿色施工技术控制

（1）施工管理

1）组织管理

广州亚运城工程由总负责工程公司委派总经理代表总公司对项目进行协调管理，并且成立一个由公司总工程师任组长、公司各专业首席专家组成的咨询顾问组，保障施工的顺利进行。

2）安全生产

建立以总承包项目经理为第一责任人的横向到边、纵向到底，项目部各部门、分包专业施工单位，直至班组职责明确，落实到人的项目安全管理责任制，且在总承包项目部指定一名项目副经理专门负责安全管理工作，设立专职安全管理班子—质量安环部，具体负责项目安全管理工作。安全管理的重点内容如表3-24示。

安全管理的重点　　　　　　　　　　　　　表 3-24

内容	说明
现场安全管理	施工方案技术措施必须有针对性；安全交底有书面记录；施工公告、安全标识牌齐全；现场道路通畅；场区排水良好；材料、构件堆放整齐
安全"三宝"	指安全帽（包括女工帽）、安全带和安全网（平网、立网、围网）
洞口防护	楼梯口、电梯口、预留洞口、出入口、进料口
临边防护	指楼层、层面周边、卸料台周边斜道周边、侧边道路防护
脚手架	脚手架防坠措施完善，架体稳固、拉结良好
起重作业设备	重点检查缆风绳锚桩和限位保险装置
施工用电	周围线路有保护措施；无破皮漏电现象；现场照明安全
施工机具	机械防护措施，做到轮有罩、轴有帽

（2）安全管理措施

安全生产教育与思想意识教育相结合，提高施工作业者的安全意识。实行"三工制"，加强工前教育、工中检查、工后讲评、进行严格及时的监控。根据施工生产内容的变化，及时进行相应的生产技术知识和安全操作知识教育。达到安全教育培训率100%、上岗人员安全培训考核通过率100%。

建立安全员岗位责任制，各分包商要设立专职安全员，纳入工程总承包安全管理体系。施工生产最基层设不脱岗的兼职安全员。真正把安全监控职能渗透到生产全过程的每个方位，及时发现并消除隐患。

（3）环境保护

1）施工现场扬尘管理措施（图 3-101～图 3-105）

① 现场所有商品混凝土均选用质量品质一流的现代化搅拌站供应。混凝土采用罐

图 3-101　管理部门开会讨论

图 3-102　　洒水防尘

图 3-103　工人及时清理场地

图 3-104　　使用建材及时运送

车密封运输，卸完混凝土后及时清扫地面，防止扬尘。

② 场内易扬尘颗粒建筑材料（如袋装水泥等）密闭存放。散状颗粒物材料（如砂子等）进场后临时用密目网或苫布进行覆盖，控制此类一次进场量，边用边进，减少散发面积，用完后清扫干净。

③ 除非施工需要及特殊情况，否则所有施工车辆在工地及工地附件行驶时，车速应限制在 8km 以下，并限速在社会道路上行驶，运输道路要经常洒水和冲洗，保证车辆通过时不产生过量的尘埃。

④ 无齿锯切割时在锯的正前方设置遮挡锯末火花的三面式挡板，使锯末在内部沉积后回收。钻孔用水钻进行，在下方设置疏水槽将浆水引至容器内沉淀后处理。

⑤ 结构施工期间模板内木屑、碎渣的清理采用大型吸尘器吸尘防止灰尘的扩散。

⑥ 施工时每次模板拆模后设专人及时清理模板上的混凝土和灰土，模板清理过程中的垃圾及时清运到施工现场制定垃圾存放地点，保证模板清洁。

⑦ 施工现场木工棚的地面，进行洒水防尘，木工操作面及时清理木屑、锯末，木工棚和作业面保持清洁。

⑧ 钢筋棚内，加工成型的钢筋要码放整齐，钢筋头放在指定地点，钢筋屑当天清理。

⑨ 机电安装在结构施工中严禁采用锯末填充线盒。

⑩ 对风管等设备安装产生的粉尘应每日洒水清扫。

⑪ 施工现场设立垃圾站，及时分拣、回收、清运现场垃圾，按照批准路线和时间由专业公司运输消纳。楼层内的施工垃圾每日采用塔吊吊运清理。

⑫ 密闭垃圾运输车、混凝土罐车、货物运输车辆防尘做到：每天保持车辆表面清洁，装料至货箱盖底并限制超载，车辆卸料溜槽处装设防遗撒的活动挡板，车辆出场专用大门口设置车辆冲洗池和淋湿的块毯，车辆清理干净后不带尘土出现场。

⑬ 现场内的洗浴供水和烧水茶炉采用液化石油气或天然气燃料，或电器产品，减少煤烟排放。

⑭ 禁止采用燃烧的方法剥电缆皮，以免烟气污染环境。

⑮ 在地面焊接时，设围挡，尽量减少高空焊接作业，小面积进行焊接时可采用专用通风设备进行排风。

2）噪声管理措施

① 所有施工设备符合广州市有关部门颁发的"施工噪声许可证"要求。

② 合理布局、闹静分开，噪声产生的机械安排远离对噪声敏感的区域，从空间布置上减少噪声影响。

③ 所有车辆进入现场后禁止鸣笛，以减少噪声。

④ 在混凝土输送泵、电锯房外围搭设隔声棚，并不定期请环保部门到现场检测噪

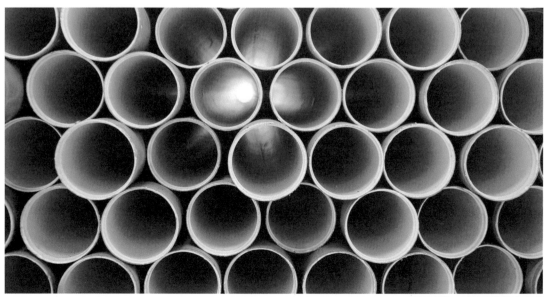

图 3-105　材料放置整齐有序

声强度，以达到国家标准限值的要求。

⑤ 混凝土浇筑尽力赶在白天进行，振捣设备选择低噪声产品。

⑥ 采用低噪声混凝土振捣棒，振捣混凝土时，不得振钢筋和钢模板，并做到快插慢拔。

⑦ 模板、脚手架在支设、拆除和搬运时，轻拿轻放，上下、左右有人传递。

⑧ 使用电锤开洞、凿眼时，使用合格的电锤，及时在钻头上注油或水。

⑨ 合理安排施工进度，当日 22 时至次日 6 时停止超噪声施工。

3）水污染管理措施

① 现场污水处理应严格按照广州市相关规定执行。

② 雨水管网与污水管网分开使用。现场交通道路和材料堆放场地统一规划排水沟，控制污水流向，设置沉淀池，将污水经沉淀后再排入市政排水设施，严防施工污水直接排入市政污水管线或流出施工区域污染环境。

③ 办公区设置水冲式厕所，在厕所下方设置化粪池，污水经化粪池沉淀后排入市政管道，清洁车每月一次对化粪池进行消毒处理。在特殊施工阶段的个别施工区域设置可移动式环保厕所。每天吊运更换一次，厕所由专业保洁公司进行定期抽运、清洗、消毒。

④ 施工现场试验室产生的养护用水通过现场污水管线，经沉淀排到市政管线。

⑤ 工地食堂洗碗池下方设市环卫局提供的隔油池。每天清扫、清洗，每周一次清理隔油池。食物残渣桶每天晚间由专门养殖场收走。

⑥ 加强对现场存放油品和化学品的管理，对存放油品和化学品的库房进行防渗漏处理，采取有效措施，在储存和使用中，防止油料跑、冒、滴、漏污染水体。

4）光污染管理措施

① 钢结构焊接部位设置挡光棚，防止强光外射对工地周围区域造成影响。遮光棚采用钢管扣件、防火帆布搭设，可拆卸周转使用。

② 工地周边及塔吊上设置大型罩式镝灯，随施工进度的不同随时调整灯罩返光角度，保证强光线不射出工地外。施工工作面设置的碘钨灯照射方向始终朝向工地内侧。

③ 工作面设置挡光彩条布或者密目网遮挡，防止夜间施工灯光溢出施工场地范围以外，对周围居民造成影响。

5）施工废弃物管理

产生废弃物的单位设置废弃物固定存放点，设立醒目的标识分类管理。有毒有害废弃物单独封闭存放，如废电池与其他有毒有害废弃物分开存放。场内运输废弃物时，确保不遗撒，不混放。

当有废弃物委托处理时，各单位在施工、办公中产生的无毒无害废弃物，由各单位自行与业主协商，按有关规定处理。对于有毒有害类废弃物，由项目部统一与业主协商，按有关规定处理。

根据《广州市重点公共建设项目管理办公室建设项目环境管理规定》(试行)以及《广州市重点公共建设项目管理办公室施工现场环境管理文明施工若干标准》等相关文件，项目经理部应按照分区划块原则，严格按程序制定审批总平面布置图，绘制阶段性的现场平面布置图。总平面布置图综合考虑地形地貌、环境管理标准、工程特点、总体施工安排等因素，同时还应按总体安排的不同阶段的需要进行布置。

项目经理部对施工现场的设备、材料堆放、场地道路、临时生产和生活设施进行统一合理布局，进行施工现场总平面布置图设计及控制，并纳入施工组织设计，经建设单位和监理单位审核同意后执行。按施工的不同阶段设计或修改施工现场总平面布置图，按施工现场总平面布置图实施定置化管理。

在进行施工现场总平面布置图设计及控制中应注意满足以下要求：

①施工现场的施工区域应与办公、生活区划分清晰，采取相应的隔离措施。

②施工现场采用封闭围挡，高度不得小于1.8m。

③施工现场出入口标有企业名称或企业标识。主要出入口明显处应设置工程概况牌，大门内有施工现场总平面图和安全生产、消防保卫、环境保护、文明施工等制度牌。

④施工现场临时用房合理选址，符合安全、消防要求和国家有关规定。

⑤在工程的施工组织设计中有防治大气、水土、噪声污染和改善环境卫生的有效措施。

生产设施分阶段平面布置：

1）生产设施平面布置遵守为"有利施工，方便生活，力求最省，符合安全环保"的原则。

2）地下室施工阶段生产设施平面布置

① 施工道路、排水平面布置（图3-106～图3-108）

针对工程的实际情况，在工地的相应位置设置生产用大门，其中靠近大路的大门为主门。此外，在办公生活临时设施区域设置1处大门，供管理人员使用。场内修建6m宽的环形施工道路。施工区域沿环行道路的内侧设置排水沟，道路采用单向找坡，

图3-106 临时建筑集中布置

图3-107 建材集中放置

图 3-108　施工现场水体与道路清洁无污染

坡向排水沟，在出入口处设沉沙井，在排水沟与市政排水系统交接处设置二次沉沙井，排水沟及沉沙井要定期清理沉淀物，避免沉积物过多导致堵塞。

② 生产大临设施平面布置

由于广州亚运城施工范围大，生产大临布置尽量设置在塔吊覆盖范围内并靠近施工场地，以便减少二次搬运，便于施工。

钢筋加工厂、木工房、工具房、临时堆场布置在环路附近，并基本在塔吊的覆盖范围内。材料库房、试块养生房、机修房布置在业主提供的施工用地内。

3）上部结构土建安装施平面布置

上部结构施工时，地下室回填基本结束，利用建筑物之间的空地作为生产大临和中转材料堆放场地，进入安装、装修施工后，进行专业安装所需要使用的风管制作场地，电气管线制作场地，设备堆场、临时堆场布置在原钢筋生产大临处，水、电等其他生产设施采用土建施工阶段的布置安排。

4）办公、生活设施分阶段平面布置

① 现场办公大临平面布置

现场办公室布置在施工场地发包人指定位置内。内部采用活动板房设置现场活动板房办公。现场办公临时设施除了为总包单位提供办公室外，同时为提供监理 2 间 $20m^2$ 办公室，内配备办公座椅以及文件柜等办公用品。

现场办公区域内设绿化区，花坛内种植花草，绿化面积约为 $50m^2$，以绿化施工现场，营造积极、整洁、文明的建筑工地办公环境。

现场办公区域大门口处设置公司的现场各项管理制度广告宣传牌及现场指示牌等内容。

② 生活设施分阶段平面布置

生活临时设施区域内设置食堂、工人活动室，宿舍。宿舍、厕所、淋浴间均为活动板房，工人食堂采用 180mm 厚实心砖墙砌筑。

亚运城项目专业工程多，施工人员多，但各阶段施工并不同步，所以施工人员宿舍可以交替使用。

在施工中为了节省能源，制定了相关的使用制度，主要内容为：

（1）节电制度

1）办公室的电器使用，职工都要遵循节约的原则，做到合理用电、安全用电、节约用电。

2）尽可能使用日光消毒，消毒灯在阴雨天使用，严格按照规定的消毒时间定时开关。消毒灯、消毒柜使用由专人负责，在规定时间内按操作要求使用，确保省电、安全、卫生。

3）使用空调器要在温度规定范围之内，并做到人离开前提前半小时关闭。使用空调：在上班时间，气温达30℃以上，始得开冷气，且冷气控温下限为27℃。气温0℃以下，始得开暖气，且暖气控温上限为18℃。每隔2～3周清洗空气滤网，确保个人健康与冷气力量。

4）使用电饭锅煮饭把握好时间，提前浸泡，煮好后及时断开电源。食堂用电掌握好使用时间，消毒餐具、蒸饭菜、烧开水都不超时用电，做到即省电又符合各方面的要求，各种电器做到专人负责，及时开启和关闭。

5）合理使用电灯，不开无人灯，不开白日灯。照明灯使用日光灯和节能灯，既保证光线符合用眼要求，又做到节约用电。白天尽可能利用自然光照，不准开无人灯（电扇）、不准开白日灯。

6）所有电器设备使用完后要及时断开电源。

7）使用计算机、打印机、复印机等办公自动化设备时，要尽量减少待机消耗。

8）采取定期和不定期的方式，对节电工作进行检查。对不重视节电、浪费电，将以一定形式予以批评；对节电工作做得好将给予表彰和宣传。

（2）节纸制度

1）缩小页边距和行间距、缩小字号。一般普通文件的上下间距是2cm，左间距是3cm，右间距是2cm，行间距大约是3mm左右，字号一般为四号或小四号。在非正式文件里，可适当缩小页边距和行间距，缩小字号。可"上顶天，下连地，两边够齐"，对于字号，以看清为宜，能用五号的不用小四号，能用小四号的不用四号。

2）尽可能正、反两面使用。在非正式文件里，只要对阅读没有影响，就可反正面同时用，这样可省一半的打印纸。

3）尽量使用电子文件，减少纸的用量。

4）各种草稿使用废旧纸，不得使用新纸。

为了节约水资源，施工中制定了节水的制度，主要内容为：

1）施工中采用先进的节水施工工艺。

2）施工现场喷洒路面、绿化浇灌不宜使用市政自来水。现场搅拌用水、养护用水应采取有效的节水措施，严禁无措施浇水养护混凝土。

3）施工现场供水管网应根据用水量设计布置，管径合理、管路简捷，采取有效措施减少管网和用水器具的漏损。

4）现场机具、设备、车辆冲洗用水必须设立循环用水装置。施工现场办公区、生活区的生活用水采用节水系统和节水器具，提高节水器具配置比率。项目临时用水应使用节水型产品，安装计量装置，采取针对性的节水措施。

5）施工现场建立可再利用水的收集处理系统，使水资源得到梯级循环利用。

6）施工现场分别对生活用水与工程用水确定用水定额指标，并分别计量管理。

7）优先采用中水搅拌、中水养护，有条件的地区和工程应收集雨水养护。

8）处于基坑降水阶段的工地，宜优先采用地下水作为混凝土搅拌用水、养护用水、冲洗用水和部分生活用水。

9）现场机具、设备、车辆冲洗、喷洒路面、绿化浇灌等用水，优先采用非传统水源，尽量不使用市政自来水。

5. 施工节材与材料资源利用

施工过程中具体节约材料的制度措施为（图 3-109）：

1）优化施工方案，选用绿色材料，积极推广新材料、新工艺，促进材料的合理使用，节省实际施工材料消耗量。

2）根据施工进度、材料周转时间、库存情况等制定采购计划，并合理确定采购数量，避免采购过多，造成积压或浪费。

3）对周转材料进行保养维护，维护其质量状态，延长其使用寿命。按照材料存放要求进行材料装卸和临时保管，避免因现场存放条件不合理而导致浪费。

4）依照施工预算，实行限额领料，严格控制材料的消耗。

5）施工现场应建立可回收再利用物资清单，制定并实施可回收废料的回收管理办法，提高废料利用率。

6）根据场地建设现状调查，对现有的建筑、设施再利用的可能性和经济性进行分析，合理安排工期。利用拟建道路和建筑物，提高资源再利用率。

7）建设工程施工所需临时设施（办公及生活用房、给排水、照明、消防管道及消防设备）应采用可拆卸可循环使用材料，并在相关专项方案中列出回收再利用措施。

图 3-109　绿色施工过程组图

3.3.4 绿色施工技术提炼与推广

1. 清水混凝土墙体

广州亚运城建设大量使用了清水混凝土墙体，清水混凝土又称装饰混凝土，属于一次浇筑成型，不做任何外装饰，直接采用现浇混凝土的自然表面效果作为饰面，因此不同于普通混凝土，表面平整光滑、色泽均匀、棱角分明、无碰损和污染，只是在表面涂一层或两层透明的保护剂，显得天然，庄重。

清水混凝土是我国鼓励的一种绿色施工技术：混凝土结构不需要装饰，舍去了涂料、饰面等化工产品；清水混凝土结构一次成型，不剔凿修补、不抹灰，减少了大量建筑垃圾；清水装饰混凝土避免了抹灰开裂、空鼓甚至脱落的质量隐患，减轻了结构施工的漏浆、楼板裂缝等质量通病；清水混凝土的施工，不可能有剔凿修补的空间，每一道工序都至关重要，迫使施工单位加强施工过程的控制，使结构施工的质量管理工作得到全面提升；清水混凝土不用抹灰、吊顶、装饰面层，从而减少了维保费用，最终降低了工程总造价（图3-110）。

2. 喷射混凝土技术的应用

亚运城工程施工中还大量适用了喷射混凝土技术，喷射混凝土技术是指用压力喷

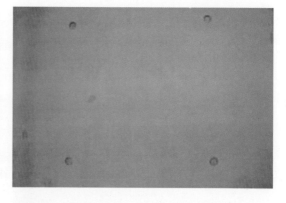

图3-110　清水混凝土墙体减少装饰装修的耗材

图3-111　喷射混凝土方法护坡施工和喷射混凝土的基坑情况

图 3-112　喷射混凝土技术的应用减少施工耗材

图 3-113　钢制模板的整体应用，减少模具的使用，提高施工效率

枪喷涂灌注细石混凝土的施工方法。常用于灌注隧道内衬、墙壁、天棚等薄壁结构或其他结构的衬里以及钢结构的保护层（图 3-111、图 3-112）。

3. 内部构造施工节材技术

装饰装修材料节约，采用非木质的新材料或人造板材代替木质板材。防水卷材、壁纸、油漆及各类涂料基层符合要求，无起皮、脱落。各类油漆及胶粘剂随用随开启，不用时及时封闭。木制品及木装饰用料、玻璃等各类板材等在工厂统一采购或定制。采用自粘类片材，减少现场液态胶粘剂的使用量。

材料周转节约，选用耐用、维护与拆卸方便的周转材料和机具。模板以节约自然资源为原则，多使用定型钢模（图 3-113）、钢框竹模、竹胶板。施工前对模板工程的方案进行优化。使用可重复利用的模板体系，模板支撑采用工具式支撑。优化外脚手架方案，采用整体提升、分段施工等方案。

第四章 节能收益 环境效益

4.1 公共建筑节能技术效果测试与评估

广州亚运城建筑节能和绿色建筑适用技术在贯彻实施后的实际效果，是在建设项目竣工后和使用中体现出来的，下面以广州亚运城综合体育馆为例列出了竣工验收和现场检测进行评估的数据。

4.1.1 室外热环境测评

在工程验收期间，对综合体育馆的体操馆与综合馆室外热环境进行检测（表4-1）。根据国家和省有关规范、规程和行业标准，并考虑工程的具体情况，针对被检区域采用典型布点法进行测试，PMV指数实测值显示大部分测点都位于在-1.0～+1.0之间（推荐PMV值），满足室外舒适热环境的必要条件，具体结果如图4-1所示。

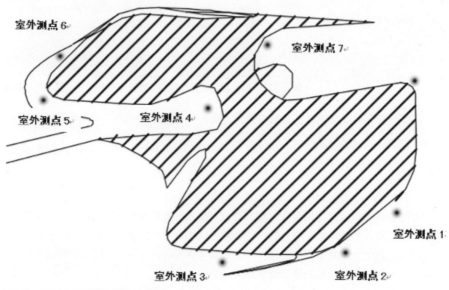

图4-1 室外热环境测评测点分布图

室外热环境测试值 表4-1

检测时间	室外检测点	室外温度（℃）	相对湿度（%）	风速（m/s）	黑球温度（℃）	露点温度（℃）
15:10	1	23.3	99.9	2.38	23.6	23.3
15:15	2	24.0	96.6	0.73	24.0	23.4
15:20	3	24.0	98.2	0.58	24.8	23.7
15:25	4	24.1	97.9	2.7	24.6	23.7
15:30	5	23.8	99.9	0.81	24.1	23.8
15:35	6	23.5	99.9	0.24	24.1	23.5

检测时间	室外检测点	室外温度（℃）	相对湿度（%）	风速（m/s）	黑球温度（℃）	露点温度（℃）
15:40	7	23.4	99.9	1.11	23.9	23.2
15:50	8	24.0	96.6	0.73	24.0	23.4

4.1.2 室外环境噪声测评

在示范工程验收调试中，采用声级计对室外噪声环境进行测试，共抽检6个典型位置（图4-2），检测结果均符合《声环境质量标准》GB3096～2008规定的1类标准（表4-2）。

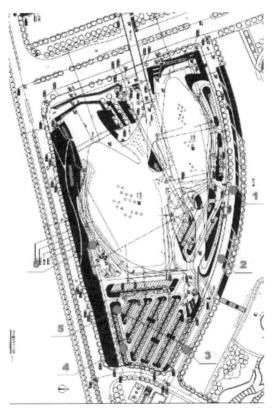

图 4-2　室外环境噪声测点布置图

室外环境噪声测试数据　　　　　　　　　　　　　　　　表 4-2

测点噪声 dB(A)			噪声平均值	噪声规定值 dB(A)	判定
测点 1	测点 2	测点 3			
52.7	50.7	53.3	50.72	≤ 55	合格
测点 4	测点 5	测点 6			
48.3	51.6	47.7			

4.1.3 室内热环境测评

在工程竣工后,对综合体育馆的体操馆与综合馆室内热环境进行检测(图 4-3 ~ 图 4-5)。根据国家和省有关规范、规程和行业标准,并考虑工程的具体情况,针对被检区域采用典型剖面布点法进行测试,PMV 指数实测值显示大部分测点都位于在 -1.0 ~ +1.0 之间(推荐 PMV 值),如表 4-3 所示,满足室内舒适热环境的必要条件,具体结果如表 4-4、表 4-5 所示。

广州亚运城综合体育馆室内 PMV 指数实测数据表   表 4-3

检测时间	场馆	房间	室内检测点	室温(℃)	相对湿度(%)	风速(m/s)	黑球温度(℃)	露点温度(℃)
10:45	体操馆	运动员休息室	1	21.7	77.1	0.08	22.1	17.5
11:02		办公室	2	25.5	86.4	0.39	25.9	23
11:06		信息技术运营中心	3	25.5	86.1	0.05	25.8	23
11:38		公共会议室	4	24.1	72.3	0.05	25.1	18.8
11:43		体操比赛场地	5	25.3	77.6	1.46	25.7	21.1
11:50			6	25.2	67.8	0.08	26.2	18.8
11:55			7	26.3	69.1	0.47	26.7	20.2
12:00			8	25.7	65.9	0.21	27.1	18.9
12:07			9	26.1	66.3	0.19	26.9	19.4
14:30	综合馆	记者工作间	10	23.2	64.2	0.16	24.6	19.1
14:35		贵宾休息室	11	24.4	76.4	0.05	24.6	20
14:40		台球比赛场馆	12	23.4	72.2	0.64	24.3	18.1
14:45			13	23.2	72.1	0.53	24.1	17.9
14:50			14	23	72.8	0.22	23.9	17.9
14:55		壁球预赛场馆	15	24.5	73.5	0.13	25	19.5
15:00			16	24.8	74.6	0.05	25.2	20
15:05			17	24.7	74.1	0.13	25.4	19.8

室内温湿度测评,工程中选取的代表性的 125 个测点室内温湿度检测结果均符合设计要求和现行标准《〈公共建筑节能设计标准〉广东省实施细则》DBJ 15 - 51 - 2007 中的设计计算要求。

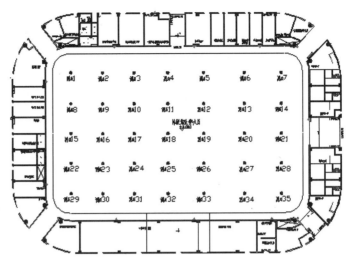

图 4-3 体操馆比赛大厅温湿度测点布置图

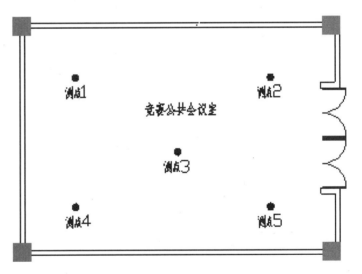

图 4-4 体操馆竞赛公共会议室温湿度测点布置图

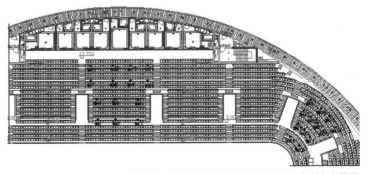

图 4-5 体操馆比赛大厅观众席温湿度测点布置图

室内温度检测结果（部分） 表 4-4

测 点	设计 温度（℃）	实测 温度（℃）	判 定
体操馆比赛大厅测点 1	26.0～27.0	27.0	符合设计要求
体操馆比赛大厅测点 10	26.0～27.0	27.0	符合设计要求
体操馆比赛大厅测点 20	26.0～27.0	27.0	符合设计要求
体操馆比赛大厅测点 30	26.0～27.0	26.5	符合设计要求
体操馆竞赛公共会议室测点 1	26.0	27.4	符合设计要求
体操馆竞赛公共会议室测点 2	26.0	27.2	符合设计要求
体操馆竞赛公共会议室测点 3	26.0	27.6	符合设计要求
体操馆竞赛公共会议室测点 4	26.0	27.5	符合设计要求
体操馆竞赛公共会议室测点 5	26.0	27.3	符合设计要求
体操馆比赛大厅观众席测点 1	27.0	26.6	符合设计要求
体操馆比赛大厅观众席测点 10	27.0	26.4	符合设计要求
体操馆比赛大厅观众席测点 20	26.0～27.0	26.1	符合设计要求

室内相对湿度检测结果（部分） 表 4-5

测 点	设计 湿度（%）	实测 湿度（%）	判 定
体操馆比赛大厅测点 1	55～65	58	符合设计要求
体操馆比赛大厅测点 10	55～65	65	符合设计要求
体操馆比赛大厅测点 20	55～65	62	符合设计要求
体操馆比赛大厅测点 30	55～65	64	符合设计要求
体操馆竞赛公共会议室测点 1	40～65	65	符合设计要求
体操馆竞赛公共会议室测点 2	40～65	65	符合设计要求
体操馆竞赛公共会议室测点 3	40～65	65	符合设计要求
体操馆竞赛公共会议室测点 4	40～65	65	符合设计要求
体操馆竞赛公共会议室测点 5	40～65	65	符合设计要求
体操馆比赛大厅观众席测点 1	55～65	61	符合设计要求
体操馆比赛大厅观众席测点 10	55～65	64	符合设计要求
体操馆比赛大厅观众席测点 20	55～65	64	符合设计要求

4.1.4 机械通风系统测评

在工程验收测试中，共抽检80个风口风量，抽检8个系统总风量，检测结果均符合《广东省建筑节能工程施工质量验收规范》DBJ 15 − 65 − 2009和设计要求（表4-6、表4-7）。

风口风量检测结果（部分） 表4-6

风口编号	设计值 (m³/h)	实测值 (m³/h)	偏离值 (%)	规范限值 (%)	判 定
1	2040	1740	-14.7	≤ 15.0	合格
2	2040	1736	-14.9	≤ 15.0	合格
3	2040	1858	-8.9	≤ 15.0	合格
4	1360	1166	-14.3	≤ 15.0	合格
5	1700	1459	-14.2	≤ 15.0	合格
6	1700	1490	-12.3	≤ 15.0	合格
7	1700	1548	-8.9	≤ 15.0	合格
8	1360	1259	-7.4	≤ 15.0	合格
9	1020	1148	+12.5	≤ 15.0	合格
10	1700	1467	-13.7	≤ 15.0	合格

系统总风量检测结果 表4-7

系统名称	设计风量 (m³/h)	实测风量 (m³/h)	偏离值 (%)	规范限值 (%)	判 定
Z-XPK-1-2（送风机）	3500	3305	-5.6	≤ 10.0	合格
Z-XPK-1-2（排风机）	3500	3161	-9.7	≤ 10.0	合格
Z-XPK-1-3（排风机）	3500	3280	-6.3	≤ 10.0	合格
Z-K-1-4	25000	25359	+1.4	≤ 10.0	合格
Z-K-1-5	24000	21929	-8.6	≤ 10.0	合格
XPK-1-5	6000	5441	-9.3	≤ 10.0	合格
T-K-1-11	13000	13269	+2.1	≤ 10.0	合格
T-XPK-1-3	4000	4199	+5.0	≤ 10.0	合格

4.1.5 围护结构节能技术测评

(1) 围护结构自保温材料热工性能测试

测试对象：蒸压加气混凝土砌块板材（综合体育馆墙体部分）；

生产厂家：东莞市虎门摩天建材实业公司；

测试依据或方法：《绝热材料稳态热阻及有关特性的测定防护热板法》GB/T 10294－2008；

测试结果：导热系数0.16W/（m·K），符合A7.5、B08型的产品要求。

(2) 免装饰清水混凝土墙体热工性能测试

测试对象：免装饰清水混凝土墙体（综合体育馆墙体部分）；

生产厂家：东莞市虎门摩天建材实业公司；

施工单位：广州市建筑集团有限公司；

测试依据或方法：《绝热稳态传热性质的测定标定和防护热箱法》GB/T 13475 -2008；

测试条件：计量箱空气温度：30℃；冷箱空气温度：0℃；计量箱内风速：自然对流；冷箱内风速：3.0m/s，气流方向与自然对流方向相同；

测试结果：传热系数：3.02W/（m²·K），符合清水混凝土墙体的设计要求（图4-6）。

(3) Low-E 中空玻璃

测试对象：8mmCED12-65D镀膜玻璃+16A+8mm透明玻璃；

生产厂家：东莞南玻工程玻璃有限公司；

测试依据或方法：建筑玻璃可见光透射比、太阳光直接透射比、太阳能总透射比、紫外线透射比及有关窗玻璃参数的测定》GB/T 2680－1994和《建筑门窗玻璃幕墙热工计算规程》JGJ/T 151－2008；

测试仪器：紫外/可见/近红外分光光度计、傅立叶变化红外光谱仪；

测试结果：可见光透射比58%，传热系数1.66W/（m²·K）。

图4-6 广州亚运城综合体育馆免装饰清水混凝土墙体测评样板

图4-7 广州亚运城综合体育馆玻璃安装实景图

（4）Low-E 夹层中空玻璃

测试对象：10mm 透明玻璃 +1.9PVB+8mm 镀膜玻璃 +16A+12mm 透明玻璃；

生产厂家：东莞南玻工程玻璃有限公司；

测试依据或方法：《建筑玻璃可见光透射比、太阳光直接透射比、太阳能总透射比、紫外线透射比及有关窗玻璃参数的测定》GB/T 2680－1994 和《建筑门窗玻璃幕墙热工计算规程》JGJ/T 151－2008；

测试仪器：紫外 / 可见 / 近红外分光光度计、傅立叶变化红外光谱仪；

测试结果：可见光透射比 53%，传热系数 1.96W/（m² · K）。

如图 4-7 所示。

4.1.6 空调系统节能测评

在示范工程验收和调试中，于 2010 年 8 月 22 日至 2010 年 10 月 12 日间，共抽检 3 个系统冷冻水总流量，系统冷却水总流量，2 个水力平衡度，3 台水泵效率，1 台冷却塔效率。检测结果均符合《广东省建筑节能工程施工质量验收规范》DBJ 15－65－2009 和设计要求（表 4-8～表 4-12）。

空调冷冻水总流量检测结果   表 4-8

系统名称	设计流量（m³/h）	实测流量（m³/h）	偏离值（%）	规范限值（%）	判 定
综合馆机房制冷系统总流量	192	182	-5.1	≤ 10.0	合格
体操馆机房制冷系统总流量	500	513	+2.6	≤ 10.0	合格
能源站提供系统总流量	268	285	+6.3	≤ 10.0	合格

空调冷冻水总流量检测结果   表 4-9

设计流量（m³/h）	实测流量（m³/h）	偏离值（%）	规范限值（%）	判 定
935.0	912.5	-2.4	≤ 10.0	合格

水力平衡度（一）检测结果（系统：综合馆）   表 4-10

末端编号	设计流量（m³/h）	实测流量（m³/h）	偏离值（%）	规范限值（%）	判 定
K-1-2	20.1	22.6	+12.6	≤ 20.0	符合设计要求
K-1-5	31.1	30.3	-2.7	≤ 20.0	符合设计要求
K-1-9	19.3	21.0	+8.6	≤ 20.0	符合设计要求
K-1-10	19.3	16.8	-13.0	≤ 20.0	符合设计要求

水力平衡度（二）检测结果（系统：体操馆）　　表 4-11

末端编号	设计流量 （m³/h）	实测流量 （m³/h）	偏离值 （%）	规范限值 （%）	判　定
K-1-3	53.0	42.8	-19.3	≤ 20.0	符合设计要求
K-1-5	53.0	46.6	-12.2	≤ 20.0	符合设计要求
K-2-4	32.4	36.5	+12.8	≤ 20.0	符合设计要求

水泵效率检测结果　　表 4-12

设备名称 / 编号	检测内容	额定值	实测值	判　定
2 号冷却水泵	流量（m²/h）	185.0	191.6	合格
	扬程（kPa）	22.0	19.1	
	输入功率（kW）	18.5	16.6	
	效率（%）	60.0	60.1	
3 号冷却水泵	流量（m³/h）	375.0	363.4	合格
	扬程（kPa）	22.0	20.6	
	输入功率（kW）	37.0	35.4	
	效率（%）	60.7	57.5	
4 号冷却水泵	流量（m³/h）	375.0	357.5	合格
	扬程（kPa）	22.0	21.9	
	输入功率（kW）	37.0	35.3	
	效率（%）	60.7	60.4	

4.1.7 照明系统节能测评

工程验收调试中，对典型房间的照明功率密度值，进行了测试，具体监测数据如表 4-13、表 4-14 所示。结果符合《建筑照明设计标准》GB 50034－2004 和对应区域设计要求。

典型区域照明系统功率密度测评　　　　表 4-13

检测部位	要求或指标	检测结果	分项评定
体育馆首层裁判用房 A-9 ～ A-11×A-G ～ A-H 轴	照明功率密度应 ≤ 9 W/m²（按体育馆用房要求）	8.2 W/m²	合　格
体操馆首层运动员用房 A-21 ～ A-22×A-D ～ A-E 轴	照明功率密度应 ≤ 9 W/m²（按体育馆用房要求）	6.8 W/m²	合　格
体操馆首层成绩处理机房 2/A-13 ～ 1/A-14×A-H ～ A-J 轴	照明功率密度应 ≤ 15 W/m²	10.4 W/m²	合　格
台壁球馆首层机房 1/G-11 ～ 1/G-12×2/G-A ～ 1/G-B 轴	照明功率密度应 ≤ 15 W/m²	12.4 W/m²	合　格
体操馆首层会议室 1/A-14 ～ 1/A-15×A-H ～ A-J 轴	照明功率密度应 ≤ 9 W/m²	5.7 W/m²	合　格
体操馆首层会议室 A-7 ～ 1/A-9×A-H ～ A-J 轴	照明功率密度应 ≤ 9 W/m²	7.1 W/m²	合　格
台壁球馆首层走廊 G-4 ～ G-5×G-B ～ G-G 轴	照明功率密度应 ≤ 4 W/m²	3.5 W/m²	合　格
体操馆首层走廊 3/A-3 ～ A-4×A-F ～ A-K 轴	照明功率密度应 ≤ 4 W/m²	3.2 W/m²	合　格
体操馆首层卫生间 A-A ～ 1/ A-A×A-12 ～ A-13 轴	照明功率密度应 ≤ 7 W/m²	6.7 W/m²	合　格
台壁球馆首层卫生间 J-3 ～ 1/J-3×G-A ～ 1/G-A 轴	照明功率密度应 ≤ 7 W/m²	5.4 W/m²	合　格
体操馆首层办公室 2/A-D ～ A-D×2/A-4 ～ A-5 轴	照明功率密度应 ≤ 9 W/m²	8.5 W/m²	合　格
台壁球馆首层办公室 J-1 ～ J-2×1/G-A ～ G-B 轴	照明功率密度应 ≤ 9 W/m²	7.31 W/m²	合　格
体操馆首层新闻发布厅 1/A-B ～ A-A×D-B ～ D-4 轴	照明功率密度应 ≤ 15 W/m²	6.0 W/m²	合　格
首层 A-M ～ A-N×A-8 ～ A-12 轴 历史博物馆展厅	照明功率密度应 ≤ 9 W/m²	5.60 W/m²	合　格

检测部位	要求或指标	检测结果	分项评定
体育馆首层裁判用房 A-9～A-11×A-G～A-H 轴	照度值应 ≥ 270 lx（按体育馆用房要求）	398.3 lx	合 格
体操馆首层运动员用房 A-21～A-22×A-D～A-E 轴	照度值应 ≥ 270 lx（按体育馆用房要求）	374.9 lx	合 格
体操馆首层成绩处理机房 2/A-13～1/A-14×A-H～A-J 轴	照度值应 ≥ 450 lx	743.4 lx	合 格
台壁球馆首层机房 1/G-11～1/G-12×2/G-A～1/G-B 轴	照度值应 ≥ 450 lx	655.7 lx	合 格
体操馆首层会议室 1/A-14～1/A-15×A-H～A-J 轴	照度值应 ≥ 270 lx	333.0 lx	合 格
体操馆首层会议室 A-7～1/A-9×A-H～A-J 轴	照度值应 ≥ 270 lx	407.9 lx	合 格
台壁球馆首层走廊 G-4～G-5×G-B～G-G 轴	照度值应 ≥ 90 lx	108.7 lx	合 格
体操馆首层走廊 3/A-3～A-4×A-F～A-K 轴	照度值应 ≥ 90 lx	117.4 lx	合 格
台壁球馆首层休息室 3/G-9～G-10×G-H～G-J 轴	照度值应 ≥ 180 lx	368.0 lx	合 格
体操馆首层休息室 2/A-D～A-D×A-4～A-5 轴	照度值应 ≥ 180 lx	416.3 lx	合 格
体操馆首层办公室 2/A-D～A-D×2/A-4～A-5 轴	照度值应 ≥ 270 lx	441.0 lx	合 格
台壁球馆首层办公室 J-1～J-2×1/G-A～G-B 轴	照度值应 ≥ 270 lx	402.1 lx	合 格

（1）照明系统照度检测中，体育馆用房、走廊、休息室照度检测参考平面为地面，机房、会议室、办公室照度检测参考平面为 0.75m 水平面；

（2）依据标准 GB 5041－2007《建筑节能工程施工质量验收规范》的要求，各检测部位的照度评判值为设计值的 90%。

4.2 居住建筑群建筑节能效果测评

4.2.1 可再生能源建筑应用项目运行测评结论

1. 第三方测评机构：深圳市建筑科学研究院有限公司

2. 形式检查结论

（1）该项目总集热器面积为 8812.85m²。

（2）媒体中心集热器类型由 U 形金属玻璃真空管集热器变更为平板集热器。

（3）项目辅助能源类型与申报要求相同，总额定制热量为 15825kW，大于申报要求的 12351kW；项目储水箱总容水量为 1469m³，大于申报要求的 1360m³。

（4）实际总投资为 14863.88 万元，增量投资为 5977.8 万元，单位面积增量成本为 45.01 元 /m²，小于申报要求（48 元 /m²）。

（5）本项目的实施进度与申请书基本一致，预验收资料齐全。

（6）本项目的使用效果到达预期目标。

3. 性能检验报告（表 4-15）

性能检验报告表　　　　　　　　　　　　表 4-15

序号	太阳能热水检验项目	当日太阳累计辐照量			
		$J \geqslant 18$	$13 \leqslant J < 18$	$8 \leqslant J \leqslant 13$	$J < 8$
1	集热系统得热量（MJ）	69782.69	63922.82	42264.67	28553.11
2	系统常规热源耗能量（kW·h）	3089.31	3483.88	4937.05	5855.65
3	贮热水箱热损系数（W/K）	4 号楼集热机房水箱	32.05	媒体中心平板集热机房水箱	453.00
4	集热系统效率（%）	46.19	45.87	39.24	42.57
5	太阳能保证率（%）	60.25	55.17	36.47	24.65
序号	热泵检验项目	夏季工况（制冷）		冬季工况（制热水）	
6	机组性能系数	4.49		4.14	
7	系统能效比	3.83		3.05	
序号	房间名称	6 号楼C 单元	6 号楼C 单元 301 书	6 号楼C 单元 302 客	6 号楼C 单元 302	6 号楼C 单元 401 卧
8	夏季室内温度（℃）	24.60	19.95	20.13	21.08	24.97
9	夏季室内相对湿度（%）	73.49	58.88	61.78	62.23	72.01

4. 能效评估结论（表 4-16）

能效评估结论

表 4-16

序号	测评指标	测评结果
1	节能率	居住建筑：56.92%，公共建筑：52.92%
2	实施量（万 m²）	132.80
3	全年太阳能保证率（%）	40.97
4	全年常规能源替代量（吨标煤）	3656.9
5	热泵机组性能系数（COP）	4.35
6	热泵系统能效比（COPs）	3.51
7	项目费效比〔元／(kW·h)〕	5.92
8	二氧化碳减排量（t/年）	9032.7
9	二氧化硫减排量（t/年）	73.1
10	烟尘减排量（t/年）	36.6
11	年节约费用（万元／年）	365.7
12	综合评估	合格

备注：完整报告详见验收评估附件资料《可再生能源建筑应用示范项目测评报告》。

4.2.2 民用建筑能效测评标识

1. 第三方测评机构

深圳市建筑科学研究院有限公司。

2. 能效测评结论

依据使用要求，建筑内部赛前与赛后不一致，亚运会期间要满足运动员居住、生活、训练、休闲和娱乐的要求，赛后按商品房出售，要满足居民的居住功能。亚运会期间使用时间不长，因此按赛后居民使用功能要求测评。

依据可再生能源建筑应用示范项目建筑能效测评的原则及申报要求："在示范项目中每一建筑类型选取面积最大一栋建筑进行能效测评标识"，本次测评分别选择国际区作为公共建筑测评对象和南区 S17 栋作为居住建筑测评对象，进行了建筑能效情况进行评价检测。结果如下：

① 国际区：民用建筑能效测评标识 2 星级；

② 南区 S17 栋：民用建筑能效测评标识 2 星级。

4.3 项目取得的荣誉

《广州亚运城居住建筑节能设计标准》是夏热冬暖地区第一部全面实现居住建筑节能65%的设计标准，可成为夏热冬暖地区低能耗建筑节能设计借鉴与参考。

2008年12月，广州亚运城新能源-太阳能热水及水源热泵综合利用项目，经建设部、财政部批准为2008年第四批可再生能源建筑应用示范项目。

2008年，整个亚运城经广州市建委批准为《广州市建筑节能与可再生能源建筑应用示范工程》，在2011年4月28日顺利通过验收。

2008年，广州亚运城建筑居住群（技术官员村、媒体村、运动员村）被纳入广东省双十绿色建筑示范工程。

2008年，广州亚运城纳入广州市2008年度重大科技专项（广州亚运重大科技集成应用工程示范）。

2009年，广州亚运城纳入广东省科技厅2009年度广东省重大科技专项广州亚运绿色节能技术示范工程、大型公共建筑综合节能技术示范工程。

2009年5月，广州亚运城建筑居住群被纳入国家低能耗示范项目及城市数字化示范工程。

2011年4月28日，广州亚运城建筑居住群顺利通过国家住房和城乡建设部可再生能源示范工程验收（图4-8）。

2011年12月29日，广州亚运城建筑居住群顺利通过国家住房和城乡建设部低能耗示范工程验收，广州亚运城综合体育馆顺利通过国家住房和城乡建设部绿色建筑示范工程验收（图4-9）。

图4-8　居住建筑群低能耗示范工程证书　　　　图4-9　综合体育馆绿色建筑示范工程证书

4.4 建筑节能效益

4.4.1 经济效益

亚运城高标准实施了绿色建筑目标。整个区域的建筑按建筑节能率划分为三个层次：低能耗建筑示范—亚运城居住建筑组团（媒体村、运动员村、技术官员村居住建筑），节能率为65%，示范建筑面积约110万 ㎡；绿色建筑示范—广州亚运城综合体育馆（大型体育馆国家绿色建筑示范工程），节能率为60%，示范建筑面积约5万 ㎡；建筑节能示范—广州亚运城整体，节能率为50%；亚运城总体节能率大大高于国家标准50%的要求。

针对亚运城绿色建筑设计，建设主管部门专门编制了《广州亚运城居住建筑节能设计标准》及《广州亚运城综合体育馆绿色建筑设计标准》。《广州亚运城居住建筑节能设计标准》采用了合理的建筑设计方案，强化建筑自然通风降温功能，提高围护结构隔热性能和提高空调设备能效比等节能措施，是夏热冬暖地区第一部全面实现居住建筑节能65%的设计标准。《广州亚运城综合体育馆绿色建筑设计标准》强调了在建筑设计中应充分考虑自然通风、采光、遮阳、建筑声学、室内空气质量等问题，同时从节能、节地、节水、节材、环境保护等各方面提出要求，为我国首个考虑了南方地区气候特点并适用于场馆类建筑的绿色建筑设计标准。

以广州亚运城综合体育馆为例，绿色建筑增量成本为193.13元 /㎡（体育馆），作为公共建筑，其利用率高，经济效益回收快，故值得广泛地推广应用。据估算，本项目按赛时负荷折算，每年可节约用电37.6万度（体育馆）。

4.4.2 社会效益

通过举办2010年亚运会，可以促进广州经济、社会的发展，提高广州城市建设水平，有利于打造广州文化强市和体育强市，提升广州改革开放层次，树立广州良好的国际形象，加大对外交流和合作，促进广州体育事业高水平、全方位的发展，最终使广州成为一个更文明、更发达、更开放的国际大都市。

体育产业作为第三产业的一个组成部分，具有巨大的发展潜力和良好的发展前景，已经成为国民经济新的增长点之一。大力发展体育产业，不但可以满足市民健体强身的需要，而且对调整产业结构、扩大内需、带动相关产业发展、拉动经济增长等方面有着明显的作用。

随着广州市经济社会的快速发展，人们对体育运动的要求不断提高，观赏性体育消费、参与性体育消费和实物形式的体育消费不断地增加。人们在紧张的工作学习之余，观赏文体表演比赛，或者参加一些康体活动，既利于身心，增强体质，提高工作效率和工作质量，又能增加各方面的交流和协作，进而促进物质文明和精神文明的建设，带动一个地区整体经济的发展。

广州亚运城分为运动员村、技术官员村和综合体育馆及媒体中心三部分。

运动员村是在举办亚运会及亚残会期间供各参赛国或地区官员及运动员生活、交流的场所，是亚运会重要的配套设施。广州亚运城技术官员村是为亚运会2800名技术官员提供居住、活动交流的寓所和场所，技术官员村项目的建设是广州亚运城重要的配套设施。项目的实施建成，有利于广州亚运会的顺利进行，并将增强广州市体育文化产业的整体实力和竞争力，对普及体育文化知识、弘扬奥运精神、创造良好的社会文化环境、保障国民经济的持续发展和提高人民体育文化生活水平以及促进社会公益事业的进步都具有深远的历史意义和现实意义。

广州亚运城综合体育馆是亚运会配套设施的重要组成部分，也是广州市公共配套设施的重要组成部分之一，有利于提高广州新城区的城市功能和综合实力，有利于提升广州市体育事业，特别是体操、艺术体操、蹦床、台球和壁球运动事业发展水平提供了重要机遇，必将极大地推动社会文明的整体进步，为构建和谐社会做出贡献。同时，它也可以充分发挥体育产业的带动效应，促进旅游、服务等相关产业的健康发展，有着显著的社会效益。

广州亚运城是广州新城发展启动区，对于带动城市新区发展有强大的带头示范作用，具有良好的社会效益。

根据社会影响做出综合评价，得出表 4-17 项目社会影响分析表：

项目社会影响分析表 　　表 4-17

序号	社会因素	影响的范围、程度	可能出现的结果	措施控制
1	居民收入的影响	有积极影响	促进第三产业的发展	——
2	居民生活水平与生活质量的影响	有积极影响	有利于居民生活水平与生活质量的提高	——
3	居民就业的影响	有积极影响	项目建设中创造一定的就业机会	——
4	不同利益群体的影响	有一定影响	项目建设和运营时可能会对周边环境造成影响	确保文明施工，加大环保力度
5	弱势群体的影响	有一定影响	行政新区未来的发展可能对周边村民的居住环境造成影响	时刻关注贫困和弱势群体
6	地区文化、教育、卫生的影响	有积极影响	项目建成将带动城市中心区文化的发展	——
7	地区基础设施、会展服务容量和城市化进程的影响	有积极影响	推动了基础设施建设，社会服务容量增大	——
8	少数民族的风俗习惯和宗教的影响	无直接影响	设计和建设中尊重少数民族和宗教风俗习惯	——

综上所述，广州亚运城的社会效益可概括为以下三点：

（1）节约社会能源和社会资金。

采用有效节能措施和综合环境改善技术，在亚运会期间和后期场馆使用过程中，降低的建筑能耗产生的直接经济效益巨大，综合节电率达50%以上，可节省的大量用电，用于大力支持工业生产。

（2）成为缓解当前电力紧张的有效手段。

广州市近年频频发生电力缺口，拉闸限电的现象，多发生在夏季制冷的用电高峰期。除了科学制定错峰用电方案外，还应采用各种节能措施，既保障亚运会期间保证场馆的用电量，又确保居民和企业的用电。同时，这些节能措施能有效的节省空调和采暖设备的用电量，缓解电力的供需矛盾，同时使建筑冬暖夏凉，舒适性大为提高；另外，节能措施的实施能使空调负荷可降低一半，电力建设投资也可大为减少，电力工业的经济效益可大大提高，安全运行也更有保障。

（3）促进了建筑业及相关产业的发展，创造更多的就业机会。

建筑节能涉及到加强建筑物本身的保温、隔热性能、门窗的气密性，提高用能设备的效率以及增强节能意识和管理理念等多个方面。如果亚运场馆均按节能建筑标准建造和改造，建筑节能市场——如新墙材开发应用、太阳能照明、发电技术推广等——将会有大量商机涌现，同时将会创造更多就业机会。

4.4.3 环境效益

广州亚运城充分结合广州当地的气候、资源、自然环境、经济、文化等特点，通过与项目业主、设计单位、施工单位、监理单位以及物业管理单位的密切配合协作，按期、保质、保量地完成应用研究任务与工作目标，实现以下预期的环境效益。

（1）改善空间环境

改善室内热环境。室内热环境是对室内温度、空气湿度、气流速度和环境热辐射的总称。适宜的室内热环境可使人体易于保持热平衡，从而使人产生舒适感。空调设备运转率下降，可有效改善室内空气质量，特别是对于体育馆这种人口平均密度较高的公共建筑来说，上述技术显得尤为重要，有效地节约对健康及医疗的投资。

（2）减少对环境的污染

从宏观角度来看，开展场馆建筑节能工作，降低建筑能耗，缓解当前能源紧张局面的同时，还可以减少粉尘、灰渣、二氧化硫、二氧化碳等有害气体排放量，降低环境污染，改善大气环境，对保护和净化环境十分有利，从而节省环境保护的治理费用。

以广州亚运城综合体育馆为例，本项目完工后，可实现减排指标如表 4-18 所示。

减排指标（单位：t/ 年）　　　　　　　　　　　　　　　　表 4-18

节煤	减排 CO_2	SO_2	NOx	烟尘
150.40	342.46	10.20	5.11	93.20

4.5 低碳亚运

从 2010 年亚运会花落羊城那一刻起，"环保先行"的理念就为这届盛会定下浓浓的绿色基调。在金融危机的冲击下，广州市提出力争用最少的钱办好这届亚运会，同时多项先进节能环保技术将亚运城打造成一座颇具特色的节能环保之城。亚运城在规划设计之始便对多项建筑节能环保技术进行了研究，最终确定了七大新技术的运用。分别是综合管沟、真空垃圾收集系统、分质供水及雨水综合利用、太阳能及水源热泵、建筑节能、数字化社区及智能家居与绿色交通。据估算，通过各个方面的节能设计手段，整个亚运城可减少 52% 的碳排放量，真正做到"低碳亚运"。

（1）综合管沟

亚运城综合管沟可将雨水、污水、燃气、电力、电信、给水及垃圾管道等 7 大管线汇集到一起，实施共同维护、集中管理，既节约了大量的地下空间，又可避免各类管线建设的重复开挖。

（2）真空垃圾收集

为了让各国运动员有一个舒服的居住环境，亚运城将使用真空垃圾收集系统。真空垃圾收集系统工作原理与水管、煤气管和排水管等其他城市基础设施中一样，将收集运输的过程由地上转入地下，通过预先在地下埋设好输送管道，用气力传输技术将散落在各处的生活垃圾，以 50 ~ 70km/h 的速度抽送到中央垃圾收集站并压缩进一个密封的垃圾收集罐中，最后由环卫卡车运往最终垃圾处理场进行处理。整个收集与运输过程和人流完全隔离，有效避免了垃圾收集过程中的视觉、嗅觉污染，让运动员不再受垃圾臭味之苦，嗅觉焕然一新。

（3）雨水利用

亚运城的雨水综合利用系统实现了真正的节约资源。分质供水包括高质水和杂用水。与人体直接接触的用水选用高质水，不与人体接触的选用杂用水。杂用水水源选用雨水，不直接采用江河水，用于冲厕、道路与场地浇洒、洗车、绿化及河涌补充水源等。由于雨水综合利用系统在场馆屋顶收集雨水，为场馆提供杂用水，也意味着"冲厕所不用花水费"。

（4）太阳能及水源热泵

太阳能、水源热泵等再生能源是利用热泵原理将地表浅层水源的低位热能转化为可以利用的高位热能，从而加以利用的技术。该项目包括三个能源站室、配套的管网系统以及机电设备等，分别位于技术官员村、运动员村国际区以及媒体中心。太阳能集热器均布置在屋面。

该项目具有三大优点：一是采用水源热泵＋太阳能制备生活热水，避免了传统锅炉的设置对环境造成的污染；二是采用水源热泵系统，充分利用广州亚运城附近的丰富的水资源，提取水中能源，满足广州亚运城空调及热水需求，大大节约了能源；三是所有水资源能够相互配合、互为补充，统筹安排、统一规划，紧紧围绕实现环保、节能的总体目标，最终实现水资源的综合利用。该技术符合可持续发展可再生能源、环保能源的理念。

（5）建筑节能

亚运城项目被列入广州市 2008 年建筑节能示范工程。亚运城各建筑群按建筑节能率划分为三个层次：低能耗建筑示范——亚运城居住建筑组团（媒体村、运动员村、技术官员村居住建筑），节能率为 65%；绿色建筑示范——广州亚运城综合体育馆（大型体育馆三星级绿色建筑），节能率为 60%；建筑节能示范——广州亚运城整体，节能率为 50%。由于现行国家和省的节能标准均是针对 50% 的节能率进行编制，针对亚运城建筑节能设计，市重点办专门编制了《广州亚运城居住建筑节能设计标准》及《广州亚运城综合体育馆绿色建筑设计标准》。为亚运城的节能设计和绿色建筑设计提供了依据，使"绿色亚运"的理念充分融入建筑设计之中。

（6）数字化社区及智能家居

亚运城将全面实施数字化社区项目，局部试点智能家居技术。数字社区建设的核心是建设以信息网、控制网、通信网和电视网为中心的社区综合网络系统，实现环境和设备的自动化、智能化监控。智能家居是一个利用先进的计算机、网络通信、自动控制等技术，将与家庭生活有关的各种应用子系统有机地结合在一起，通过综合管理，让家庭生活更安全、舒适、智能和节能的系统。与普通家居相比，智能家居不仅具有传统的居住功能，还能提供安全舒适、高效节能、高度人性化的生活空间。

（7）绿色交通

广州亚运会赛时亚运城将提供自行车免费租赁、电瓶车等各种绿色交通工具，倡导自行车行、步行等绿色出行方式，使城内出行方式对机动车的依赖性从 80% 降低至约 30%，可降低四成机动车尾气排放量，并且使市政道路上平均车速可提高 20%。此外，根据广州市城市规划勘测设计研究院的规划设计，亚运城里纵横曲折的主干道、支路上，都为自行车留出了一席之地。在比较宽的道路上，将按照中央绿化带—机动车道—绿化隔离带—自行车道—人行道的顺序来安排小车、自行车和行人的空间；在比较窄的道路上，则按照机动车道—自行车道—人行道来安排空间，确保每条路上都能骑自行车。

附录 有关广州亚运城建筑节能与绿色建筑建设方面的主要参考文献、专项研究报告、设计图纸、勘察及施工图审查报告题目汇总

（一）主要参考文献

1. 马芸，鲍世民．国外绿色建筑发展概况〔J〕，中国房地产市场．2006,4:68.

2. 薛明，胡望社，杜磊磊．绿色建筑发展现状及其在我国的应用探讨〔J〕．后勤工程学院学报．2009,25（3）.

3. 田慧峰，张欢，孙大明，梁云，王有为．中国大陆绿色建筑发展现状及前景〔J〕．建筑科学．2012,28（4）.

4. 江天梅．中国绿色建筑的发展〔J〕．上海建材．2009,（3）.

5. 中国城市科学研究会．绿色建筑2008〔M〕．北京：中国建筑工业出版社,2008.

6. 中国城市科学研究会．绿色建筑2009〔M〕．北京：中国建筑工业出版社,2009.

7. 中国城市科学研究会．绿色建筑2010〔M〕．北京：中国建筑工业出版社,2010.

（二）专项研究报告

1. 中国建筑设计研究院．水源热泵系统研究报告〔R〕.

2. 中国建筑设计研究院．杂用水专项研究报告〔R〕.

3. 广州城市规划勘测设计研究院．雨水综合利用可研报告〔R〕.

4. 广东省建筑设计院．智能家居可研报告〔R〕.

5. 华南理工大学建筑设计院．三维仿真可研报告〔R〕.

6. 广州市市政工程设计院．真空垃圾系统可研报告〔R〕.

7. 广州市市政工程设计院．综合管沟可研报告〔R〕.

8. 华南理工大学建筑系．岭南水乡专项研究报告〔R〕.

9. 中国建筑设计院，华南理工大学节能中心．节能环保新技术研究报告〔R〕.

10. 华南理工大学交通学院．亚运城交通管理专项研究报告〔R〕.

11. 清华大学建筑学院．亚运城光环境研究报告〔R〕.

12. 亚热带建筑科学国家重点实验室．亚运场馆声学研究报告〔R〕.

（三）设计图纸、勘察及施工图审查报告

1. 广州珠江外资建筑设计院，亚运城运动员村居住区、后勤服务区及运动员村东停车场施工图审查报告〔R〕.

2. 广州珠江外资建筑设计院，运动员村东停车场施工图审查报告〔R〕.

3. 广州市城市规划勘测设计研究院，亚运城运动员村、公共区、体能恢复中心及餐厅设计（勘察）图纸〔R〕.

4. 广州市城市规划勘测设计研究院，亚运城运动员村可行性研究报告〔R〕.

5. 广东省建筑设计研究院，亚运城运动员村餐厅修改方案设计（勘察）图纸〔R〕..

6. 广东省建筑设计研究院，亚运城运动员村国际区施工图审查报告〔R〕.

7. 广州市设计院，亚运城运动员村国际区项目勘察报告〔R〕.

8. 广东省建筑科学研究院，亚运城综合体育馆绿色建筑研究报告〔R〕.

9. 广州市设计院，媒体村施工图审查报告〔R〕.

10. 广州市设计院，主媒体中心施工图审查报告〔R〕.

11. 广州珠江外资建筑设计院，亚运城媒体村设计图纸〔R〕.

12. 广东有色工程勘察设计院，亚运城媒体村勘察报告〔R〕.

13. 广州市国际工程咨询公司，媒体村可行性研究报告〔R〕.

14. 广东省建筑设计研究院，主媒体中心设计图纸〔R〕.

15. 广东省建筑设计研究院，亚运城体育综合体育馆（体操、台球、壁球）设计图纸〔R〕.

16. 广州市国际工程咨询公司，亚运城综合体育馆可行性研究报告〔R〕.

17. 广东省建筑科学研究院，亚运综合体育馆绿色建筑研究报告〔R〕.

18. 广州市国际工程咨询公司，亚运城技术官员村可行性研究报告〔R〕.

19. 广州市设计院，亚运城技术官员村施工图审查报告〔R〕.

20. 广州市设计院，亚运城技术官员村国际区设计图纸〔R〕.

21. 中信华南（集团）建筑设计院，亚运城技术官员村设计图纸〔R〕.

22. 广东省建筑设计研究院，亚运城技术官员村智能家居可行性研究报告〔R〕.

23. 建材广州地质工程勘察院，亚运城技术官员村勘察报告〔R〕.